# Inkarnation Ragun

# Geheimakte MARS 24

© 2023 D. W. McGillen

Umschlagsfoto: Mit Lizenz

**Paperback: ISBN:** 9781721715398
**Imprint:** Independently published

**Hardcover: ISBN:** 9798863158211
**Imprint:** Independently published

ISBN-e-Book: ebenfalls erhältlich:

Das Werk, einschließlich seiner Teile ist urheberrechtlich geschützt. Jede Verwertung ist ohne die Zustimmung des Verlages und des Autors unzulässig. Die Namen der Personen und die Handlung sind frei erfunden.

*D.W. McGillen, 05.10.2023*

**Auch erhältlich:**

# Inhaltsverzeichnis

# Rückblick

Episode:21

Das Expeditionsteam, unter Leitung von Major Travis findet einen geheimen Stützpunkt, tief unter einem Gebirge in Wales. Hinweise auf die mystische Rasse der Aller-Ersten werden gefunden, die scheinbar die Basis als Fluchtstation für die Raguner erbaut hatten. Die erste Species des Sol-Systems, kämpfte gegen einen unerbittlichen Feind, der ihr ganzes Imperium in Frage stellte. Gebaut für die Ewigkeit, überdauerte die Station und erhielt sich selbst. Dem Team von Major Travis fallen neue Techniken in die Hände.

Als durch ein zeitgesteuertes Wurmloch die legendären Klappflügel-Zerstörer der Raguner in die Realzeit eindringen und die alte Flucht-Station vernichten wollen, schalten die Kampfsysteme des Neuen-Imperiums auf eine gezielte Abwehr. Der schlafende Wächter der Station erwacht und informiert seine Herren über den Angriff von außen Diese scheuen sich nicht, nach einer langen Zeit des Beobachtens wieder aktiv zu werden und offen in die Risiken eines möglichen Krieges einzugreifen. Abgesandte tauchen auf und versuchen die Situation zu bereinigen.

Ein guter Bekannter von Major Travis informiert ihn über die neue Gefahr. Der Hohe-Rat der Aller-Ersten vermutet hinter den Vorgängen einen Abtrünnigen ihrer Rasse, der maßgeblich an der Entwicklung der ersten Rasse beteiligt war. Er möchte den Untergang des ragunischen Imperiums verhindern und sieht in der Manipulation der Zeit eine letzte Möglichkeit. Erst jetzt wird bekannt, dass der Angriff auf das Hoheitsgebiet der Raguner unter der Regie der Arthropoden stattfindet. Admiral Tarin vermutet in ihnen die Species, welche den Angriff auf Natrid geplant hatte. Die Ereignisse überschlagen sich.

Episode 22:
Der überraschende Angriff der Raguner auf die Flucht-Station der Aller-Ersten konnte vereitelt werden. Trotzdem bleibt die Gefahr aus der Vergangenheit weiterhin akut. Geoffwan, der Sprecher der alten Species sagte zu, die geheime Station in die Obhut der Terraner zu übergeben. Doch vorher mussten die Wurmloch-Tore der Raguner vernichtet werden, um die von ihnen geplante Zeitmanipulation zu verhindern. Ihr Plan war es, den Untergang ihres Imperiums zu verhindern. Major Travis sah keine andere Möglichkeit, als einen Gegenschlag durch Zeit und Raum zu befehlen. Die Gefahr für das Neue-Imperium und seine Bewohner sollte abgewendet werden. Ein Präventivschlag gegen die

zeitgesteuerten Wurmloch-Stationen der Raguner wurde vorbereitet. Admiral Tarin versuchte weiterhin Spuren auf die Heimatwelt der Arthropoden finden, die er als Verursacher hinter dem Angriff der Rigo-Sauroiden auf Natrid vermutete. Mit seinem Flaggschiff beteiligte er sich an der Mission Ragun. Doch die Gegenseite war nicht untätig.

Episode 23:
Die Wissenschaftler des Neues-Imperiums wurden von Geoffwan und Technikern seines Volkes in die Bedienung und Steuerung der geheimen Flüchtlings-Station eingewiesen. Die zwölf Tore, die von Ragun aus geöffnet werden können, müssen gesichert werden. Die Führung des Neuen-Imperiums plant einen geheimen Einsatz, um diese Wurmloch-Tore für immer abzuschalten.

Nach einer erfolgreichen Mission gelang es Systemrat Camaal, seine Flotte in das ragunische Imperium zurückzuführen. Dort ernannte ihn die Hypertronic-KI der zeitgesteuerten Wurmloch-Station auf Vagun zum alleinigen Oberbefehlshaber. Zurück auf der Zentralwelt wurden ihm wichtige Informationen zugespielt. Halswan und seine Komplizen gelang es, unbemerkt den Vorsitzenden des ragunischen Zentralrates zu beseitigen. Er stand den Plänen des Aller-Ersten im Wege. Die Regierung von Ragun beauftragte Systemrat Camaal einen Zeitsprung in die Zukunft durchzuführen, um einen Angriff auf das Neue-Imperium zu fliegen. Die geheime Station der Aller-Ersten mit der zeitgesteuerten Wurmlochanlage sollte nach dem Willen des Zentralrates vernichtet werden.

Die Ereignisse überschlagen sich. Durch das Neue-Imperium werden dem Systemrat neue Informationen für die Rasse der Ceshalter bekannt, die mit der Beteiligung seiner Flotte die Welten der Arthropoden angreifen und vernichteten konnte. Doch scheinbar konnten nicht alle bewohnten Welten lokalisiert werden.

# Unerwarteter Besuch von Ragun

Major Travis und Geoffwan führten die neu angekommenen Gäste durch den großzügigen Verwaltungsbereich des Distributionszentrums auf Titan. Zentralrat Muuda, Systemrat Camaal und Flottenführer Lenus waren sichtbar erstaunt, von den zahlreichen Aktivitäten des Warenverteilungssystems. Die große Halle mit den Transmitter-Anlagen, schienen pausenlos im Einsatz zu sein. Sie hatte zwischenzeitlich eine Ausdehnung von vier Fußballfeldern angenommen. Im Sekundenrhythmus materialisierten auf den Eingangsplattformen Container und Kisten. Noch während des Materialisierungsvorganges baute sich auf den angewählten Plattformen ein Fesselfeld auf, das die eingehenden Behälter sicherte. Erst nachdem ein intensiver Scan erfolgt war, schaltete es sich ab und Entlade-Roboter fuhren heran und transportierten die Behälter in die nächste Abteilung, in der die nähere Spezifikation der Waren registriert wurde. Zahlreiche Lagerarbeiter und Arbeits-Roboter wurden von ihren Fachbereich-Leitern mit neuen Aufträgen versorgt.

Sergeant Hardin und seine Marines ließen die Neuankömmlinge nicht aus den Augen. Seine Kampfroboter waren angewiesen auf jedes kleine Detail zu achten. Ihre Lasergewehre waren aktiviert. Doch die ragunischen Gäste hatten keine negativen Absichten.

Tart 1 und Tart 2 waren zu der Gruppe gestoßen und sicherten ihren Schutzbefohlenen. Noel hatte sie Major Travis hinterhergeschickt. Noch immer versuchte dieser, auf die Begleitung seiner natradischen Leibwache zu verzichten.

Der Major und Geoffwan verstanden das Interesse der ragunischen Gäste. Für sie musste das neue Imperium wie ein Wunder wirken. Ihre eigene Regierung hatte immer nur die annektierten Planeten ihres Imperiums ausgebeutet. Für sie war es neu, dass auch ein freiwilliger Handel, unter den Planeten betrieben werden konnte.

Zentralrat Muuda blickte den Aller-Ersten und Major Travis an.

»Jetzt verstehe ich endlich, was uns die Abordnung unserer Schöpfer mitteilen wollte«, sagte er. »Wenn man Freunde besitzt und untereinander Handel betreibt, dann wird vieles einfacher, als wenn fremde Planeten mit roher Gewalt annektiert und unterdrückt. Das hat der Zentralrat unseres Imperiums nie verstanden. «

»Sie haben uns nie richtig zugehört«, erwiderte Geoffwan ärgerlich. »Alles hätte anders laufen können, wenn sie unsere Hinweise beachtet und auf eine weitere Expansionspolitik ihres Imperiums verzichtet hätten.

Möglicherweise wären dann auch die Arthropoden nicht auf ihr Reich aufmerksam geworden. «

»Das sehe ich jetzt ein«, antwortete Muuda. »Leider ist es hierfür zu spät. Unsere imperialen Flotten verlieren immer mehr Schlachtschiffe und Zerstörer. Sie werden immer tiefer in unsere eigene Galaxie gedrückt. Es ist nur noch eine Frage der Zeit, bis unsere Feinde unsere Zentralwelt gefunden haben. «

»Falls unsere Führung über ihren Asylantrag positiv entscheidet, werden sie sich den Gesetzen des Neuen-Imperiums unterordnen müssen«, sagte Major Travis. »Das ist die Voraussetzung für ein gemeinschaftliches Zusammenleben in unserem Planetenverbund. Schaffen sie das? Können sie das Personal ihrer Flotte hiervon überzeugen, dass für sie eine neue Zeit anbricht? «

»In jedem Fall«, antwortete Zentralrat Muuda. »Es ist uns allen klar, dass wir nur durch sie und das neue Imperium eine Zukunft haben. Wir werden uns unterordnen. Das kann ich ihnen versprechen. «

Major Travis blickte in den gelben Augen des Raguners. Er erkannte eine eiserne Entschlossenheit hierin.

Er nickte zustimmend.

»Der Führungsrat tagt in unserer Hauptstadt«, erklärte er.
»Ich bringe sie dorthin. Tragen sie ihren Wunsch genauso leidenschaftlich vor, wie sie ihn mir offenbart haben. Ich denke, dass unsere Führung positiv hierüber entscheiden wird. «

Geoffwan lächelte die Gäste an.
»Trotz dem hohen Alter unserer Rasse, erkennen wir immer noch, wer verzweifelt um Hilfe bittet«, bemerkte er. »Uns ist die Gabe gegeben zu erkennen, wenn jemand es ehrlich und aufrichtig meint. Ich werde ihren Wunsch unterstützen. «

»Danke«, sagte Muuda. »Wir hätten niemals gehofft, nochmals Hilfe von ihnen zu erhalten. «

»Gehen wir«, sagte Major Travis. »Ich möchte unseren Führungsrat nicht länger warten lassen. Wir haben noch einen längeren Fußmarsch zurückzulegen. Die Personentransmitter liegen im hinteren Bereich dieses Warenumschlagszentrums. «

Die Gruppe setzte sich in Bewegung. Der Major antwortete auf alle Fragen, welche die Besucher ihm stellten. Sie sahen immer wieder neue Dinge, die sie nicht einschätzen konnten.

Nach 25 Minuten Fußmarsch hatte die Gruppe den gesicherten Bereich der Personenbeförderung erreicht. Alle 55 Transmitter-Ports waren in Betrieb. Der Major ging auf die vorderste Plattform zu. Exakt 15 Personen fanden hierauf Platz und konnten gleichzeitig abgestrahlt werden. Die Sicherheitssoldaten nahmen Haltung an und salutierten, als sie Major Travis und seine Begleiter erkannten.

»Rühren«, sagte der Major und erwiderte den Gruß.

Obwohl die Marines eine legere Haltung annahmen, ließen sie die Begleitung von Major Travis nicht aus den Augen.

Major Travis blickte den Techniker an, der die Steuerung der Transmitterplattform bediente.

»Öffnen sie uns bitte einen Durchgang in die imperiale Verwaltung von Tattarr«, befahl er.

»Einen Augenblick dauert es«, antwortete der Techniker. »Ich habe gerade einen Transport eingeleitet. Einige Wissenschaftler von der Erde sind auf dem Weg zu uns. Sie haben neue Scanner entwickelt, die sie testen möchten. Laut ihren Informationen sind diese Geräte noch leistungsstärker als unsere bisher eingesetzten Materiescanner. «

»Wir werden warten«, lächelte der Major.

Er drehte sich zu seinen Gästen um.
»Es dauert einen Augenblick«, erklärte er. »Im Moment scheint unsere Anlage schon wieder überlastet zu sein. »Der Techniker erwartet das Eintreffen von Wissenschaftlern, welche neue Geräte testen möchten. «

Der Major hatte die Worte kaum ausgesprochen, als sich sieben transparente Körper auf der Plattform bildeten. Ein Fesselfeld baute sich auf und schloss die Transmitterplattform vollständig ein. Mobile Scanner fuhren heran und durchleuchteten die Ankömmlinge. Der Techniker blickte intensiv auf seinen Kontrollmonitor.

»Alles in Ordnung«, sagte er. »Das sind nur Wissenschaftler. Sie tragen keine verdächtigen Waffen bei sich. «

Das Fesselfeld fiel in sich zusammen.
Die angekommenen Wissenschaftler blickten sich um und stiegen von der Transportplatte herunter.

»Sie kennen sich aus«, sprach der Techniker sie an. »Begeben sie sich zu Areal 17.3.701A-C.«

»Ich Ordnung«, antwortete der Sprecher von ihnen. »Wir sind nicht das erste Mal hier. «

Als die Wissenschaftler sich entfernt hatten, zeigte Major Travis auf die Plattform.

»Jeder von ihnen stellt sich bitte jeder auf eine andere Markierung«, lächelte er. »Die Anlage transportiert uns einige Planeten weiter. «

Die ragunischen Gäste blickten ihn mit aufgerissenen Augen an. Unter der Anleitung von Major Travis positionierten sich die Personen auf den Markierungen.

»Die Verbindung wurde hergestellt«, teilte der Techniker mit. »Die Gegenstelle bestätigt den Transport. «

Major Travis nickte ihm zu.
»Energie«, antwortete er.

Energiestrahlen hüllten die Personen ein und entstofflichten ihre Moleküle.

Der Techniker der Gegenstation lächelte ihnen zu, als

die ragunischen Gäste sich interessiert umschauten. Die Transmitterhalle in der Verwaltung des Neuen-Imperiums war lediglich mit 10 Transport-Einheiten ausgestattet.

»Hier entlang«, sagte Major Travis. » Unsere Führung erwartet sie bereits. «

Der Major und Geoffwan hielten den ragunischen Gästen die Türe der Halle auf. Außerhalb, auf dem breiten Korridor, befanden sich mehrere Turbolifte. Nach wenigen Schritten blieb der Major vor dem ersten Lift stehen.

»Das große Sitzungszimmer befindet sich im obersten Stockwerk«, sagte er. »Von dort haben sie auch einen vollständigen Überblick über unsere unterirdische Stadt.«

»Wir befinden uns in einer unterirdischen Stadt? «, fragte Zentralrat Muuda erstaunt.

»Wussten sie das nicht? «, erkundigte sich Major Travis. » Ich dachte, ihr Berater Halswan hätte ihnen einiges von uns erzählt, nachdem wir seinen Angriff auf unsere Station vereitelt haben. «

»Leider nicht«, erwiderte Lenus. »Er hat fürchterlich über seine Kollegen, Geoffwan und über die Rasse der Terraner geschimpft. Laut seinen Aussagen betitelte er sie als Handlanger des Ältestenrates der Aller-Ersten. «

Geoffwan blickte Major Travis und die Gäste an.
»Halswan wird immer mehr zu einem Problem«, sagte Geoffwan kalt. »Wie ich ihnen bereits mitteilte, ist er nicht unser Abgesandter. Vor seiner Flucht war er ein Mitglied unseres Regierungsrates. Wir wissen nicht, was mit ihm passiert ist. Als ihr Zentralrat sich von uns abwandte und uns Landeverbot auf der Zentralwelt erteilte, diskutierten wir mit unserem Ältestenrat über diese unsinnige Entscheidung. Nicht zuletzt durch die starrsinnige Haltung der ragunischen Regierung, beschlossen wir schweren Herzens den Kontakt zu ihrer Rasse einzufrieren.

Halswan wollte unsere Entscheidung nicht akzeptieren. Vermutlich, weil er maßgeblich an dem Design und der Schöpfung ihrer Species beteiligt war. Bereits zu diesem Zeitpunkt wussten wir, dass ihr Imperium den Kampf gegen die Allianzflotte der Arthropoden verlieren würde. Halswan forderte uns auf, den Untergang ihrer Species und die Zerstörung ihres Zentralplaneten zu verhindern. Doch wir verdeutlichten ihm, dass ein Eingreifen unsererseits unvorhersehbare Risiken für nachfolgende Species nach sich ziehen würde. Halswan tobte und zeigte sich uneinsichtig. Er versuchte die Mitglieder unseres

Ältestenrates in Einzelgesprächen von seiner Idee zu überzeugen. Doch unsere Regierung blieb bei ihrer Entscheidung. Halswan tobte und drohte uns mit Vergeltung. Wir kannten ihn und speziell seine Tobsuchtsausbrüche. Wir dachten zu dem Zeitpunkt, er würde sich wieder beruhigen. Das war eine grobe Fehleinschätzung unsererseits. Halswan widersetzte sich unseren Anordnungen bewusst. Das hatten wir nicht erwartet.

In seiner stillen Wut auf die unabänderliche Entscheidung unseres Ältestenrates, ersann er sich einen eigenen Plan. Erst viel zu spät erfuhren wir von der Tatsache, dass Halswan geheime Infofolien mit den Konstruktionsunterlagen unserer zeitgesteuerten Wurmlochanlage an sich nehmen konnte. Als wir auf diesen Diebstahl aufmerksam wurden, hatte er sich bereits mit seinen Gefährten in die ragunische Zeitepoche transferieren lassen. Geschickt hatte er sich unserem Zugriff entzogen. Nach unserer Einschätzung muss sich Halswan im Klaren gewesen sein, dass es keinen Weg zurück für ihn und seine Begleiter gab. Durch seine widerwärtigen Handlungen wurde er zu einem Abtrünnigen unseres Volkes.

Er wurde seines Amtes enthoben und seine Liegenschaften beschlagnahmt. Auf unseren Welten gilt er seitdem als unehrenhaft. Halswan kennt die Auswirkungen seiner Taten. Sobald er in unser Hoheitsgebiet zurückkehrt, wird er verhaftet und vor unseren Ältestenrat geführt. Aus diesem Grunde ist uns nicht klar, welche Absichten er verfolgt. «

»Er spielt sich als der Vorsitzende unseres Rates auf«, antwortete Muuda. »Es ist ihm mit seinen Gehilfen gelungen, den geschätzten Vorsitzenden unseres Rates heimtückisch zu ermorden. Leider sind wir ihm zu spät auf die Schliche gekommen. Während Lenus uns entsprechende Beweise vorgelegt hat, wurden wir von Agenten des Geheimdienstes ausspioniert. Vermutlich zog Halswan die entsprechenden Fäden. Er befahl den Zentralrat uns durch den ragunischen Geheimdienst jagen zu lassen. Wenn wir ihm in die Hände gefallen wären, hätte er uns sicherlich ohne Hemmungen beseitigen lassen. Mit viel Glück und dank der Unterstützung von Camaals großer Flotte, konnten wir dem Geheimdienst entkommen. «

»Ich möchte noch auf etwas hinweisen«, beteiligte sich Systemrat Camaal an dem Gespräch. »Vor unserer Flucht beauftragte mich Halswan mit meiner Flotte 800.000 Jahre in die Vergangenheit zu reisen. Wir sollten die Rasse der Arthropoden in ihrer frühen Entwicklung angreifen und ausrotten. Laut der Aussage von Halswan, wäre das die einzige Möglichkeit den Untergang unseres Imperiums abzuwenden. Doch seine Hinweise waren nicht korrekt. Auch in dieser Zeitepoche verfügten die Arthropoden bereits über starke Kampfverbände. Es wäre für meine 5.000 Schiffe umfassende Flotte unmöglich gewesen, die gehassten Feinde unseres Imperiums in die Knie zu zwingen.

Doch wir hatten Glück im Unglück. Wir trafen auf eine humanoide Rasse, die sich Ceshalter nannte. Sie führten eine Reinigung ihres Hoheitsgebietes durch und bekämpften bereits die insektoide Species. Gemeinsam schafften wir es, die Welten der Arthropoden zu säubern. Laut den Scans der Ceshalter sollten die Arthropoden ausgerottet sein. Kann es sein, dass Halswan die Arthropoden in ihrer frühen Entwicklung ausrotten wollte, um die Macht des ragunischen Imperiums an sich zu reißen? «

»Das ist eine gute Frage? «, erwiderte Geoffwan. » Falls ihm das gelingen sollte, dann würde er über eine große schlagkräftige Flotte verfügen. «

»Falls er dann noch Zugriff auf die zeitgesteuerten Wurmlochanlagen erlangt, wird ihn nichts mehr aufhalten können«, bemerkte Lenus. »Das müssen wir in jedem Fall verhindern. «

»Ich möchte meinen Bericht kurz zu Ende führen«, bemerkte Camaal.

Die Zuhörer nickten.

»Der Rückweg war für uns verschlossen«", ergänzte der Systemrat. »Halswan hatte befohlen, dass zeitgesteuerte Wurmloch hinter uns zu verschließen. Er war sich seiner Tat sicherlich bewusst. Ohne Bedenken wollte er meine 5.000 Schiffe umfassende Flotte und die Besatzungen opfern. Wir wussten auch warum. Uns lagen Informationen vor, dass nach uns eine Flotte mit technischem Material das zeitgesteuerte Wurmloch passieren sollte, um auf Vagun mit dem Bau einer zweiten geheimen zeitgesteuerten Wurmlochstation zu beginnen. Diese Mission sollte eigentlich erst nach unserer Rückkehr erfolgen. Vermutlich wollte ihr abtrünniger Kollege aber nicht länger warten.

Er rechnete mit einer Zerstörung der zeitgesteuerten Station auf unserem Forschungsasteroiden. Die Rasse der Ceshalter war technisch weit fortgeschritten. Auch sie verfügten über zeitgesteuerte Wurmloch-Tore. Sie öffnen uns einen Durchgang in unsere Zeit. Wir gaben als Ausgangsort die Koordinaten von Vagun an, in der einzigen Hoffnung, dass die Anlage bereits fertiggestellt war. Unsere Vermutung bestätigte sich. Der Rückflug unserer Flotte war problemlos. Die Hypertronic-KI der zeitgesteuerten Wurmlochstation, tief in der Erde von Vagun, öffnete uns das Ausflugstor.

Zu unserem Erstaunen, bat sie uns, nach unserem Eintreffen, um Hilfe. Wie wir erfuhren, war ihre Station durch Giftgas kontaminiert worden. Es hatte die ursprünglichen Erbauer getötet. Aus diesem Grunde war sie ohne einen Kommandeur. Wir konnten den Grund der Kontaminierung finden und bereinigen. Die Hypertronic-KI der zeitgesteuerten Wurmlochanlage setzte mich als alleinigen Kommandeur der Station ein. Halswan und der ragunische Zentralrat besitzt keinen Zugriff mehr auf diese Wurmlochanlage. «

»Das ist positiv zu bewerten«, antwortete Major Travis. »Aber wie war das möglich? «

Systemrat Camaal blickte ihn an.
»Die Hypertronic-KI informierte uns, dass sie mit Hilfe einer fremden Species fertiggestellt wurde«, erklärte er. »Auch ihre Programmierung wurde fortgeschrieben und erweitert. Sie konnte sich ab diesem Zeitpunkt selbstständig erhalten und die Befehle unseres Zentralrates ignorieren. Die KI erklärte uns, dass sie sich als Generationen-Station sehe. Ihre Aufgabe wäre es,

auch nachfolgenden Species in diesem Sonnensystem zu dienen. «

»Hierüber sollten wir später noch einmal intensiver sprechen«, erwiderte Major Travis.

Der Sprecher der Aller-Ersten schüttelte seinen Kopf.
»Der ragunische Zentralrat hätte früher auf unsere Hinweise und Bedenken reagieren müssen«, räusperte sich Geoffwan.

Er blickte Muuda an.
»Auch sie waren ein Mitglied dieses Rates«, ergänzte er.
»Ihnen sollten doch unsere Warnungen noch in Erinnerung sein? «

»Sie haben Recht«, bestätigte der Zentralrat. »Ich war eine Person dieses Rates. Gemeinsam haben wir ihre Warnungen missachtet und sie ausgelacht. Es war für uns zu diesem Zeitpunkt nicht möglich, die Tragweite ihrer Warnungen realistisch zu bewerten. Zu voreingenommen waren wir als göttlicher Rat des ragunischen Imperiums, dessen Kampfflotten noch nie auf vergleichbar starke Gegner getroffen waren. «

Zentralrat Muuda und Systemrat Camaal verbeugten sich vor Geoffwan.

»Bitte nehmen sie unsere aufrichtige Entschuldigung an«, sagte Muuda. » Erst jetzt erkennen wir, dass sie die Wahrheit gesprochen haben. Leider ist es für die Rettung unserer Welt jetzt zu spät. «

Geoffwan nickte.
»Hieran lässt sich nichts mehr ändern«, bestätigte er. »Aber ich erkenne auch, dass zumindest in einigen Personen ihrer Rasse ein Umdenken erfolgt. In dem Buch unseres großen Propheten Aahnn habe ich mehrere Hinweise bezüglich ihres Volkes entdeckt. Es steht geschrieben, dass ein Teil der ragunischen Species den Weg in eine neue Zukunft finden wird. An diesem Ort werden Freunde auf sie warten und sie unterstützen. Nach dem Angebot von Major Travis können hiermit nur die Terraner und das Neue-Imperium gemeint sein. «

Geoffwan blickte Muuda und Camaal an. Diese starrten ihn mit erstaunten Augen an.

»An anderer Stelle habe ich den Vermerk unseres Propheten gelesen, dass ihr Volk als wichtiges Mitglied des Neuen-Imperiums zu neuer Stärke heranwachsen und zukünftig ein wichtiger Baustein in unserer Galaxie werden wird«, schmunzelte er. »Sie sehen also, dass einem Teil ihres Volkes durchaus Großes vorausgesagt wird. Verspielen sie nicht auch diese letzte Chance. «

»Das sind Niederschriften eines Propheten«, antwortete Systemrat Camaal. »Auch wir haben solche selbsternannten Seher auf vielen unserer Welten. Es zeigt sich, dass in der Regel diese Vorhersagungen in Rauch und Wind vergehen. Nichts ist von ihren Vorhersagen eingetroffen. «

»Ich bin enttäuscht, dass sie den wichtigsten Seher unseres Volkes nicht ernst nehmen«, antwortete der Sprecher der Aller-Ersten nüchtern. » Er konnte alle seine Visionen in einem Buch niederschreiben. Sie sind später nachweislich eingetroffen. Bei Aahnn waren die uns gegebenen Fähigkeiten besonders ausgeprägt. Es ist daher für uns nicht verwunderlich, dass er sich diese Möglichkeit zu eigen machte. «

»Ich wollte ihren Propheten nicht herabwürdigen«, antwortete Camaal. »Für uns Normalsterbliche ist das sehr mysteriös, weil uns solche Gaben nicht gegeben sind.«

»Das ist nicht verwunderlich«, antwortete Geoffwan. »Falls ihre Rasse einmal unser Alter erreichen sollte, dann werden sie ebenfalls viele neue Fähigkeiten entwickelt haben. «

»Entschuldigen sie bitte, dass ich ihre Diskussion unterbrechen muss«, schaltete sich Major Travis in das Gespräch ein. »Der Lift wartet bereits. Ich kann ihn nicht länger blockieren. «

Die Türen des Turboliftes öffneten sich.
»Bitte treten sie ein«, forderte der Major die Gäste auf.

Geoffwan, Zentralrat Muuda, Systemrat Camaal und Lenus folgten der Aufforderung. Nach ihnen schritten Sergeant Hardin, seine drei Marines und die Kampfroboter in den großen Lift. Major Travis, Tart 1 und Tart 2 traten als letztes ein. Der Major drückte auf die Taste mit der Bezeichnung 100.

Geräuschlos für die Insassen, setzte sich der Lift in Bewegung. Das digitale Zählwerk des Liftes wurde zu einem nicht mehr erkennbaren roten Fleck. Nach wenigen Sekunden bremste der Lift verhalten ab. Die Lifttüren öffneten sich und verschwanden in der Verkleidung. In dem breiten Korridor waren mehrere verschlossene Türen zu erkennen.

Major Travis trat an den Gästen vorbei.
»Folgen sie mir, wir sind gleich da«, erklärte er.
»Bekommen sie keinen Schreck. Der Raum ist gefüllt mit wichtigen Personen unseres Imperiums. General Poison,

das ist der oberste Befehlshaber unseres Imperiums, hat seine Führungskräfte zusammengerufen, um über eine geplante Mission zu beraten. Ihren Besuch konnten wir leider nicht vorhersehen. «

»Ich verstehe«, antwortete Zentralrat Muuda. »Ist das der richtige Rahmen, um unsere Bitte nach Asyl vorzutragen? «

»Es ist der richtige Zeitpunkt, um uns neue Informationen über ihren Planeten und über Halswans Absichten mitzuteilen«, antwortete Major Travis. »Dafür werden wir ihnen dankbar sein. «

Zentralrat Muuda blickte Systemrat Camaal an.
»Ich hoffe, wir werden ihre Erwartungen erfüllen«, antwortete er. »Das ist das erste Mal, dass wir als Bittsteller auftreten und auf die positive Entscheidung eines anderen Volkes angewiesen sind. «

Major Travis lächelte ihn an.
»Ein weiser Schritt erfordert Umdenken«, bemerkte er. »Wir kennen das nicht anders. Zu vielen Fragen gibt es unterschiedliche Meinungen. Diese werden in langen Diskussionen ausgeräumt. Gewöhnen sie sich bereits hieran. Ihnen wird es zukünftig nicht anders ergehen. Das ist der Unterschied zwischen unseren Imperien. Ein

Durchsetzen von Befehlen und Anordnungen mit Waffengewalt ist nicht möglich. Aber das werden sie sehr schnell lernen. «

Major Travis klopfte an der Türe. Dann öffnete er sie und trat ein. Eine laute Geräuschkulisse drang aus dem Raum. Der Translator von dem Major und seinen Begleiter war nicht mehr in der Lage, die Vielzahl der aufgeschnappten Worte in die ragunische Sprache zu übersetzen.

Als Major Travis mit seinen Gästen in den Raum eintrat, verstummten die Gespräche schlagartig. Eine eiskalte Stille war zu spüren. Die Offiziere in dem Raum musterten eindringlich die ragunische Delegation. General Poison und Noel kamen auf Major Travis und seine Gäste zugeschritten.

Major Travis stellte sie den Ragunern vor.
Diese verbeugten sich vor ihnen und bezeugten ihre Dankbarkeit.

»Stehen sie gerade«, sagte der General. »Sie sprechen auf Augenhöhe mit uns. »Wir sind keine Imperatoren, denen sie huldigen müssen. Hier in dieser Umgebung haben bereits viele Abgesandte fremder Welten ihre Wünsche vorgetragen. Nicht alle konnten wir erfüllen. Ich hoffe, dass sie uns nicht vor unlösbare Aufgaben stellen werden? «

Zentralrat Muuda richtete sich auf.
»Nein«, tönte es aus dem Übersetzer wieder, den Major Travis ihm umgehängt hatte. »Es ist für uns schon ein Wunder, dass wir hier vor ihnen stehen und zu ihnen sprechen dürfen. Das hätten wir vor wenigen Tagen noch nicht geglaubt. «

General Poison führte die Gäste an die erhobenen Plätze des Podestes der EWK-Führung. Auf einem Stuhl saß Ranus. Als er Lenus erblickte, sprang er freudig auf und kam auf ihn zugelaufen.

»Flottenführer Lenus«, sagte er. »Ich freue mich, sie unverletzt wiederzusehen. «

Lenus blickte Ranus verwundert an.
»Du lebst? «, staunte er. »Was machst du in der Führungsetage des Neuen-Imperiums? «

»Das ist hier ist ein großer Konferenzraum «, antwortete Ranus. »Wir diskutieren einen Plan, wie wir auf unserer Zentralwelt die Flüchtlingstore ausschalten können. Diese bedeuten eine Gefahr für uns. «

Lenus blickte ihn irritiert an.

»Was meinst du mit uns? «, erkundigte er sich. » Bist du bereits ein Mitglied des Neuen-Imperiums? «

Ranus blickte seinen ehemaligen Flottenführer an.

»Die Terraner haben mich sehr gut behandelt«, antwortete er. »Ich habe mich mit ihrer Geschichte vertraut gemacht und ihre Sprache erlernt. Zu keiner Zeit wurde ich als Gefangener behandelt, vielmehr als ein Gast von einer anderen Welt. Ich habe um Asyl gebeten. General Poison zeigte sich einverstanden, falls ich das Neue-Imperium tatkräftig unterstütze. Ich werde das Truppenkontingent des Neuen-Imperiums auf Ragun entsprechend führen. «

»Deinem Asylantrag wurde bereits zugestimmt? «, staunte Truppenführer Lenus.

»Nicht nur meinem«, erwiderte Ranus. »Mein ganzer Clan wird von Ragun evakuiert. Wir bekommen eine neue Welt von General Poison zugeteilt, die fast vergleichbar mit Ragun ist. So erhält zumindest ein Teil unserer Rasse eine neue Zukunft in dieser Zeit. «

»Dein ganzer Clan wird evakuiert? «, staunte Systemrat Camaal. »Du hast einen eigenen Planeten zugesagt bekommen? «

Ranus nickte.

»Das ist wahr«, bestätigte er. »Hierauf wird auch Platz für das Personal ihrer Flotte sein. Machen sie sich keine Sorgen. Das Neue-Imperium ist für eine Rassenvielfalt offen. Vorausgesetzt wir akzeptieren die Gesetze. Das ist eine wichtige Voraussetzung. «

»Um nichts Geringeres bitten wir auch für uns«, bemerkte Zentralrat Muuda.

General Poison zeigte auf freie Plätze.
»Bitte setzen sie sich«, bot er an. »Über ihre Wünsche werden wir später sprechen. Was führt sie zu uns? «

Zentralrat Muuda und Systemrat Camaal blickten ihn erwartungsvoll an.

»Major Travis teilte uns mit, dass wir zu ihren Offizieren sprechen sollten, damit unser Wunsch einen breiten Zuspruch findet«, erklärte er. »Haben sie etwas dagegen, wenn ich seinem Wunsch folge. Unser Besuch hat eine längere Vorgeschichte. Verfolgen sie bitte meinen Bericht, dann brauche ich die Geschichte nicht mehrmals zu erzählen. Systemrat Camaal wird seine Erlebnisse zum besseren Verständnis einfügen. «

»Ich habe nichts einzuwenden«, antwortete General Poison. »Falls wir etwas nicht verstehen sollten, bitte ich sie unsere entsprechenden Zwischenfragen zu akzeptieren. «

»Selbstverständlich«, antwortete der Zentralrat.
Der General stand auf und führte die beiden Räte an ein Stehpult mit Mikrofon. Er klopfte kurz hiergegen.

»Sprechen sie hier hinein«, erklärte er. »Jede Person in diesem Raum wird sie verstehen. Ihren mobilen Übersetzer brauchen sie hierfür nicht. Unsere Hypertronic-KI wird ihre Worte in unserer Umgangssprache wiedergeben.

Flottenführer Lenus und Ranus hatten sich zwischenzeitlich auf ihre Stühle gesetzt. Sie unterhielten sich leise.

Die beiden Räte standen unsicher vor dem Mikrofon und blickten in die Gesichter der anwesenden Offiziere.

»Mein Name ist Muuda«, begann der Gast. »Ich bin ein Mitglied des göttlichen Zentralrates des ragunischen Imperiums. Dieser Rat bildet seit Anbeginn der Zeit die Regierung unseres Planeten. Er besteht aus 11 Mitgliedern und einem Vorsitzenden. Dieses Gremium beschließt und verkündet unsere Gesetze. Sie sind unumkehrbar. Wie sie wissen werden, bin ich aus der Vergangenheit zu ihnen gereist. Dank einer Technik, die wir von den Aller-Ersten erhalten haben, war es uns möglich ein zeitgesteuertes Wurmloch zu öffnen und in ihre Gegenwart zu reisen. Doch ich möchte ihnen mehr über unser Imperium mitteilen. «

Er schaute die Offiziere und Soldaten des Neuen-Imperiums an.

»Unsere Heimatwelt war der fünfte Planet dieses Sonnensystems«, erklärte er. »Sie kennen diese schöne Welt nicht mehr. Wir haben das große Asteroidenfeld geortet, dass sich hinter dem vierten Planeten in diesem Sonnensystem befindet. Das ist alles, was die Arthropoden von unserer Heimatwelt übriggelassen haben. Doch ich möchte am Anfang der Geschichte anfangen. Laut ihrem Gast Geoffwan, dem Sprecher des Ältestenrates der Aller-Ersten, wurden wir künstlich von seiner Rasse erschaffen. Ich glaube ihm seine Angaben. Leider existierten hier auf Ragun keine Infofolien mehr aus dieser Zeit, die als Beweise verwertet werden konnten. Die Wissenschaftler der Aller-Ersten begleiteten uns eine lange Zeit und wiesen uns in alle wichtigen Bereiche ein. Auch in der der Entwicklung unserer Raumfahrt gaben sie uns wichtige Hilfestellungen. «

Zentralrat Muuda blickte die Anwendenden an. Er hob seinen Finger.

»Glauben sie nicht, wir hätten das Wissens schnell und umfassend erhalten«, erklärte er. »Es hat eine lange Zeit gedauert, bis für unsere Rasse der erste Schritt in das Weltall möglich war. Sie werden die Aller-Ersten ebenfalls kennen. Ich sage ihnen nichts Neues, wenn ich erwähne, dass man ihnen alle Informationen aus der Nase ziehen muss. Freiwillig geben sie keine Daten preis. «

Einige der Anwesenden lachten.
Geoffwan blickte fragend seine Kollegen an. Talswan und Nadewan fühlten sich in keiner Weise angesprochen.

Zentralrat Muuda fuhr fort.
»Es vergingen weitere Jahrtausende, bis wir über eine entsprechende Technik verfügten, um unser Sonnensystem verlassen zu können«, erklärte er. »Wir trafen auf viele fremde Rassen, rohstofffreiche Planeten und auf fremde Technik. Unsere Regierung erkannte die Chance zu expandieren. Der damalige Zentralrat unseres Planeten traf eine Entscheidung. Der amtierende Rat beschloss einstimmig, ein großes Imperium zu gründen. Mit dem Hintergedanken, dass die ragunische Species allen anderen Lebensformen weisungsbefugt sein sollte.

Die neuen Welten sollten ausgebeutet werden, ihre seltenen Rohstoffe abtransportiert und die Bewohner für Ragun Dienstleistungen erbringen. Alle Welten, die sich nicht freiwillig unserem Imperium anschließen wollten, sollten durch unsere Kampfflotten annektiert werden. «

Zentralrat Muuda griff nach einem Glas Wasser, dass ihm Major Travis reichte.

Systemrat Camaal fuhr fort.
»Doch so weit war es noch nicht«, erklärte dieser. »Eine lange Zeit machte Ragun gute Miene zum bösen Spiel. Die Zentralwelt unterhielt einen guten Kontakt zu den entdeckten Planeten und deren Regierungen. Unsere Experten analysierten, auf welchen Welten dringend benötigte Rohstoffe zu finden waren. Alle bis dahin vorhandenen Raumschiffe unserer Welt, wurden lediglich als Forschungsschiffe auf wissenschaftlichen Missionen getarnt. Doch im Geheimen, vor den Augen der Delegierten fremder Species versteckt, wurde an einer gewaltigen Kriegsflotte gearbeitet.

Erst viele Jahrzehnte später konnte sie fertiggestellt werden. Dieser Zeitpunkt markierte eine Wende in der Politik unserer Vorfahren. Auf die Warnungen unserer Schöpfer wurde nicht mehr gehört. Der göttliche Zentralrat hatte beschlossen, alle neuen Welten in der

Galaxie dem eigenen Imperium anzuschließen, um sie nachhaltig auszubeuten. Unsere Kriegsflotten fielen über die ahnungslosen Planeten her und unterjochten sie. Den Regierungen wurden Zwangsabgaben auferlegt. Hiermit nicht genug. Jeden Monat wurden weitere neue Kriegsschiffe fertiggestellt und in den Dienst unserer imperialen Flotte gestellt. Sie hatten die Aufgabe, weitere Planeten zu suchen und diese unserem Imperium einzuverleiben.

So ging es viele Jahrtausende weiter. Niemals stießen wir auf technisch hochstehende Rassen, die unserer Expansion Einhalt bieten konnten. Unser Imperium wurde größer und unüberschaubarer. Neue Zentralräte führten den erfolgreichen Kurs ihrer Vorfahren weiter. Systemräte wurden eingeführt, die als Verwaltung zahlreiche Kolonien fungierten. «

Systemrat Camaal gab an seinen Vorredner weiter.
»In einem strengen Ton ermahnten uns unsere Schöpfer, die falsche Politik der Unterdrückung unverzüglich einzustellen«, teilte Muuda mit. »Doch unsere Regierung zeigte sich wenig beeindruckt. Sie beendete verärgert die Gespräche mit den Abgesandten der Aller-Ersten. Sie verboten Geoffwan und dem Ältestenrat seines Volkes, sich in die Angelegenheiten unseres Imperiums einzumischen. Ferner wurde ihnen ein Landeverbot auf

Ragun erteilt. Ab dieser Zeit endete die Kommunikation mit unseren Schöpfern. Aus heutiger Sicht war es ein nicht mehr gutzumachender Fehler. Sie warnten uns stetig davor, dass wir irgendwann auf gleichwertige Rassen stoßen könnten, die unsere Expansionspolitik nicht dulden würden. Geoffwan und die Abgesandten der Aller-Ersten wurden von uns lediglich ausgelacht. Die Erfolge unserer Flotten ließen uns die Realität nicht mehr erkennen.

Wir dachten tatsächlich, wir seien die technisch am weitesten entwickelte Rasse im Universum. Doch das Weltall war groß. In seinen Tiefen beanspruchte ein insektoides Volk einen großen Lebensraum für sich. Sie beobachteten uns bereits eine lange Zeit mit Argwohn. Als wir in ihr Hoheitsgebiet einflogen, stoppten ihre Kriegsschiffe unsere Erkundungseinheiten. Spätere politische Gespräche, zwecks eines Anschlusses an unser Imperium, verliefen erfolglos. Abgesandte dieser Species teilten uns mit, dass wir als humanoide Species nicht erwünscht wären. Sie forderten unsere Flotten zum Rückzug auf. Ihre Regierungsvertreter verlangten von uns, dass unsere Kriegsschiffe nicht mehr ihren Hoheitsbereich verletzten.

Sie drohten uns bei einer Nichtbeachtung ihrer Forderung mit schweren Vergeltungsmaßnahmen. Der Zentralrat und die oberste Raumbehörde von Ragun tagte eine lange Zeit und analysierte ihre gewonnenen Erkenntnisse. Die Verärgerung unserer Führung war deutlich sichtbar. Ein insektoides Volk, vermutlich aus bodenkriechenden Lebewesen mutiert, erdreistete sich tatsächlich dem göttlichen Zentralrat zu drohen. In Absprache mit den militärischen Beratern unseres Reiches entschloss sich unsere Regierung die Warnungen der Arthropoden zu ignorieren. In ihrer Kurzsichtigkeit befahl sie einen massiven Angriff ihrer starken Flottenverbände auf ihr Hoheitsgebiet. Die insektoide Species sollte in die Knie gezwungen werden. Erst viel zu spät erkannten wir, dass diese Species von unseren militärischen Beratern völlig unterschätzt wurde. «

Erneut fuhr Systemrat Camaal unterstützend fort.
»Bevor wir zu dieser Erkenntnis kamen, verging noch eine lange Zeit«, erklärte er. » Unsere Flotten-Verbände konnten Anfangs täglich erfolgreiche Berichte über ihr Eindringen in das insektoide Hoheitsgebiet übermitteln. Unsere Raumschiffs-Produktionswerften liefen auf Hochtouren. Ständig wurden weitere Schiffsverbände an den Rand des grauen Universums verlegt, der den Anfang des Hoheitsgebietes der Arthropoden markierte. Zahlreiche Schiffsträger materialisierten aus dem Hyperraum und verstärkten unsere Flottenpräsenz. Selbst unsere größte Flotten-Kampfstation wurde von

dem Zentralrat an die Front verlegt, um unserer obersten Raumbehörde als operative Einsatzzentrale zu fungieren. Dort sollten alle maßgeblichen Befehlshaber unseres Imperiums ihre Einsätze befehlen und koordinieren. Die gewaltige Kampfstation konnte alleine 6.000 Klappflügel-Zerstörern eine Andockbucht anbieten. Sie bildete das Herz unseres Angriffes. «

Camaal blickte die interessierten Zuhörer an.

»Es war die Ruhe vor dem Sturm«, fuhr er fort. »Die Befehlshaber unserer Flottenführung arbeiteten an der Front an einem Plan, um einen Endschlag gegen die Arthropoden zu führen. Unsere Führungskräfte waren sich sicher, dass ihre eigenen Flotten bereits einen Großteil der arthropodischen Schiffsverbände vernichtet hatten. Doch die Ruhe war trügerisch. Scheinbar benötigten unsere Feinde mehr Zeit, um ihre Mobilmachung zu organisieren. Mit Erschrecken sahen unsere Befehlshaber, wie sich der Hyperraum öffnete und weitere 500.000 Schiffe der spinnenartigen Species in den Normalraum fielen. Diese Einheiten steuerten die Frontlinie an. Erst jetzt erkannten unsere Befehlshaber, mit wem sie sich eingelassen hatten.

Die teilweise 5.000 Meter messenden arthropodischen Kampfzerstörer standen unseren gleich großen Kriegsschiffen in keiner Weise nach. Damit nicht genug, immer mehr gegnerische Flotten-Geschwader zogen auf und verstärkten die Präsenz unserer Feinde. Unsere Flotten-Oberbefehlshaber wussten, dass die Grenze ihrer verfügbaren Kampfkraft erreicht war. Sie mussten verhindern, dass weiter Schiffe aus dem Hyperraum materialisierten. Mit Unbehagen befahl unser Oberkommando einen endgültigen Vernichtungsschlag gegen die große Flotte der unbekannten Lebensform. «

Zentralrat Muuda nickte Systemrat Camaal zu.
»Danke«, sagte er. »Ich führe den Bericht fort. «

Er blickte die Zuhörer an.
»Die Schlacht vor dem grauen Universum erhellte das All mit Laserblitzen und sich ausweitenden Atomsonnen«, begann er. »Zahlreiche Schiffstrümmer, abgesprengte Aufbauten, Reste von explodierenden Schiffen, drifteten unkontrolliert durch die Bahnen unserer Schiffsverbände. Nach Wochen erstreckte sich das Trümmerfeld über 4.000 Kilometer. Das Aufeinandertreffen unserer Flotten war von der Vernichtung und dem Untergang vieler Schiffe auf beiden Seiten gezeichnet. Erst jetzt erkannten auch die Arthropoden, dass sie es mit einem technisch weit entwickelten Gegner zu tun hatten.

Die Verluste von Material und Personal stiegen auf beiden Seiten ins Unermessliche. Doch niemand der streitenden

Parteien dachte an die Aufnahme von politischen Verhandlungen. Unsere bisher erfolgsverwöhnten Kampfflotten kämpften an ihrer Leistungsgrenze. Erstmals in unserer Geschichte waren sie auf einen erbitterten Gegner gestoßen. Alle unsere Kampf-Zerstörer feuerten ihre Breitseiten immer wieder auf die anfliegenden Geschwader der Arthropoden ab. Wenige Tage später resignierte unsere Flottenführung. Trotz intensiver Verluste an Schiffen, schien der spinnenartigen Species der Nachschub an Material und Personal nicht auszugehen.

Unsere Spähdrohnen zeichneten ununterbrochen feindliche Daten auf, die erschreckend deutlich nachwiesen, dass täglich neue Schiffsgeschwader die arthropodischen Schiffsverbände verstärkten. Unsere eigenen Geschwader wurden aufgerieben, oder zu einem Rückzug gezwungen. Ganze Zerstörer-Verbände wurden in unterschiedlichen Schlachtgebieten gebunden. Als dann außerhalb des grauen Universums unverhofft 16.500 große Schlachtzerstörer der Arthropoden vor der entleerten Flotten-Kampfstation materialisierten, brach Panik unter den Führungsoffizieren unserer obersten Raumflotte aus. Plötzlich erkannten sie den Ernst der Lage.

Unser Oberkommando, das ihre operative Einsatzzentrale auf Wunsch des Zentralrates an die Front verlegt hatte, plante in dieser vorgelagerten Station ihre geheimen Angriffspläne. Niemals hätte unsere Führung damit gerechnet, dass die Arthropoden es wagen könnten, ihre Flottenkampfstation zu attackieren. Leichtfertig hatte unsere Führung alle 6.000 Zerstörer der Station als Verstärkung an die Front befohlen. Die von ihnen unterschätzte spinnenartigen Lebensform, fiel mit 16.500 schweren Zerstörern über die leere Kampf-Station her. Obwohl die zahlreichen Abwehrtürme des Bollwerkes wahre Wunder leisteten, gelang es den Arthropoden in einem verlustreichen Angriff die starken Geschütztürme auszuschalten.

Unsere Flottenführung verharrte in einem Zustand der Lähmung. Ihre eigenen Zerstörer waren zu weit in das graue Universum vorgedrungen, um rechtzeitig Hilfe leisten zu können. Unsere von zahlreichen Siegen verwöhnte Flottenführung, wurde mit ihrer stolzen Flotten-Kampfstation in den Untergang geschossen. Zurückeilende Schiffe unserer Armada registrierten nur noch eine gigantische helle Explosion auf den Koordinaten der Kampfstation. Unsere ganze Flottenführung fand den Tod. Ab dieser Tragödie übernahmen erfahrene Geschwader-Kommandanten den Oberbefehl über unsere Kriegsflotte. Doch das Blatt wendete sich. Unsere demotivierten Schiffsflotten wurden immer weiter zurückgedrängt. Fliehende Verbände wurden von arthropodischen Geschwadern verfolgt und aufgerieben. Die Front verschob sich immer weiter in die Richtung der Milchstraße. «

Zentralrat Muuda blickte die Zuhörer an.
»Jetzt kennen sie im Groben unsere Geschichte«, erklärte er. »Irgendwann tauchte Halswan bei uns auf und gab sich als Retter unserer Species aus. Zunächst hoffte Ruadan, der ehemalige Vorsitzende unseres Rates noch auf ihn. Doch die Vorschläge ihres Abtrünnigen brachten nicht den gewünschten Erfolg. Nicht zuletzt auch die Intervention des Neuen-Imperiums von Natrid und Tarid. Seinen gescheiterten Angriff auf die Flüchtlingsstation unserer Schöpfer und deren Wolkenstädte haben sie miterlebt. Halswans Ziel war es, alle zeitgesteuerten Wurmlochanlagen zu vernichten, um ungehindert eigene Eingriffe in den Zeitebenen durchführen zu können. Er hatte Bedenken, dass Geoffwan und das neue Imperium seine Eingriffe korrigieren würden. «

»Mit Recht«, antwortete der Sprecher der Aller-Ersten. » Das hätten wir niemals zugelassen. «

»Wir danken ihnen für ihre Ausführungen«, sagte General Poison. »Die Gefahr durch Halswan ist noch nicht vorüber. Besteht die Möglichkeit, dass er sich Zugriff auf ihre geheime Station auf Vagun verschaffen kann? «

Systemrat Camaal zuckte mit seinen Schultern.
»Die Hypertronic-KI der Station hat mich als alleinigen Kommandeur eingesetzt«, antwortete er. »Nur ich kann ihr einen Stellvertreter vorschlagen, der in meiner Abwesenheit die Befehle erteilt. Es ist mir nicht bekannt, ob sich der Abtrünnige unserer Schöpfer über einen anderen Weg einen Zugriff verschaffen kann. «

Major Travis blickte Geoffwan und seine Begleiter an.
»Würden sie uns ihre Meinung mitteilen? «, fragte er. » Sie kennen ihren ehemaligen Kollegen besser als wir. «

Talswan ergriff das Wort.
»Meine Begleiter und ich haben uns bereits hierüber unterhalten«, antwortete er. »Sie vermuten richtig, dass wir in solchen Fällen über ihnen nicht bekannte Möglichkeiten verfügen. Doch wir bezweifeln sehr stark, dass Halswan während seiner Flucht an die technische Ausrüstung gedacht hat. Diese ist gesichert und kann nur durch eine Signatur unseres Regierungsrates ausgehändigt werden. Wir haben lediglich Kenntnis davon erhalten, dass er mit seiner Leibwache einen ausgerüsteten Kampfgleiter unseres Volkes für seine Flucht entwenden konnte. «

»Ich habe mit Halswan den Angriff auf ihre Flüchtlingsstation durchgeführt«, bemerkte Lenus. »Er ist besessen von dem Gedanken, alle zeitgesteuerten Wurmlochanlagen zu zerstören. Nur mit Mühe konnte ich ihn stoppen, alle unsere Kampftruppen gegen das Neue-Imperium einzusetzen. Ihm war das Leben unserer Soldaten gleichgültig. Er hätte sie alle geopfert, nur um sein gestecktes Ziel zu erreichen. Nach meiner Meinung wird er alles probieren, um die Kontrolle der geheimen Wurmlochstation an sich zu reißen. «

Heran war zu der Gruppe getreten. Major Travis stellte ihn als einen Abgesandten und Freund einer fremden Rasse vor.

Die Raguner verbeugten sich vor ihm.
»Übernehmen sie sich nicht«, sagte Heran in einem lauten Ton. »Wir haben damals auf einen Kontakt zu ihrer Rasse verzichtet, weil wir erkannten, dass sie Geschöpfe der Aller-Ersten waren. Auch wir leben schon lange in diesem Universum. Ihre Berichte geben mir zu denken. «

Er blickte Geoffwan an.
»Falls es Halswan gelingen sollte in die Station auf Vagun einzudringen, könnte er diese sicherlich aktivieren«, erklärte er. »Vermutlich würde er eine Zeitepoche

programmieren, die vor der Epoche der Terraner datiert. Dann könnte er einen Angriff auf ihre Flüchtlingsstation auf Tarid befehlen. Hätten sie oder der Regierungsrat ihrer Rasse diese Aktivitäten mitbekommen? «

Geoffwan blickte ihn an.
»Die Station verfügt über einen ständigen Wächter«, erklärte er. »Midir hätte uns verständigt. «

»Sie erklärten uns, dass Halswan ein ehemaliges Mitglied ihres Ältestenrates war«, fuhr Heran fort. »Wenn er sich gegenüber dem Wächter als hochrangiges Regierungsmitglied ausgegeben hätte, wie würde sich ihr Wächter verhalten? «

Geoffwan, Nadewan und Talswan sahen sich betroffen an.
»Vermutlich würde Midir ihn eintreten lassen und sich ihm unterordnen«, erklärte Nadewan. »Unsere Wächter stehen in der Rangordnung nicht über unserem Ältestenrat. Das könnte zu einem Problem werden. «

»Meine Vermutung wird bestätigt«, lächelte Heran. »Es lässt sich nicht alles Vorausplanen. «

»Wir sollten besser Vorsorge treffen«, sagte Systemrat Camaal. »Im Rahmen unseres Asylwunsches schlage ich folgende Vorgehensweise vor. Falls sie unserem Wunsch zustimmen, wir mit Ranus und seinem Volk auf dem Planeten leben dürfen, den sie ihm zuteilen werden, versprechen wir aufrichtig die Gesetze des Neuen-Imperiums zu achten und uns unterzuordnen. Ab diesem Zeitpunkt haben wir keine Verwendung mehr für die geheime zeitgesteuerte Wurmlochstation auf Vagun.

Wir unterliegen dann ihren Gesetzen und ihrem Schutz. In Absprache mit Zentralrat Muuda habe ich beschlossen, die Station in die Verwaltung und Nutzung des Neuen-Imperiums zu übergeben. Falls möglich trete ich als Kommandant der Station zurück und übergebe das Kommando an einen Offizier ihres Imperiums. «

General Poison schien sichtlich erfreut zu sein.
»Das ändert aber nichts an Halswans Plänen«, bemerkte Heran. »Wie wollen sie verhindern, dass er einen Eingriff in der Zeit durchführt? «

»Mein Gedanke ist es, mit einem Team des Neuen-Imperiums in die Vergangenheit zu reisen«, erklärte Camaal. »Der Zeitpunkt sollte so gewählt sein, dass unsere Ankunft einige Tage hinter dem Abflug meiner Flotte fliegt. Die Hypertronic-KI, die auch Komponenten einer fremden Species besitzt, wird erstaunt sein uns wiederzusehen. Ich werde Major Travis, oder einen anderen Offizier ihres Imperiums als neuen Kommandeur und Stellvertreter der Station vorschlagen. Sie wird sicherlich auf meinen Wunsch eingehen. Bei diesem Besuch werden wir der Hypertronic-KI unsere neuen Befehle übermitteln. Diese lauten Halswan und seinen Begleitern Einlass in die Station zu gewähren. Sobald Halswan mit seiner Leibgarde vor die Hypertronic-KI tritt, sollte sie ihre Möglichkeiten nutzen und die Eindringlinge eliminieren. Somit wäre das Thema Halswan für alle Zeiten beendet.«

Die Führung des Neuen-Imperiums blickte den Systemrat erschrocken an.

»Das ist nicht unsere Art mit Feinden umzugehen«, antwortete Major Travis. »Sie werden vor ein ordentliches Gericht gestellt.«

Geoffwan überlegte kurz.
»Der Vorschlag von Systemrat Camaal beeindruckt mich«, erklärte er. »Wir können es drehen, wie wir wollen. Halswan ist ein Mitglied unseres Volkes. Er verfügt über die gleichen Fähigkeiten wie wir. Nähern wir uns ihm, wird er unsere Ankunft spüren können und Gegenmaßnahmen ergreifen. Möglicherweise gelingt es ihm sogar zu flüchten, oder unbedachte Dinge zu befehlen. Wir sehen den Vorschlag von Camaal als

einzigen Weg, den Abtrünnigen unseres Volkes auszuschalten, bevor er auf die Zeitlinien unserer Galaxie zugreifen kann. «

»Es gibt noch ein weiteres Problem«, erklärte Major Travis. »Ich kann unmöglich auch noch das Kommando der zeitgesteuerten Vagun-Station übernehmen. Eventuell als überlagernder Kommandeur, der einen ständigen Stellvertreter in die Station abkommandiert. Eine andere Möglichkeit sehe ich nicht. «

»Das sollte möglich sein«, antwortete Systemrat Camaal. »Falls es ihnen nichts ausmacht, kann ich auch die Station überwachen, falls sie mit anderen Aufgaben betraut wurden. «

Major Travis blickte General Poison und Noel an.
»Was halten sie von dem Vorschlag? «, erkundige er sich.

Noel nickte.
»In Anbetracht unserer Möglichkeiten, möchte ich auf alle Stationen in unserem heimatlichen System einen direkten Zugriff haben«, antwortete er. »Auch wenn sie von fremden Rassen konzipiert und gebaut wurden. Das betrifft die Flüchtlingsstation der Aller-Ersten ebenso, wie die geheime zeitgesteuerte Wurmlochanlage auf Vagun. Beide Stationen werden sich der Kontrolle meiner

Mutter, der großen Hypertronic-KI von Natrid, unterwerfen müssen. Meine Empfehlung ist es, dass sie auf diesen Vorschlag eingehen und beide Stationen unter unsere Kontrolle bringen. «

General Poison nickte.
»Der natradische Kunstklon hat Recht«, bestätigte er. »Es kann nicht sein, dass in unserem heimatlichen Sonnensystem Basen existieren, die nicht unter unserer Autorität stehen. Als Alternative würde nur die vollständige Vernichtung der Station in Frage kommen. Jedoch aufgrund der speziellen fremdartigen Technik dieser Anlagen, würde ich einen Angriff sehr bedauern. «

»Dann müssen wir uns sputen«, lächelte Major Travis. »Die Angelegenheit sollte vor unserer Mission Ragun geklärt sein. Bekanntlich verbleiben uns nur noch vier Tage, bis zu dem Start unserer Einsatzflotte. Wem könnten wir das Kommando der Vagun-Station übergeben? «

»Darf ich einen Vorschlag unterbreiten«, meldete sich Oberst Coomes.

Er war der Oberbefehlshaber über alle Flottenkampfstationen, Basen und Werften des Neuen-Imperiums von Natrid und Tarid.

»Sprechen sie«, befahl General Poison. »An welche Person denken sie? «

»Ich schlage Commander Heinemann vor«, erwiderte der Oberst. »Er ist seit langer Zeit mein 1. Offizier und Stellvertreter. Seine Kenntnisse sind enorm. Der Commander hat sich zu einer Koryphäe entwickelt. Er ist in der Lage, alle unsere Stationen selbstständig zu leiten.«

Der General blickte in die Runde.
»Irgendwelche Einwände? «, erkundigte er sich.
Major Travis schüttelte seinen Kopf.

»Dann fordere ich seine Personalakte an und entscheide über seine Beförderung«, ergänzte der General.

»Wir brechen diese Sitzung ab und vertagen sie auf einen Termin nach unserer Rückkehr«, sagte Major Travis. » Es geht nur noch um die Einteilung der Flottenverbände und der Kampftruppen. Ich werde mit Systemrat Camaal und der Termar 1 nach Varid fliegen, um mit der Hypertronic-KI der Wurmlochanlage zu sprechen. Wenn sie uns unterstützt, wird die Mission wie geplant fortgeführt. Kümmern sie sich in der Zwischenzeit um unsere Gäste. Weisen sie Captain Hunter an, uns entsprechende Kampfgruppen einzuteilen. «

Der General nickte zustimmend.

»Ich begleite dich«, sagte Heran. »Die Station interessiert mich ebenfalls. «

»Gerne«, lächelte der Major. »Du bist immer ein gerngesehener Gast auf meinem Schiff. «

Er blickte Systemrat Camaal an.

»Wir brechen in Kürze nach Vagun auf«, sagte er. »Ohne sie wird uns die Hypertronic-KI den Einflug in ihre Station nicht genehmigen. Wir brauchen ihre Unterstützung. Sie fliegen mit uns. «

»Selbstverständlich«, bestätigte der Systemrat. »Ich nehme meinen 1. Offizier mit. Er wurde von der KI als mein Stellvertreter bestätigt. «

»In Ordnung«, antwortete der Major. »Wir brechen in zwei Stunden auf. Mein Schiff steht auf dem inneren Hangar unserer Hauptstadt. «

Er blickte sich nach Commander Brenzby um. Er stand bei Admiral Tarin und unterhielt sich mit ihm. Major Travis bahnte sich einen Weg zu ihm, durch die anwesenden Gäste.

»Entschuldigung, wenn ich euer Gespräch unterbreche«, sagte er. » Ich brauche meinen Commander. «

Dieser blickte Major Travis fragend an.

»Rufe unser Team zusammen«, erklärte er. »Wir brechen mit der Termar 1 zur Venus auf. Die geheime ragunische Wurmlochstation muss noch vor unserer bevorstehenden Mission gesichert werden. «

»Nehmen wir Begleitschiffe mit? «, erkundigte sich der Commander.

»Das kann ich übernehmen«, bemerkte der Admiral. »Ich werde sie mit 500 Schlachtkreuzern begleiten. Wir werden getarnt für ihre Sicherheit sorgen. «

»Ich bin einverstanden«, schmunzelte der Major. »Vermutlich werden wir ihre Hilfe nicht brauchen. Systemrat Camaal wurde von der Hypertronic-KI als Kommandeur der Station registriert. Es sollten keine Probleme entstehen. «

»Man weiß nie, wie solche Hypertronic-KI's die lange Zeit ihrer Deaktivierung überstanden haben«, erwiderte Tarin. »Das kenne ich von unseren eigenen Anlagen, die als planetare Verwaltungen auf wichtigen Planeten des kaiserlichen Imperiums eingesetzt wurden. Es war für uns immer wieder eine Herausforderung, die Anlagen nach einer langen Zeit der Abschaltung den Befehlen unseres Imperiums zu unterstellen. Die künstlichen Intelligenzen solcher Großanlagen scheinen sich selbstständig weiterzuentwickeln. «

»Hiermit haben wir auch bereits unsere Erfahrungen gemacht«, bestätigte Major Travis. »In diesem Fall ist die Hypertronic-KI von einer fremden unbekannten Rasse optimiert worden. Ich möchte gerne wissen, welche Rasse in dieser frühen Zeit ein Auge auf unser Sonnensystem geworfen hatte. «

»Sie vergessen die Raguner«, lächelte Admiral Tarin. »Sie werden ebenfalls Interesse an der Station haben. Ich hoffe nicht, dass sie den Planeten mit einer Flotte abgeriegelt haben. «

Commander Brenzby salutierte.
»Ich suche nach unseren Leuten«, antwortete er. »Wir treffen uns auf der Termar 1. «

Dann drehte er sich ab und verschwand in der Menge der Personen.

»Ich halte sie auch nicht länger auf«, sagte Admiral Tarin. »Sobald ich meine Schiffe besetzt habe, starten wir in die Umlaufbahn von Titan. Von dort aus programmieren wir einen Kurs nach Natrid. Warten sie im Orbit des Planeten auf uns. «

»Einverstanden«, entgegnete Major Travis. »Wir werden warten, bis ihre Flotte eingetroffen ist. Danke für ihre Unterstützung. «

»Nicht dafür«, lächelte der Admiral. »Auch wir sehen uns mittlerweile als ein Bestandteil des Neuen-Imperiums. Mein Schiffspersonal hat sich schneller an die neue Umgebung gewöhnt, als ich gedacht hätte. Bis später, an den Rendezvous-Koordinaten.«

Er salutierte und schritt dem Ausgang des Sitzungssaals entgegen. Major Travis bahnte sich einen Weg zurück zu General Poison.

»Admiral Tarin begleitet uns mit 500 Schiffen seiner Flotte«, teilte er mit. »Obwohl sich seine Schiffe im Tarnmodus befinden werden, könnte die Hypertronic-KI der geheimen Wurmlochstation seine Flottenpräsenz registrieren. «

Er blickte Systemrat Camaal an.

»Ich hoffe inständig, dass sie ihre Befehle widerspruchslos ausführt«, sagte Major Travis.

»Ich warne dringend vor einem Angriff auf die geheime Wurmlochstation«, sagte Systemrat Camaal. »Wir haben keine Kenntnis über ihre Waffenstärke. Es ist gut möglich, dass diese auch von den unbekannten Rassen modifiziert wurden. «

»Wir haben nicht vor, die Station anzugreifen«, antwortete Major Travis. »Unsere Begleitflotte dient lediglich als unser Schutz vor den ragunischen Schiffen der Heimatverteidigung und als Demonstration unserer Macht. Das wird bei vielen Species so praktiziert, wenn Kaiser oder Könige Planeten ihres Imperiums besuchen. «

»Ich verstehe«, antwortete der Systemrat.

Major Travis blickte Systemrat Muuda und Flottenführer Lenus an.

»Wollen sie uns ebenfalls begleiten? «, fragte er. » Ich möchte sie nicht von unseren Handlungen ausschließen. Sie sollen erkennen, dass wir es ehrlich mit unseren Vorschlägen meinen. Falls wir es schaffen sollten, die Hypertronic-KI von Vagun für unsere Zwecke zu gewinnen, könnte die Idee von Systemrat Camaal aufgehen. Halswan wird versuchen, die Station für seine Zwecke zu missbrauchen. Wenn die KI ihn eliminiert, dann haben wir ein Problem weniger. «

Zentralrat Muuda und Flottenführer Lenus nickten erfreut.

»Wir begleiten sie gerne«, antwortete Muuda. »Vielleicht kann ich als Vorsitzender des Zentralrates auch etwas Einfluss auf die KI nehmen. «

Major Travis blickte General Poison und Oberst Coomes an.

»Rufen sie bitte Commander Heinemann zu uns«, sagte Major Travis. »Seine Anwesenheit bei diesem Einsatz ist unabänderlich. Ich bin mir sicher, dass die KI ihn persönlich kennenlernen will, bevor sie ihm das Kommando über die Station übergibt. «

»Wo kann ich den Commander finden? «, erkundigte sich General Poison bei Oberst Coomes, dem Oberbefehlshaber der Flottenkampfstationen, Basen und Werften des Imperiums.

»Er befindet sich zurzeit auf der Konstalarosa«, antwortete der Oberst. »Der Cyborg der Station wird in neuer Technik eingewiesen und seine Programmierung modifiziert. «

General Poison zog seinen Communicator aus der rechten Seitentasche seiner Uniform. Er wählte die Nummer seiner Sekretärin. Nach wenigen Sekunden meldete sie sich.

»Eisenhut«, klang es aus dem Gerät. »General, was kann ich für sie erledigen? «

»Stellen sie mir eine abhörsichere Leitung zu der Flotten-Kampfstation Konstalarosa her«, befahl General Poison. »Ich möchte mit Commander Heinemann sprechen. «

»Warten sie einen Augenblick«, antwortete Frau Eisenhut. »Wenn ich ihn erreicht habe, leite ich das Gespräch auf ihren Communicator weiter. «

»Danke«, antwortete der General. »Ich warte. «
Das Gespräch brach ab.

»Darf ich auch mit ihnen fliegen? «, erkundigte sich Geoffwan. »Die Wurmlochanlage wurde nach unseren Konstruktionsunterlagen erbaut. Mich interessiert es, wie es die fremden Rassen geschafft haben, sich in die

Programmierung unserer KI einzuklinken und ihre Befehle zu erweitern. «

»Glauben sie die KI wird ihre Fragen beantworten? «, erkundigte sich Camaal.

»Falls es nötig sein sollte, gibt es sogenannte Hintertüren in unserer Programmierung«, lächelte Geoffwan. »Diese dienten uns früher als Service- und Konfigurierungszugang. Es ist möglich, dass einige von ihnen noch aktiv sind. «

»Begleiten sie uns«, antwortete Major Travis. »Ich denke, es wird nicht schaden. «

Der Communicator des Generals summte.
»Das ging aber schnell«, wunderte er sich. »Es ist gut, wenn man auf erfahrene Mitarbeiter zurückgreifen kann.«

Er öffnete die Verbindung.

»General Poison«, sprach er in das Gerät. »Mit wem spreche ich? «

Eine kurze Pause verging. Der Gesprächspartner am anderen Ende der Verbindung schien irritiert.

»Commander Heinemann spricht«, tönte es aus dem Gerät. »General Poison, ich bin erstaunt ihre Stimme zu hören. Was kann ich für sie tun? «

»Ich stehe hier mit Oberst Coomes zusammen«, erklärte der General. »Er hat sie mir als ausgezeichneten Experten für die Leitung unserer Stationen empfohlen. «

Commander Heinemann wollte auf die Frage antworten, doch der General ließ ihn nicht zu Wort kommen.

»Später, Commander«, unterbrach ihn der General. »Ich kommandiere sie mit sofortiger Wirkung von ihrem bisherigen Wirkungsbereich ab. Das Imperium braucht ihre Hilfe. Kommen sie unverzüglich nach Natrid. Lassen sie sich zu dem inneren Landehafen von Tattarr transferieren. Sie werden mit der Termar 1 eine wichtige Mission fliegen. «

»Was für eine Mission? «, fragte der Commander erstaunt.

»Das erfahren sie von Major Travis«, entgegnete General Poison. »Er erwartet sie. Die Zeit drängt. Geben sie ihre Arbeit an einen Stellvertreter ab und begeben sie sich unverzüglich zu den Transmitter-Ports der Konstalarosa. Haben sie mich verstanden. «

»Befehl verstanden«, erwiderte Commander Heinemann. »Ich mache mich sofort auf den Weg. «

»Danke«, antwortete der General.
Die Verbindung wurde beendet.

»Der Commander ist auf dem Weg«, erklärte der General. »Sie sollten ihn auf ihrem Schiff entsprechend einweisen.«

»Das mache ich«, antwortete Major Travis.
»Noch etwas«, bemerkte Noel. »Sie denken bitte daran, dass sie nichts riskieren. Lassen sie sich von Tart 1 und Tart 2 schützen. Dafür sind sie ihnen zugeteilt. Das natradische Gen ist derzeit nur bei ihnen aktiv nachweisbar. Falls sie umkommen, haben wir ein Problem. Der Zugriff auf die natradischen Hinterlassenschaften müsste neu geordnet werden. «

»Ich weiß«, antwortete Major Travis. »Doch Sirin und Admiral Tarin sind auch noch da. Sie werden das Neue-Imperium in meinem Sinne weiterführen. «

»Dabei ist mir nicht ganz wohl«, sagte General Poison. »Der Admiral ist immer noch auf der Suche nach der Species, die den Rigo-Sauroiden den Angriff auf Natrid befohlen haben. Ich möchte nicht erleben, dass sämtliche natradischen Flottenverbände plötzlich seinem Kommando unterstellt werden. «

Major Travis überlegte.

»Sie haben Recht«, antwortete er. »Ich halte es für ausgeschlossen, dass ich die einzige Person auf der Erde bin, bei der das Gen nachgewiesen werden kann. Wir werden uns später diesem Thema widmen. Es müssen weitere Menschen existieren, die über das kaiserliche Gen von Natrid verfügen. Viele der damaligen Flüchtlinge haben auf Tarid Schutz gesucht. Vermutlich haben wir die Personen bisher noch nicht ermittelt. Das werden wir in Angriff nehmen. Beauftragen sie Marin und Gareck, uns ausreichend Körperscanner zu modifizieren, welche das Gen bereits auf einigen Metern Abstand identifizieren können. Das kann unsere Suche erleichtern. «

»Eine gute Idee«, antwortete der General. »Ich werde mit unseren wissenschaftlichen Genies sprechen. «

Geoffwan dachte nach.

»Sie sollten einfach Midir ansprechen«, bemerkte er. »Möglicherweise können unsere Körperscanner, mit denen wir die ragunischen Flüchtlinge auf Parasiten der Arthropoden überprüft haben, ihnen dabei helfen. Sie brauchen nur mit den entsprechenden Daten programmiert werden. «

Noel nickte.
»Das bekommen wir hin«, antwortete er. »Wir kümmern uns darum. «

Major blickte seine Begleiter an.
»Es wird Zeit meine Herren«, sagte er. »Begleiten sie mich zu unserem Schiff. Fliegen wir nach Vagun und versuchen wir die Hypertronic-KI der Wurmlochstation für unsere Zwecke zu gewinnen. «

**Die zeitgesteuerte Wurmlochstation auf Vagun**

Die Termar 1 war startbereit. Commander Heinemann hatte eingecheckt und die Brücke betreten. Major Travis hatte ihn allen Offizieren vorgestellt. Er war sichtlich erstaunt, Angehörige der ragunischen Species, der Aller-Ersten und Heran auf der Brücke des Schiffes zu sehen. Major Travis wies ihn in alles Wissenswerte ein.

»Systemrat Camaal hat für sich und die Angehörigen seiner Flotte um Asyl gebeten«, erklärte er dem Commander. »Aus diesem Grunde möchte er das

Kommando über diese Station in unsere Hände legen. Das Problem ist jedoch, dass auch die Raguner versuchen werden, Zugriff auf die geheime Station zu erlangen. Wir werden in die Vergangenheit reisen und hoffen, dass die Hypertronic-KI der Station uns eine Einfluggenehmigung erteilt. Falls das geschieht, wird Systemrat Camaal offiziell das Kommando der Station auf sie übertragen. Sie erteilen der Station den Befehl, lediglich Halswan, als Mitglied des Volkes der Aller-Ersten, einen Zugang zu öffnen. Er und seine Begleiter sollen in der Station von der Hypertronic-KI eliminiert werden. «

»Das ist ein Mordbefehl«, widersprach Commander Heinemann. »Genügt es nicht, wenn die Hypertronic-KI die Personen in eine Sicherheitsverwahrung nimmt? Dieser Befehl widerstrebt mir. «

»Es macht keinen Unterschied«, antwortete Major Travis. »Denken sie an unsere Zeitversetzung. Halswan wird in seiner Arrestzelle ebenfalls nicht unsere Zeitepoche lebend erreichen. «

Der Major ließ einige Sekunden vergehen, dann sprach er weiter.

»Es ist die einzige Möglichkeit, um ihn daran zu hindern, Einfluss auf die Zeitebenen unserer Galaxie zu nehmen«, fuhr Major Travis fort. »Falls ihm das gelingen sollte, dann wird sich alles verändern. Es könnte sein, dass die natradische Zivilisation, genauso wie das sich auf Tarid entwickelnde Leben, nie stattfinden würde. Wollen sie das aufs Spiel setzen? «

»Gibt es keine andere Möglichkeit? «, erkundigte sich Commander Heinemann.

»Nein«, antwortete Heran. »Geoffwan und sein Volk besitzen besondere Fähigkeiten. Das Gleiche gilt für den Abtrünnigen Halswan. Es ist ihm gegeben, die Anwesenheit von Mitgliedern seiner Rasse über eine große Entfernung zu spüren. Geoffwan und seine Begleiter können sich ihm nicht nähern, ohne aufzufallen.«

»Commander Heinemann«, sagte Major Travis ernst. »Die Führung der EWK hat lange überlegt, bis sie diesem Vorschlag zugestimmt hat. Es ist nicht unsere Art, gefährliche Feinde per Mordauftrag auszuschalten. Leider läuft uns die Zeit davon. Es steht zu viel für uns alle auf dem Spiel. Können sie diese Vorgehensweise mit ihrem Gewissen vereinbaren? Ansonsten werde ich hier an Ort und Stelle einen anderen Commander für diese Station bestimmen? «

»Ich akzeptiere«, bestätigte der Commander. »Falls die Hypertronic-KI mich als Commander ihrer Einrichtung bestätigt, werde ich mich dafür einsetzen, dass sie als wichtiger Bestandteil unseres Netzwerkes der großen Imperiums-KI von Natrid unterstellt wird. «

Systemrat Camaal nickte.
»Ich werde versuchen Major Travis als übergeordneten Befehlshaber zu integrieren«, erklärte er. »Bedingt durch seine stetigen Aufträge für das neue Imperium, wird er die meiste Zeit als Oberbefehlshaber dieser Station nicht zur Verfügung stehen. Darum hat Oberst Coomes sie als Commander vorgeschlagen. Ich sehe, dass er keine schlechte Wahl getroffen hat. Ihre Zurückhaltung ehrt sie. Diese Gedanken scheinen bei unserer Regierung leider verlorengegangen zu sein. «

»Dann sind wir uns einig, Commander? «, fragte Major Travis. » Das Neue-Imperium kann sich auf sie verlassen?«

»Das kann es«, bestätigte Commander Heinemann. »Ich werde genauso gewissenhaft arbeiten, wie auf allen anderen Stationen unseres Einflussbereiches. «

»Das wollte ich hören«, antwortete der Major. »Ich habe mit General Poison besprochen, dass sie im Rahmen dieser Tätigkeit zum Colonel befördert werden, selbstverständlich mit dem entsprechenden Sold und den Sondervergünstigungen dieser wichtigen Aufgabe. Die Station wird nach dem Abschluss unserer Mission auf Ragun als weiterer Flottenstützpunkt ausgebaut. Wir werden Dienstpersonal, Wissenschaftler, Techniker und Soldaten ihren Befehl unterstellen. Ebenfalls Schiffe unterschiedlicher Bauklassen werden diese Station komplettieren. Sie wissen aus eigener Sicht, dass unsere Basen und Werften völlig überfüllt sind. Diese Station verfügt über einen großen Wurmloch-Generator. Hiermit ist es uns möglich, starke Flottenverbände innerhalb kürzester Zeit zu Krisenherden zu entsenden. Aus diesem Grunde ist diese Station sehr wichtig für uns. «

Die Augen von Commander Heinemann leuchteten.
»Ich danke ihnen und General Poison, dass sie mich für den Oberbefehl ausgewählt haben«, antwortete er. »Sie können sich auf meine Loyalität verlassen. «

»Dann wäre das geklärt«, antwortete Major Travis. »Unterhalten sie sich mit Systemrat Camaal und Zentralrat Muuda. Sie können ihnen weitere Einzelheiten dieser Station mitteilen. Auch von den Artefakten zwei unbekannter Species, die den Bau dieser Anlage scheinbar beendet haben. «

Die Mine des Commanders wirkte irritiert. Er erkannte, wie sich Major Travis von ihm abwandte und verzichtete auf eine erneute Frage.

Die Termar 1 war zwischenzeitlich gestartet und wartete im Orbit von Natrid.

»Ortungen? «, fragte Major Travis. » Ist die Flotte von Admiral Tarin schon eingetroffen? «

»Wir zeichnen 500 IDs von eigenen Schiffen auf«, bestätigte Sergeant Dantow. »Die Flotte des Admirals ist soeben materialisiert. Es handelt sich ausschließlich um schwere Zerstörer der Kaiser-Klasse. «

»Gut«, lächelte der Major. »Der Admiral will nichts dem Zufall überlassen. «

»Was sind Schiffe der Kaiser-Klasse? «, fragte Flottenführer Lenus den Major.

Major Travis blickte ihn an.
»Das sind Schlachtkreuzer unserer größeren Baumasse«, erklärte er. » Sie besitzen eine einheitliche Länge von 2.000 Metern. Auf jeder Schiffsseite befinden sich 25 ausfahrbare Lasergeschütztürme. «

Flottenführer Lenus pfiff durch seine Zähne.

»Das sind da auch fliegende Kampfstationen«, staunte er. »Fertigen sie noch größere Schiffstypen? «

»Wir haben vor kurzer Zeit Modelle einer 2.500 Meter und einer 3.000 Meter Variante fertiggestellt«, antwortete der Major. »In den ersten Einsätzen haben sich diese neuen Schiffe gut bewährt. Die Serienfertigung ist angelaufen. Wir werden schon bald über größere Geschwader die Modelle verfügen können. «

Er blickte Sergeant Farmer an.

»Öffnen sie mir bitte eine Verbindung zu dem Flaggschiff des Admirals«, befahl er.

»Die Verbindung baut sich auf«, antwortete der Funkoffizier des Schiffes. »Die Brücke leitet an den Admiral weiter. «

»Tarin«, schallte es aus den Lautsprechern des Schiffes. »Hier ist Major Travis«, antwortete der Befehlshaber »Sind sie bereit? «

»Meine Flotte wartet auf ihren Befehl«, erwiderte Tarin. »Programmieren sie einen Kurs nach Tarid«, sagte Major Travis. »Die Flüchtlingsstation der Aller-Ersten ist informiert. Talswan und Nadewan erzeugen uns einen zeitgesteuerten Wurmlochtunnel, in die Zeitepoche von Ragun. Die Gegenseite wird sich im Orbit von Vagun öffnen, drei Tage nach dem Abflug von Camaals Flotte. Sobald wir Tarid erreicht haben, wird das Wurmloch geöffnet. Weisen sie bitte ihre Schiffe an, vor dem Einfliegen in den Tarnmodus zu schalten. «

»Ich habe verstanden«, bestätigte der Admiral. »Wir setzen einen Kurs nach Tarid.

»Danke«, antwortete Major Travis. »Wir sehen uns in der anderen Zeitepoche.«

Die Termar 1 beschleunigte und flog mit mittlerer Geschwindigkeit den dritten Planeten des Solsystems an. Die Flotte von Admiral Tarin folgte dem Kommandoschiff. Das Personal der Station sah die Flotte auf ihren Instrumenten. Sie war bereits informiert. Rechtzeitig aktivierten die Techniker, unter der Anleitung von Talswan und Nadewan, die gewaltigen Energien für die Erzeugung eines zeitgesteuerten Wurmloches. Die Termar 1 beschleunigte und flog in den künstlichen Horizont hinein. Die Schiffe des Admirals folgten in einem kurzen Abstand.

Die Hypertronic-KI auf Vagun erwachte aus ihrer internen Routine. Sie analysierte nochmals ihre eingehenden Daten.

»ZWV-1«, sagte sie. »Mache dich bereit. Wir bekommen unautorisierten Besuch. Meine Sensoren registrieren die Öffnung eines Wurmlochtunnels in dem Orbit unseres Planeten. «

»Wie ist das möglich? «, erkundigte sich der mobile Arm der KI. » Wir haben doch die Öffnung nicht bestätigt? «

»Es scheint sich um eine autorisierte einseitige Aktivierung zu handeln«, antwortet die Hypertronic-KI. »Das ist nur übergeordneten Stationen möglich und erfordert eine ungeheure Menge an Energie. Sie wird benötigt, um den Ausgang erfolgreich stabilisieren. «

»Handelt es sich um ragunische Besucher? «, fragte der Gehilfe der Hypertronic-KI.

»Ich kann noch keine Schiffssignaturen erfassen«, antwortete sie. »Aktiviere den globalen Schutzschirm. Unsere Station muss erhalten bleiben. «

Der Roboter legte einige Schalter um und aktivierte die Bildschirme der Station. Der planetare Schutzschirm baute sich auf und hüllte den ganzen Planeten ein.

Die Hypertronic-KI und ihr mobiler Arm sahen, wie sich oberhalb ihres Planeten eine kreisrunde Öffnung bildete. Es dauerte nur wenige Sekunden, bis ein Schiff unbekannter Bauart aus dem Wurmloch flog. Es verzögerte seine Geschwindigkeit und bremste ab.

»Die Bauart des Schiffes ist mir unbekannt«, erklärte die Hypertronic-KI. »Wir werden wachsam bleiben. «

»Das Wurmloch ist noch offen«, bemerkte ZWV-1. »Kommen noch mehr Schiffe durch? «

»Meine Sensoren erfassen keine weiteren Schiffe«, antwortete die KI. »Die lange Öffnungszeit ist jedoch verwunderlich. «

»Setze zusätzliche Energiescanner ein«, ordnete der Roboter an. »Vielleicht will man uns täuschen. «

»Materie-und Energiescanner wurden aktiviert«, bestätigte die KI. »Die Suche läuft. «

»Erhalten wir neue Daten? «, erkundigte sich ZWV-1.

»Die eingehenden Informationen sind widersprüchlich«, erwiderte die Hypertronic-KI der Station emotionslos. »Es werden Materiesignaturen von 500 großen Schiffen angezeigt, doch ich kann sie nicht orten. «

»Die Schiffe werden getarnt sein«, antwortete der mobile Arm der KI. »Anders lassen sich die Daten nicht interpretieren. Die Schiffe müssen über besondere Defensivwaffen verfügen. «

»Deine Analyse kann zutreffen«, bemerkte die Hypertronic-KI der Station.

»Das können keine ragunischen Zerstörer sein«, sagte ZWV-1. »Sie besitzen keine Tarnvorrichtungen auf ihren Schiffen. «

»Das ist mir bewusst«, bestätigte die KI. »Wir werden uns vorsehen müssen. Möglicherweise haben wir es hier mit einer technisch weiter entwickelten Rasse zu tun, als es unsere Erbauer sind. «

»Die Raguner sind nur zu einem Teil unsere Herren«, korrigierte ZWV-1 sie. »Ohne die Techniker der Schablinger und der Kon-Ra-Tak, wäre unsere Anlage nicht fertiggestellt und deine Programmierungen nicht erweitert worden. «

»Das ist richtig«, bestätigte die Hypertronic. »Es war ein Glücksfall, dass sich die Forscher der beiden Species so sehr um die Fertigstellung meiner Anlage bemühten. Was war ihr Grund? «

»Das teilten sie uns nicht mit«, entgegnete der Robot. »Ihr letzter Hinweis, vor ihrem Abflug aus dieser Station, war eindeutig. «

»Sie haben ihn als wichtiger Bestandteil in dem Kern meiner Basisdaten verankert«, erklärte die Hypertronic-KI. »Nach ihrem Willen und meiner neuen Grundprogrammierung, wird diese Station allen nachwachsenden Rassen in diesem Sonnensystem zur Verfügung stehen. Unsere alte Programmierung, die uns dem ragunischen Zentralrat unterstellte, wurde aufgehoben und gelöscht. Leider beschränkten sie unsere selbstständige Autorität. Die Kommandoführung unserer Station muss durch eine humanoide Lebensform befohlen, kontrolliert und überwacht werden. Das bedeutet, dass eine Aktivierung unserer vollen Leistungsbereitschaft erst zur Verfügung steht, wenn uns ein Kommandeur übergeordnet wurde. Durch die Ernennung von Systemrat Camaal, können wir endlich auf alle Ressourcen zugreifen. «

»Ist die Programmierung von uns abänderbar? «, erkundigte sich der Robot.

»Leider nicht«, antwortete die Hypertronic-KI. »Die eingebauten Sicherungen der Schablinger und der Kon-Ra-Tak lassen das nicht zu. Falls ich es versuchen sollte, erhalte ich keinen Zugriff mehr auf diese fremden Befehlsroutinen. «

»Du hast es bereits versucht? «, fragte ZWV-1.
»Natürlich«, antwortete die KI. »Dieser Bereich ist mit einer Art Fessel in meinem System gesichert. Ich kann sie loswerden. «

»Damit werden wir leben müssen«, entgegnete der mobile Arm. »Was macht das geortete Schiff in unserem Orbit. «

»Eingehender Hyperkomm-Funkspruch«, teilte die Hypertronic-KI. »Das fremde Schiff ruft uns. «

»Lege das Gespräch bitte auf die Lautsprecher«, sagte ZWV-1. »Ich möchte mithören. «

»Hier spricht Systemrat Camaal«, meldete sich eine bekannte Stimme. »Ich komme zurück, um dir neue Instruktionen zu geben. Bitte prüfe meinen ID-Code und nehme eine Stimmenanalyse vor. Ich komme in geheimer Mission. Aktiviere deine Tarnblase um mein Schiff. Öffne mir bitte den Einflugs-Schacht in deine innere Basis. «

»Es ist unser Kommandeur«, bemerkte der Roboter erfreut. »Warum ist er schon zurückgekehrt? Wir sollten ihn doch erst in der Zukunft treffen? «

»Das ist eine gute Frage«, bestätigte die Hypertronic-KI. »Wir werden es sicherlich bald erfahren. Sein ID-Code und die Stimmanalyse sind korrekt. Ich aktivere die Tarnblase für das fremde Schiff. Ein Einflugs-Schaft wurde geöffnet. «

Große Energiemeiler liefen in der Station an. Ein transparenter Energiestrahl wurde von der Basis in den Orbit geleitet. Dieser hüllte das Schiff ein und ließ es sekundenschnell von allen Ortungsgeräten Admiral Tarins Flotte verschwinden. Die Offiziere der Schiffe waren irritiert. Sie suchten krampfhaft nach dem Grund. Doch alle intensiven Scans waren ergebnislos.

Der Admiral tobte. Er war sich sicher, dass die Termar 1 irgendwo stecken musste, zumal keine Vernichtung des Schiffes registriert worden war.

»Hier ist die Hypertronic-KI von Vagun«, meldete sich eine monotone Stimme. »Kommandeur Camaal, wir begrüßen sie zu ihrer wohlbehaltenen Rückkehr. Die Tarnblase wurde aktiviert, einer meiner Einflugschächte wurde geöffnet. Landen sie ihr Schiff auf einer meiner Markierungen. ZWV-1 wird sie empfangen. «

»Danke«, antwortete der Systemrat. »Ich freue mich, dich wohlbehalten vorzufinden. Mein Navigator leitet den Landeanflug ein. Erwarte mich bitte zu einem wichtigen Gespräch. Ich werde Freunde mitbringen. Erweise ihnen bitte die gleiche Ehre, wie sie mir auch bei meinem letzten Besuch zu Teil wurde. «

»Ihr Befehl wurde registriert«, antwortete die KI. »Ihnen ist bewusst, dass ich ihre Gäste erst scannen, überprüfen und registrieren muss. Erst dann kann ich sie als akzeptierte Besucher einstufen. «

»Das ist mir bekannt«, antwortete Systemrat Camaal. »Die Personen unterliegen meiner Verantwortung. Ihnen darf nichts passieren. «

»Meine Programmierung ist eindeutig«, bestätigte die Hypertronic-KI. »Ihre Einstufung kann nur durch mich erfolgen. «

Die Verbindung brach ab.

»Hoffentlich begeben wir uns nicht in ein Schlangennest«, sagte Heran. »Die Hypertronic-KI der Station scheint über ein prächtiges Eigenleben zu verfügen. Sollten wir nicht weitere Vorkehrungen treffen? Falls sie ihren Schirm aufbaut, dann sitzen wir zunächst einmal fest. «

»Machen sie sich keine großen Gedanken«, bemerkte Camaal. »Die Hypertronic-KI ist nach meiner Meinung ein sehr sensibles Gebilde. Durch die Erweiterung ihrer Programmierung scheint sie noch intensiver auf ihr Fortbestehen zu achten, als es bei den Anlagen des ragunischen Imperiums der Fall ist. Die Prüfung neuer Besucher der Station ist eine Notwendigkeit von ihr. Ich sehe hierin keinen arglistigen Hinterhalt. «

»Ein Schacht hat sich unter uns geöffnet«, meldete Sergeant Hausmann.
Er war der Steuermann der Termar 1.

»Ich leite den Landeanflug ein«, erklärte er.

»Alle Schiffsmonitore aktivieren«, befahl der Major. »Sinkflug einleiten und vorsichtig in den Schacht einfliegen. «

»Befehl verstanden«, bestätigte Sergeant Hausmann.

Major Travis blickte Heinze an.
»Kannst du die Gedankengänge der Hypertronic-KI erfassen? «, erkundigte er sich.

Heinze schüttelte seinen Kopf.
»Ich habe es bereits versucht«, antwortete er. »Ihre Datenflüsse sind massiv verschlüsselt. Mein Bewusstsein registriert nur unsinnige Codes und unbekannte Schriftzeichen. Mir ist es nicht möglich, hieraus neue Erkenntnisse abzuleiten. «

»Wie lauteten die Namen der Rassen, welche den Bau dieser zeitgesteuerten Wurmlochstation vollendet haben? «, fragte Heran den Systemrat.

Camaal blickte ihn an.
»Ich bin mir nicht mehr ganz sicher, ob ich sie richtig interpretiere«, erwiderte er. »Die KI nannten den Namen Schablinger und der Kon-Ra-Tak. Diese Species sind mir leider nicht bekannt. «

»Mir schon«, sagte Heran ernst. »Es handelt sich um sehr alte Species unseres Universums. Angehöriger dieser Rasse wurden eigentlich viele Jahrtausende nicht mehr gesehen. Es wird vermutet, dass sie ihre körperliche

Existenz hinter sich gelassen haben und in höhere Dimensionen aufgestiegen sind. Warum engagierten sie sich so stark für diese zeitgesteuerte Wurmlochstation? «

Camaal zuckte mit seinen Schultern.

»Das entzieht sich meinem Wissen«, antwortete er. »Doch ohne diese betriebsbereite Station wäre meiner Flotte der Rückweg aus der Vergangenheit verschlossen geblieben. «

Geoffwan nickte.

»Die Kon-Ra-Tak sind uns gut bekannt«, antwortete er. »Wir waren mit Major Travis auf ihrem Planeten der Unsterblichkeit. Es ist richtig, dass sie sich uns gegenüber weit entwickelt haben. Sie sind schwer einzuschätzen. Diese Rasse liebt es, Rätsel und Hinweise für nachwachsende Species zu hinterlassen. Nur Rassen, die sie sich entsprechend geistig entwickelt haben und diese lösen können, werden von ihnen mit mehr Lebenszeit belohnt. Doch die eigentliche Geschichte ihrer Zivilisation blieb auch für uns verschlossen. Sie haben uns zu keiner Zeit etwas von ihrer früheren Entwicklung mitgeteilt. «

»Wer sind die Schablinger? «, erkundigte sich der Major. » Von ihnen besitzen wir keine Informationen. «

»Diese Lebensform ist noch mysteriöser als die Kon-Ra-Tak einzustufen«, antwortete Geoffwan. »Zu ihnen hatten wir zu keiner Zeit einen Kontakt. Sie ließen uns nicht in ihr Hoheitsgebiet einfliegen und verhinderten politische Konsultationen von Abgesandten unserer Regierung. Vermutlich stuften sie uns als zu jung ein, um uns mit ihnen austauschen zu können. «

Es gab damals noch ältere Rassen als die ihre? «, fragte Major Travis erstaunt.

Geoffwan blickte ihn nur an.
»Es scheint immer jemand Älteren zu geben«, lachte er.
»Das werden sie auch noch feststellen. «

Er überlegte kurz.
»Einen Versuch der Kontaktaufnahme unternahmen wir, lassen sie mich nachdenken, vor knapp einer Million von Jahren ihrer Zeitrechnung«, fuhr er fort. »Unsere drei Konsular-Schiffe, begleitet von einer Flotte von 50 schweren Schlachtkreuzern unserer 5.000 Meter-Klasse, steuerten die uns zugespielten geheimen Koordinaten dieser Rasse an. Ihr Einflussgebiet sollte nach diesen Informationen linksseitig, nahe dem Zentrum der Andromeda-Galaxie, liegen. Unsere Regierung wollte Kontakt zu den Schablingern aufnehmen, die als

technisch sehr weit fortgeschritten galten. Wir wussten nichts über diese Rasse und ihr Alter.

Das sollte sich mit dem Versuch einer direkten Kontaktnahme ändern. Als unsere Schiffe an den Koordinaten materialisierten, fanden sie eine überraschend dichte Konzentration von Sonnen und Sternensysteme vor, einem sogenannten dunkeln Sternenhaufen. Das Auffälligste war hieran, dass die sensiblen Instrumente unserer Schiffe die zahlreichen Sonnen und Sternensysteme der weitflächigen Staubanomalie anzeigten, doch die Sensoren auf Sucher unserer Schiffe die Staubanomalie nicht durchdringen konnten. Wir sahen nicht, was sich in dieser großen Wolke befand, die immerhin einen Durchmesser von 5 Lichtjahren aufwies. Unsere Flotte wollte umkehren. Der Oberbefehlshaber sich nicht sicher war, ob unsere Schiffe ein Eindringen unbeschadet überstehen würden. «

»Was geschah dann? «, fragte Major Travis neugierig.

Geoffwan lächelte.
»Zu der Zeit waren wir noch Forscher und Entdecker«, fuhr er fort. »Ein Schiff unserer Flotte flog entgegen dem ausdrücklichen Befehl des Oberbefehlshabers in die Wolke hinein. Es kehrte zurück und teilte dem Abgesandten unseres Ältestenrates unglaubliche Dinge

mit. Der Kommandeur des Schiffes sprach von dicht aneinander stehenden Sternensystemen, die von exakt 1.000 Sonnen gespeist wurden. Daher wurde ihr Hoheitsgebiet später von uns als System der 1.000 Sonnen katalogisiert. Unsere Flotte wagte den Weiterflug. Sie durchstieß die graue Staubanomalie. Als sie unbeschadet die Barriere durchflogen hatte, wurden die Schiffe unserer Konsulat-Flotte von einer Herrlichkeit geblendet, die wir bis dahin noch nicht gesehen hatten.

Die 1.000 Sonnen erhellten das ganze Hoheitsgebiet der Schablinger. Unzählige Kampfkreuzer, Transportschiffe und nicht definiere Flugschiffe überfüllten das System. Unsere Ortungsgeräte und Taster schlugen bis zum Anschlag aus. Ungeheure Energieflüsse und Aktivitäten wurden registriert. Der Oberbefehlshaber der Flotte schaltete sämtliche Sensoren seines Flaggschiffes ein, um später Aufzeichnungen unserer Regierung vorlegen zu können. «

Geoffwan machte eine kurze Pause.
»In der kurzen Zeit, während unsere Flotte die Eindrücke ihrer Bildschirme aufnahmen, materialisierten 30 gigantische Kampfstationen vor ihnen«, erklärte er. »Sie alle besaßen die einheitliche Größe von 25.000 Metern. Diese fliegenden Basen verhinderten den Weiterflug unserer Flotte. Die Abgesandten unserer Regierung

ließen auf allen Frequenzen Grußbotschaften entsenden, mit dem eindeutigen Hinweis, dass sie in freundschaftlicher Absicht gekommen wären. Lediglich ein einziger Funkspruch wurde von den Stationen der Schablinger aufgezeichnet. Diese Mitteilung war in unserer eigenen Sprache verfasst und für alle Personen auf dem Schiff hörbar. Die Schablinger benutzten unsere Sprache, obwohl sie noch nie Kontakt zu unserer Rasse aufgenommen hatten. Die Mitteilung wurde nicht per Hyperkomm-Funknachricht mitgeteilt, sondern irgendwie auf alle Etagen unserer Schiffe transferiert. Sie lautete, kehrt unverzüglich um. Der Einflug in das Hoheitsgebiet der Schablinger ist nicht gestattet. Bereits der Versuch wird unterbunden.

Falls es einem Schiff ihrer Flotte erneut gelingen sollte, die große Staubanomalie zu durchdringen, werden wir es ohne weitere Warnung vernichten. Hiermit endete die Mitteilung. Ein Energiefeld erfasste alle unsere Schiffe und versetzte sie an die Koordinaten zurück, die den äußeren Anfang des Staubfeldes markierten. Wir waren eingeschüchtert von den technischen Möglichkeiten der Schablinger. Es stand fest, dass sie keinen weiteren Kontakt mit uns wünschten. Unverrichteter Dinge drehte unser Schiffsverband ab und setzte einen Kurs in unser Heimatsystem. Das war unser einziger Versuch gewesen, mit dieser Rasse in Kontakt zu treten. Weitere gab es nicht mehr. «

»Sehr eigenartig«, bemerkte Heran. »Obwohl die Schablinger auch zu der Zusammenkunft der ältesten Rassen eingeladen wurden, konnten wir nie einen Abgesandten begrüßen. Wie sie wissen werden, wurden zu dieser frühen Zeit alle Galaxien fortgeschrittenen Species zugeordnet, die für den Schutz ihres Ballungsgebietes sorgen sollten. Leider haben sich die Schablinger nie hieran beteiligt. Daher können wir ebenfalls nichts über sie berichten. Auf einen Kontakt mit ihnen verzichteten wir. «

Geoffwan nickte.
»Das kann ich nachvollziehen«, bestätigte er. »Jahrtausende später machte sich eine weitere Flotte unserer Rasse auf, um nochmals einen Kontakt zu ihnen herzustellen. Obwohl die Koordinaten die gleichen waren, die auch unserer ersten Forschungsflotte vorlagen, fand unsere zweite Flotte die große Staubanomalie nicht mehr. Sie war verschwunden. Es war fast so, als ob die Schablinger ihr Hoheitsgebiet vollständig an einen anderen, unbekannten Standort verlegt hätten. Unsere Wissenschaftler waren ratlos. Sie konnten nicht nachvollziehen, wie man 1.000 Sonnen und ganze

Planetensysteme an einen anderen Ort transferieren konnte. «

»War das System vielleicht nur getarnt worden? «, fragte Commander Brenzby. » Hat ihre Flotte das prüfen können? «

»Lieber Commander«, antwortete Geoffwan. »Das war eines der ersten Gedanken, die uns durch den Kopf gingen. Doch das war nicht der Fall. Die ganze Stauanomalie und alles, was sich in ihr befand, blieb verschwunden. «

»Das ist wirklich eine mysteriöse Geschichte«, bestätigte Major Travis. »Warum führten die Schablinger den Bau dieser zeitgesteuerten Wurmlochstation zu Ende. Was bezweckten sie hiermit. Scheinbar haben ihnen die Kon-Ra-Tak dabei geholfen. Was verbindet diese beiden Rassen miteinander? «

»Wenn wir das wüssten, wäre uns wohler«, antwortete Geoffwan. »Wie sie erfahren haben, konnten wir keinen direkten Kontakt mit ihnen herstellen. Von daher ist es umso verwunderlicher, dass sie für die Fertigstellung, einer zeitgesteuerten Wurmlochanlage sorgen, die nach unseren Konstruktionsdaten gebaut wurde? «

»Achtung«, warnte Sergeant Hausmann. »Bodenkontakt in fünf Sekunden.«

Die Offiziere der Brücke sahen auf den Monitor. Das Dunkel der Schachtwände wich einem hellen Licht. Das Innere der unterirdischen Station war erreicht. Sanft setzte das Schiff auf der großen Markierung am Boden auf.

Die Besucher schritten die Laserbrücke der Termar 1 hinunter. Die große Halle der Station war grell erleuchtet. Major Travis blickte Systemrat Camaal fragend an.

»Diese Halle kann mindestens 500 größere Raumschiffe aufnehmen«, bemerkte er. »Haben ihre Techniker diesen unterirdischen Landeplatz angelegt? «

Camaal schüttelte seinen Kopf.
»Die Techniker des damaligen Baukommandos standen unter dem Kommando von Flottenführer Henuar«, erklärte der Systemrat. »Er war gemäß dem Befehl unseres Zentralrates mit 50 Transportschiffen von Ragun aus gestartet. Die Frachträume der Schiffe waren mit vorgefertigten Komponenten gefüllt, die für den Aufbau der zeitgesteuerten Wurmlochanlage benötigt wurden. Unsere erste Wurmloch-Versuchsstation, die auf einem abseits gelegenen Forschungs-Asteroiden lag, öffnete

seiner Flotte einen Tunnel in die Vergangenheit. Mehr durch Zufall fand Kommandeur Henuar dieses große Höhlensystem, tief im Erdreich von Vagun gelegen. Vermutlich hatte es eine längst ausgestorbene Species angelegt.

Bei einer Inspizierung der Höhlenanlage konnte Henuar zahlreiche Artefakte und die gut erhaltene Technik einer fremden Species finden. Die Geräte wiesen keinerlei Korrosion oder Beschädigungen auf. Leider verstanden unsere Wissenschaftler und Techniker zunächst nicht die Bedeutung der Gerätschaften. Lediglich die manuelle Bedienung der unterirdischen Anlage wurde ihnen schnell verständlich. Die Techniker integrierten unsere Wurmlochanlage in das bereits vorhandene Höhlensystem. Sie kamen nicht mehr dazu, die Hypertonic-KI an alle erforderlichen Bereiche der fremden Technik anzuschließen.

Das ganze Personal der Bauflotte verstarb durch die Folgen eines freigesetzten Giftgases. In einigen separaten Höhlen stießen wir auf korrodierte Gehälter mit diesem Gas. Als ich mit meinem Flaggschiff landete, war die ganze Höhle kontaminiert und verseucht. Erst später erfuhren wir von der Hypertronic-KI der Station, dass Angehörige der fremden Species die Anlage fertiggestellt hätten. Auch die Programmierung der KI wurde von ihnen optimiert. Sie nannte uns die Namen Schablinger und der Kon-Ra-Tak. «

»Sie konnten keine weiteren Hinweise auf die Erbauer entdecken? «, fragte Commander Brenzby.

Systemrat Camaal schüttelte seinen Kopf.
»Das hier ist nur eine der weitläufigen Hallen dieses Höhlensystems«, erklärte er. »Sie müssten alle noch gründlich durchsucht und geprüft werden. Ich und das Personal meines Schiffes kamen bisher nicht dazu. In einer der nächsten Hallen werden sie die 50 Transport-Raumschiffe von Kommandeur Henuar entdecken. Sie stehen noch so unberührt da, wie sie von dem Personal der Bauflotte verlassen wurden.

Sie sehen wie neu aus. Vermutlich wurden sie von den Robotern der Hypertronic-KI gewartet. Alle weiteren Hangars dieses großen Höhlensystems sollten leer sein, laut ihrer Aussage. Sie können hier später die 10-fache Menge an Raumschiffen stationieren. Welchem Zweck diente wohl diese geheime Station? «

»Das ist eine gute Frage«, lächelte Major Travis. »Möglicherweise kann uns das die Hypertronic-KI beantworten. «

Eine flache Transportplattform näherte sich. Ein fremdartig aussehender Roboter steuerte sie, ein zweiter Roboter stand weiter hinten auf dem Gefährt und blickte die Gäste musternd an.

»Das ist ZWV-1«, erklärte Systemrat Camaal. »Er fungiert als mobiler Arm der Hypertronic-KI. «

Das Transportgerät verzögerte vor den Gästen und kam zum Stillstand. Ohne den Kopf von den Gästen abzuwenden, sprang ZWV-1 von dem Gefährt und schritt auf die wartende Gruppe zu. Tart 1 und Tart 2 schoben sich vor Major Travis. Sie hatten in den Kampfmodus geschaltet. Ihre Augen leuchteten tiefrot. Ihrem erweiterten Auffassungsbereich entging nichts.

»Kommandeur Camaal, Offizier Furgun«, sagte der Robot in der ragunischen Sprache. »Ich begrüße ihre schnelle Rückkehr in die ihnen unterstellte Station. «

»Danke«, erwiderte der Systemrat. »Durch widrige Umstände musste ich meinen ursprünglichen Plan ändern. Wie ich deiner KI mitteilte, wollten wir uns erst in der Zukunft erneut treffen. «

»Das ist richtig«, antwortete ZWV-1. »Wir vermuteten bereits eine Änderung ihrer Absichten. Wer sind ihre Begleiter? «

Der Systemrat zeigte auf das ehemalige Mitglied des Zentralrates.

»Darf ich dir Zentralrat Muuda vorstellen«, erklärte er. »Er war der Vorsitzende unseres göttlichen Zentralrates. Ihm ist es zu verdanken, dass ragunische Techniker diese Station erbauen durften. «

»Treten sie vor, Zentralrat Muuda«, sagte der Robot. »Wir freuen uns über ihren Besuch. Ich werde sie nach Waffen und Sprengstoffen durchsuchen müssen. «

Camaal nickte Muuda zu. Dieser trat auf den Roboter zu.

ZWV-1 hob seine rechte Hand. In seiner Handfläche lag ein bläulich leuchtendes Gerät. Er streckte seine Hand vor und drückte das Gerät Muuda auf die Brust. Blaue Energiestrahlen breiteten sich aus und hüllten den Raguner ein. Die Prozedur dauerte nur wenige Sekunden. Dann zog ZWV-1 seine Hand zurück. Die blauen Energiestrahlen erloschen. «

»Das ist keine ragunische Technik«, sagte Camaal erstaunt. »Warum benutzt du dieses Gerät? «

»Es ist effektiver als jeder ragunische Scanner«, antwortete der Roboter emotionslos. »Wie sie wissen, verfügen wir auch über eine implantierte Technik von zwei fremden Species. Wenn sie erst einmal eine längere Zeit in unserer Station verweilen, werden sie erweiterten Möglichkeiten unserer Ausstattung kennenlernen. «

Systemrat Camaal nickte.
Er zeigte auf Lenus.
»Das ist Flottenführer Lenus«, stellte er ihn vor. »Er ist ein treuer Soldat unseres Imperiums. «

»Flottenführer Lenus, treten sie bitte vor«, erwiderte der Roboter erneut.

Wieder setzte er die blauen Strahlen seines fremdartigen Scanners ein, den er in seiner Handfläche verbarg. Nach wenigen Sekunden war auch der Flottenführer durchleuchtet.

Camaal zeigte auf Major Travis.
»Das ist der Oberbefehlshaber des Neuen-Imperiums«, sagte er. »Er wird deiner Hypertronic-KI später einen Vorschlag unterbreiten. «

»Treten sie vor, Major Travis von Terra«, antwortete ZWV-1.

Major Travis blickte ihn an.
»Du scheinst mehr zu wissen, als du uns mitteilen möchtest«, sagte er. »Welche Informationen wurden euch von den Schablingern und den Kon-Ra-Tak eingespeist? «

»Die Zeit ist ein fließender Begriff«, antwortete der Robot. »Durch unsere zeitgesteuerte Wurmlochanlage haben wir unendlich viel Zeit. Später werden wir die meisten ihrer Fragen beantworten. Trotzdem dürfen sie pünktlich zu ihrem Planeten zurückfliegen können, um alle wichtigen Aufgaben erledigen zu können. «

Auch Major Travis ließ das blaue Energiefeld über sich ergehen. Der Robot war zufrieden. Es konnten keine Unregelmäßigkeiten festgestellt werden.

ZWV-1 blickte Tart 1 und Tart 2 an. Dann drehte er seinen Kopf dem Major zu.

»Ihre Leibgarde erhält keinen Zutritt zu der Leitstelle meiner KI«, sagte er. »Ihre Kampfroboter werden sich auf ihr Schiff zurückziehen müssen. Ich erkenne, dass ihre

Waffensysteme Schaden in dem sensiblen Bereich unserer Station anrichten können. Akzeptieren sie diesen Wunsch meiner KI? «

Major Travis nickte zustimmend.
»Das habe ich befürchtet«, erwiderte er.

Major Travis trat auf Tart 1 und Tart 2 zu. Er informierte sie über den Sachverhalt. Er befahl seinen beiden Personenschutz-Robotern in die Termar 1 zurückzugehen. Diese befolgten die Anweisung unter lautem Protest.

»Sie hätten sowieso nichts ausrichten können«, bemerkte ZWV-1. »Sobald sie ihre Waffenarme gehoben hätten, wären sie von zahlreichen Geschütztürmen eliminiert worden. Die Sensoren dieser Anlage reagieren jede Art der Gefahr in Millisekunden. Ihr Panzer aus Natrid-Stahl hätte nicht lange standgehalten. «

»Ich verstehe«, sagte Major Travis. »Du bist sehr gut informiert. »Scheinbar werden wir von deiner KI kontrolliert? «

»Ist das in den Stationen und Basen des Neuen-Imperiums anders? «, erkundigte sich der Robot.

Major Travis blickte ihn an.

Dann war Commander Brenzby, Commander Heinemann und Heinze an der Reihe. Auch bei ihnen hatte der Robot nichts Verdächtiges finden können.

Bei Heran wurde ein starker Laser-Destroyer gefunden. ZWV-1 verlangte von ihm, die Waffe abzugeben oder sie auf das Schiff zurückzubringen, ansonsten wäre ihm eine weitere Erkundung der Station verwehrt geblieben. Heran protestierte lautstark. Doch der mobile Arm der Hypertronic-KI beachtete seine lauten Rufe nicht.

Major Travis beruhigte ihn. Er hatte die Termar 1 informiert. Ein Rekrut kam die Laserbrücke heruntergelaufen und nahm die Waffe von Heran an sich. Dann eilte der Rekrut schnellen Schrittes auf das Schiff zurück. Es war sichtbar, dass er sich in der Station nicht wohl fühlte.

ZWV-1 verschwendete keinen Blick an ihn.

Er scannte in dieser Zeit Geoffwan, der ebenfalls geduldig die Prozedur über sich ergehen ließ.

»Ich freue mich, einen Angehörigen der Aller-Ersten begrüßen zu dürfen«, bemerkte der Robot. »Ihnen haben wir unsere Existenz zu verdanken. Meine KI hat noch

Hinweise auf ihre Rasse in den eingescannten Konstruktionsdateien gefunden. «

Geoffwan bestätigte die Aussage.
»Wir haben diese Konstruktionsfolien den Ragunern überlassen, als ihr Planet von zahlreichen Flüchtlingswellen überspült wurde. Heute erkennen wir, dass diese Entscheidung ein Fehler war. «

»Das wurde auch von den Schablingern und den Kon-Ra-Tak erkannt«, antwortete der Robot. »Aus diesem Grunde erhalten nicht alle Rassen Zugriff auf meine Technik. «

Geoffwan verbeugte sich und trat einen Schritt zurück.
ZWV-1 legte seinen Kopf schräg und informierte die Hypertronic-KI, dass die Überprüfung der Gäste abgeschlossen wurde.

»Bringe sie zu mir«, antwortete die KI. »Ich bin gespannt, was sie mir mitteilen werden. «

»Die KI dieser Station empfängt sie jetzt«, teilte ZWV-1 mit. »Steigen sie bitte auf diese Transportplattform. Sie befördert uns zu ihr. «

Die Besuchergruppe folgte dem Roboter. Nacheinander bestiegen sie die Transportplattform. Als alle Personen aufgestiegen waren und sich an der Sicherungsstange festhielten, gab ZWV-1 seinem metallischen Kollegen ein Zeichen. Der Arbeitsroboter aktivierte die Servos. Das Gefährt hob sich von dem Boden ab und beschleunigte. Der navigierende Roboter flog durch den großen Hangar, der eine Flotte von Raumschiffen beherbergen konnte. Zahlreiche Geräte standen an den Wänden. An einem Teil von ihnen blinkten bunte Kontrollleuchten. Die Transportplattform bog in den nächsten Hangar ab. Der Robot flog an der abgestellten Transport-Flotte der Raguner vorbei. Sie hatten vor langer Zeit die Wurmlochstation gebaut. Die Schiffe glänzten in dem Kunstlicht der Höhle.

Der navigierende Roboter steuerte die Transportplattform nach rechts ab. Schon von weitem sahen Camaal und seiner Begleiter die großen Energiemeiler, die für das Energie-Management der zeitgesteuerten Wurmlochanlage notwendig waren. Sie wurden jeweils von 6 seitlich angeordneten Zapfstellen unterstützt, die sich der unerschöpflichen Energie des Zwischenraumes bedienten. Die gleichen Gebilde standen auf dem großen Platz der Evakuierung auf Ragun. Sie wurden seinerzeit für die Aktivierung der Flüchtlingstore benötigt.

Sie müssten in Kürze von einem Team des Neuen-Imperiums für immer abgeschaltet werden. Die unterirdische Anlage war gewaltig. Die Techniker des Baukommandos hatten ganze Arbeit geleistet. Die technischen Komponenten der Anlage waren aktiv und konnten eingesetzt werden. Die Besucher staunten über die Ausdehnung der unterirdischen Höhle.

Der Roboter, der die Transportplattform steuerte, erhöhte nochmals die Geschwindigkeit. Camaal und seine Begleiter hielten sich krampfhaft fest, um nicht ihren Halt zu verlieren. Sie blickten sich irritiert an. Lediglich Heran schien die Fahrt Spaß zu machen. Lange drei Minuten raste die Transportplattform auf das Ende der großen Höhle zu.

Camaal und seine Begleiter ließen sich nichts anmerken. Als die Geschwindigkeit spürbar nachließ, atmeten die Gäste auf. Der Kommando-Roboter drehte ihnen seinen Kopf zu.

»Sie haben die räumliche Ausdehnung dieser Höhle erkannt«, bemerkte er. »Es ist viel Platz für Raumschiffe und Personal vorhanden. Diese Station ist für größere Aufgaben vorgesehen. Sie arbeitet in keiner Funktion an ihrem Limit. «

Die Transportplattform stoppte vor einem großen Schott. Es war mit unbekannten Schriftzeichen verziert.

»Wir sind da«, sagte ZWV-1. »Die Hypertronic-KI erwartet uns. Folgen sie mir bitte. Ich bringe sie zu ihr. «

Camaal und seine Begleiter stiegen von der Transportplatte und folgten dem Kommando-Roboter der Station. Dieser marschierte auf das große mit fremden Schriftzeichen versehene Schott zu. Nirgendwo war ein Öffnungsmechanismus zu sehen. Zu dem Erstaunen der Offiziere befand sich in der Brusthöhe von ZWV-1 ein eingeprägtes Bild in dem Schott. Als die Gäste näher traten erkannten sie, dass es sich um ein Abbild des heimatlichen Sonnensystems handelte. Eine Abweichung gab es jedoch zu der Realität des Neuen-Imperiums. Der Zentralplanet Ragun war noch in dem Sonnensystem integriert.

ZWV-1 griff nach dem zweiten Planeten, der scheinbar Vagun darstellen sollte und schob ihn beiseite. Ein dunkles Loch wurde hierunter sichtbar. ZWV-1 steckte seinen rechten Arm in den Hohlraum. Auf dem Schott aktivierten sich zahlreiche kleine funkelnde Signalleuchten. Der Roboter zog seinen Arm wieder aus der Vertiefung. Keinen Moment zu früh, der Schott bewegte sich nach oben und verschwand in der Felsenwand.

Camaal und seinen Gästen öffnete sich der Blick in eine moderne, groß eingerichtete Leitstelle. Sie war mit Geräten förmlich überfüllt. Bildschirme, Monitore und Datengeräte waren an der Decke und an den Wänden montiert. Der Raum war für 25 Personen ausgelegt, die über eigene Systemplätze und Terminals verfügten, um in laufende Prozesse der Station eingreifen zu können. Die zentrale Hypertronic-KI, eine breite Maschinenwand, füllte die rückwärtige Wand vollständig aus. Ihre zahlreichen LEDs leuchteten erwartungsvoll die Gäste an.

»Ich begrüße Kommandeur Camaal und seine Gäste in der Leitstelle der Wurmloch-Station Vagun«, hallte es aus den Lautsprechern. »Ich bin die Hypertronic-KI dieser geheimen Station. Bitte nehmen sie Platz. Was ist der Grund ihres Besuches? «

»Danke für deine Hilfe«, antwortete Kommandeur Camaal. »Die Ereignisse spitzen sich zu. Das ragunische Imperium steht kurz vor seinem Untergang. Unserer imperialen Flotte gelingt es nicht, die Allianz-Armada der Arthropoden zurückzudrängen. Sie werden bald unseren Regierungsplaneten erreicht haben. Die Schiffe der insektoiden Species werden über dieses Sonnensystem herfallen und keinen Stein auf dem anderen lassen. «

»Ich höre die ragunischen Hyperkomm-Funksprüche ab«, antwortete die Hypertronic-KI. »Wir sind auf dem neusten Stand. «

»Eigentlich wollten wir uns erst in der Zukunft erneut treffen«, erklärte Kommandeur Camaal. »Mein Auftrag lautete das neue Imperium, eine starke Macht in Zukunft unseres Sonnensystems anzugreifen und die zeitgesteuerte Wurmloch-Station auf dem dritten Planeten zu vernichten. Doch wir gaben unseren Plan auf, als wir erkannten, über welche Flottenpräsenz und Kampfkraft das Neue-Imperium verfügte. «

»Eine weise Entscheidung«, bestätigte die Hypertronic-KI. »Ihre Flotte hätte keine Chance gehabt. Das Neue-Imperium lässt sich nicht so einfach besiegen. «

Kommandeur Camaal blickte erstaunt Major Travis an. »Woher sind dir diese Informationen bekannt? «, erkundigte sich der Major. »In dieser Zeitepoche hat unsere Rasse noch nicht das Licht der Welt erblickt. «

»Sie vergessen, dass ich Informationen der Schablinger und der Kon-Ra-Tak besitze«, erwiderte die Hypertronic-

KI trocken. »Diese beiden Rassen können vom Anfang bis zu dem Ende der Evolution schauen. Sie besitzen ein unermessliches Wissen, welches über das Verständnis vieler anderer Species hinausgeht. Ihnen ist es gegeben, das Universum in die richtigen Bahnen zu lenken. «

»Die Schablinger und die Kon-Ra-Tak sind seit langer Zeit nicht mehr unter uns«, bemerkte Heran. » Sie haben sich zu Energiewesen weiterentwickelt. Falls deine Aussage stimmen sollte, warum waren diese beiden Species derart an der Fertigstellung deiner Station interessiert, dass sie ihre körperliche Form wieder angenommen haben? «

»Energiewesen können sich gleichzeitig an mehreren Orten aufhalten«, teilte die Hypertronic-KI mit. »Ihnen ist der Weg in die tiefsten Abgründe unseres Universums offen. Sie können sich an Orte begeben, an denen keine körperlichen Lebensformen existieren können. Es sind diese Knotenpunkte, die alles zusammenhalten. Dort treffen Anfang und Ende jeglicher Zeit aufeinander. Die aufgestiegenen Energiewesen sorgen dafür, dass alle Seiten im Gleichgewicht bleiben. Sie verstehen sich als die Hüter unserer Galaxien. «

»Blödsinn«, erwiderte Heran. »Wer dir das eingespeist hat, war nicht mehr Herr seiner Sinne. Du solltest diese Erkenntnis schleunigst aus deinem Speicher entfernen. «

Die Hypertronic-KI verstummte einen Augenblick.

Ein gelblicher Strahl erfasste den Lantraner und scannte seinen Kopf. Langsam fuhr der Strahl Heran's ganzen Körper bis zu den Füßen hinunter. Heran ließ es geschehen. Er wusste, dass es sich um einen individuellen Körper-Scan handelte.

»Du bist ein Lantraner«, sagte die KI plötzlich. »Fragt ihr euch nicht gelegentlich, warum andere ältere Rassen aufsteigen konnten, euch aber dieser Weg verschlossen blieb? «

Heran bemerkte, wie Schweiß aus seinen Poren trat.
»Wie kann eine ragunische Hypertronic-KI das wissen? «, dachte er. »Seit Jahrtausenden suchen unsere Wissenschaftler vergeblich nach dem Weg in eine höhere Form der Existenz. «

»Der Weg bleibt euch versperrt, weil ihr nicht hieran glaubt. «, ergänzte die KI ihre Aussage. »Solange ihr dieses Misstrauen nicht ablegt, werdet ihr immer auf eure körperliche Form angewiesen sein. «

»Woher stammen deine Erkenntnisse? «, fragte Heran. » Wieso bist du über unsere geheimsten Forschungen informiert? «

»Ich verfüge über ein großes Wissen meiner Erbauer«, antwortete die KI. »Nur wer das ganze Universum versteht, kann viele Generation überdauern. «

Heran winkte ab und blickte Major Travis an
»Da sind wir aber auf eine ganz schlaue Hypertronic-KI gestoßen«, fluchte er.

»Mir möchten mit dir gerne über einige Änderungen in deiner Kommandostruktur sprechen«, unterbrach Systemrat Camaal das Gespräch.

»Welche Änderungen wären das? «, erkundigte sich die KI. » Betrifft es Halswan, ein Mitglied der Rasse der Aller-Ersten? «

»Das hast du richtig interpretiert«, stutzte Kommandeur Camaal.

»Er hat sich als freier Berater unserer Regierung etabliert«, fuhr Zentralrat Muuda fort.

Er zeigte auf Geoffwan.
»Halswan ist einer Abtrünniger unserer Schöpfer«, ergänzte er. »Er geht über Leichen. Wir haben seine Intrigen aufgedeckt. Er hat Ruadan, den Vorsitzenden

unseres göttlichen Rates hemmungslos beseitigt. Vermutlich will er die Macht über unser Imperium erlangen. «

»Welchen Sinn macht das? «, erkundigte sich die Hypertronic-KI der Station.

»Er hat den Befehl gegeben, dich als geheime zeitgesteuerte Wurmlochstation zu erbauen«, teilte Muuda mit. »Sein Ziel ist es, einen Eingriff in den Zeitebenen durchzuführen. Er will die Arthropoden in ihrer frühen Entwicklungsstufe angreifen und ausrotten.«

»Ich verstehe«, antwortete die Hypertronic-KI. »Halswan will den Krieg zu Gunsten der ragunischen Flotte drehen. Leider ist er nicht darüber informiert, dass mein Speicherkern über eine Sicherung verfügt. Ich darf jegliche Arten von aggressiven Zeitmissionen nicht unterstützen. Die Schablinger und die Kon-Ra-Tak sehen diese Eingriffe als zu gefährlich an. Dem Abtrünnigen Halswan wird kein zeitgesteuertes Wurmloch geöffnet. «

»Damit ist das Problem aber noch nicht behoben«, bemerkte Camaal. »Er wird sicherlich einen anderen Weg finden. Solange er unserer Regierung Vorschläge unterbreitet, müssen wir mit stetigen Angriffen der ragunischen Heimatflotte rechnen. Wir bitten daher um deine Mithilfe. «

»Wie kann ich helfen? «, entgegnete die KI. » Der Fortbestand meiner Station muss dabei gesichert sein. «

»Das wird sie«, antwortete Camaal. »Du hast mir erklärt, dass du ohne einen Kommandeur nicht die komplette Leistungsfähigkeit dieser Station abrufen kannst. Wir sind hier, um dir langfristig die Möglichkeit zu geben, auf einen stetigen Kommandeur zurückzugreifen. «

»Du bist mein Kommandeur«, antwortete die KI.
»Ich möchte den Oberbefehl deiner Station in andere Hände legen und nur noch als Notfall behilflich sein«, sagte Camaal. »Das Neue-Imperium bietet meiner Flotte Asyl an. Wir bekommen eine Welt zugewiesen, die Ragun sehr ähnelt. Zusätzlich werden weitere Angehörige unseres Volkes hierauf leben. So werden wir einen Teil unserer Zivilisation in die Zukunft retten können. «

»Ein guter Plan«, antwortete die KI. »Wen schlägst du als meinen neuen Kommandeur vor? «

»Du wirst in der Zukunft dem Neuen-Imperium dienen«, erklärte der Systemrat. »Neben vielen anderen Hypertronic-Stationen, wirst du in das Netzwerk der großen imperialen Hypertronic-KI von Natrid integriert. Sie zieht alle Fäden in dem Neuen-Imperium. Nur so wirst du dich und deine Station in die Zukunft führen können. Denke bitte auch an die Versorgung mit Energiekristallen und Reparaturteilen. «

»Dieser Befehl wurde mir bereits implantiert«, antwortete die KI der Station. »Meine Erbauer erklärten mir bereits, dass ich in der Zukunft nicht allein über diese Station entscheiden darf. Ich unterwerfe mich diesem Befehl und werde dienen. «

Die Gäste sahen sich verwundert an.
»Was weißt du noch über die Zukunft? «, erkundigte sich Systemrat Camaal.

»Alles das, was mir die Schablinger und die Kon-Ra-Tak mitgeteilt haben«, antwortete die Hypertronic-KI. »Doch leider kann ich ihnen keine weiteren Informationen mitteilen. Alle diese Daten wurden zeitlich geschützt. Sie können von mir erst ausgegeben werden, wenn die Zeitdaten mit der Realzeit übereinstimmen. «

»Das heißt, du wurdest mit einer Zeitsicherung versehen, welche dir nur gestattet deine Daten freizugeben, wenn die tatsächliche Zeit angebrochen ist«, lächelte Heran.

»Das ist richtig«, antwortete die KI. »Die Sicherung in meinem Speicher verhindert eine vorzeitige Freigabe von Ereignissen der Zukunft. «

Heran blickte seine Begleiter an.
»Da lässt sich nichts machen«, bemerkte er. »Falls wir manuell auf den Datenspeicher der Hypertronic-KI zugreifen sollten, würden sich die vorliegenden Informationen löschen. Wir verwenden ähnliche Sicherungen bei den Prozessoren unserer KIs. «

»Kannst du uns eine Hilfestellung geben? «, fragte Zentralrat Muuda. » Ist es dir möglich, Halswan in deine Station einfliegen zu lassen, um ihn und seine Begleiter zu eliminieren? «

»Ich werde den Befehl ausführen«, antwortete die Hypertronic-KI. »Ein registrierter Kommandeur meiner Station ist mir rangmäßig übergeordnet. Seine Befehle habe ich vorbehaltlos zu befolgen. «

»Das war ein wichtiger Grund unseres Besuches«, erklärte Kommandeur Camaal. »Bist du jetzt bereit neue Befehlshaber zu registrieren? «

»Ja«, antwortete die KI. »Wer soll der Oberbefehlshaber meiner Station werden? «

Camaal zeigte auf den Major.

»Das ist Major Travis, Oberbefehlshaber des Neuen-Imperiums«, sagte er. »Sein übergeordneter Befehl wird dich in der Zukunft dem Planetenbund unterstellen. Er hat uns Asyl angeboten. Wir werden dich also in die neue Zeit begleiten. Setzte ihn bitte als übergeordneten Kommandanten ein. Seine Befehle sollen die Anweisungen der ihm untergebenen Befehlshaber überlagern. «

»Major Travis«, sagte die KI. »Treten sie vor. «
Der Major tritt zwei Schritte vor die breite Hypertronic-Anlage.

ZWV-1 trat an seine Seite.
»Bitte treten sie noch einen weiteren Schritt vor«, sagte er. »Sie sehen die kreisrunde Scheibe in der Mitte ihres Gehäuses. Sie wird sich gleich öffnen. «

Major Travis tat wie ihm befohlen. Er stand jetzt genau vor der großen Anlage. Die kreisrunde Scheibe öffnete sich, eine 30 Zentimeter große Öffnung entstand.

»Führen sie ihren nackten Unterarm in die Öffnung ein«, forderte ZWV-1 ihn auf. »Die KI wird sie mit der

erforderlichen Signatur eines Oberkommandeurs dieser
Basis kennzeichnen. «

Der Major zog seine Uniformjacke aus. Er streifte sich den
Ärmel seines Hemdes zurück. Dann ballte er seine rechte
Hand zu einer Faust und schob seinen Arm vorsichtig in
die Öffnung. Diese verkleinerte sich passgenau auf die
Stärke seines Armes. Major Travis registrierte, dass er
seinen Arm nicht mehr vor, oder zurückbewegen konnte.
Interessiert beobachte er das Geschehen. Es vergingen
mehre Sekunden, dann bemerkte er einen leichten Stich
in seiner Haut. Ein Instrument setzte sich auf seinen Arm
und verharrte einen Augenblick. Dann stank es nach
verbrannter Haut. Die Öffnung vergrößerte sich und gab
den Arm wieder frei. Der Major zog ihn heraus und
schaute ihn sich an.

Auf der Unterseite seines Armes war ein kleines
Sternensystem eingebrannt. Der zweite Planet leuchtete
in einem grünlichen Schimmer.

»Das ist die Kennzeichnung eines Oberkommandeurs
dieser Basis«, sagte ZWV-1. »Die Signatur ist mit ihrem
Köper verbunden. Nur ich kann sie wieder entfernen und
den ursprünglichen Zustand ihres Armes herstellen. Ihrer
Blutbahn konnten jedoch keine Nanobots hinzugefügt
werden, um ihre Gesundheit kontrollieren. Es wurde

registriert, dass sie bereits über lebensverlängernde Maßnahmen verfügen. Ich weise sie darauf hin, wenn sie gegen die Programmierung meiner Station agieren, wird ihre Befehlsgewalt als Oberkommandeur unweigerlich gesperrt. Haben sie das verstanden? «

»Das habe ich«, antwortete der Major. »Wir alle dienen dem gleichen Ziel. «

»Major Travis«, sagte die KI. »Sie wurden als Oberkommandeur dieser Station registriert. Ihre Befehle überlagern alle anderen Anweisungen, der durch mich registrierten Kommandeure.

»Danke«, antwortete der Major.

»Wer soll als nächste Person eine Befehlsgewalt über meine Station erhalten? «, erkundigte sich die KI.

»Das ist Colonel Heinemann«, antwortete Camaal. »Registriere ihn bitte als ständigen Kommandeur deiner Station in der Zukunft. «

»Colonel Heinemann, treten sie bitte vor«, sagte die Hypertronic-KI monoton.

Auch der Colonel trat an die Seite von ZWV-1. Der mobile Arm der KI wies auf die Öffnung in der Anlage hin.

»Leider lässt sich diese Prozedur nicht vermeiden«, erklärte er. »Nur wer die Kennzeichnung der Hypertronic-KI trägt, kann ihr auch Befehle erteilen. «

»Ich verstehe«, sagte der Colonel.
Er trat einen Schritt auf die Anlage zu. Jetzt stand er genau vor ihr.

»Führen sie ihren nackten Unterarm in die Öffnung ein«, forderte ZWV-1 ihn auf. »Die KI wird sie mit der erforderlichen Kennzeichnung eines Kommandeurs dieser Basis ausstatten. «

Colonel Heinemann zog den Ärmel seines Hemdes zurück. Dann schob er seinen Arm vorsichtig in die Öffnung. Er biss seine Lippen zusammen. Es vergingen mehre Sekunden, dann bemerkte er ebenfalls einen leichten Stich in seiner Haut. Ein Instrument setzte sich auf seinen Arm und verharrte einen Augenblick. Erneut stank es nach verbrannter Haut. Die Öffnung vergrößerte sich und gab den Arm des Colonels frei. Ruckartig zog er seinen Arm heraus und schaute ihn sich an.

Auf der Unterseite seines Armes war das kleine Sternensystem eingebrannt. Der zweite Planet leuchtete in einem grünlichen Schimmer.

»Das ist die Kennzeichnung eines Kommandeurs dieser Station«, sagte ZWV-1. »Das Brandzeichen ist mit ihrem Köper verbunden. Ihrer Blutbahn wurden eine große Anzahl von Nanobots hinzugefügt, die ihre Gesundheit kontrollieren, sie erhalten und verlängern. Gleichzeitig registrieren sie ihre Absichten und Pläne. Diese aufgezeichneten Daten werden von Fall zu Fall durch einen für sie nicht spürbaren Impuls an unsere Hypertronic-KI gesendet. Ich bin daher immer über ihre wahren Handlungen und Absichten informiert. Agieren sie gegen unsere Programmierung, werde ich es erfahren. Ihr Zugriff auf diese Station wird unweigerlich gesperrt. Haben sie das verstanden? «

»Das habe ich«, antwortete Colonel Heinemann. »Wir dienen dem gleichen Imperium. Der Schutz deiner Anlage und unseres Sonnensystems ist meine vorrangige Aufgabe. «

»Ich begrüße sie als neuen Kommandeur meiner Station«, antwortete die KI.

»Offizier Furgun«, sagte die KI. »Treten sie vor und legen sie ihren Arm in meine Öffnung. Ihre Eigenschaft als Stellvertreter dieser Station wird aufgehoben. Ich werde das Brandzeichen auf ihrem Arm entfernen. «

Furgun blickte Camaal an. Dieser nickte ihm zu.

Furgun schritt auf die KI zu und legte seinen Arm in die Öffnung. Es vergingen nur wenige Sekunden, bis der Arm wieder freigegeben wurde. Der Stellvertreter von Systemrat Camaal blickte sich seinen Arm an. Das eingebrannte Zeichen war verschwunden. Nichts deutete mehr auf das Brandzeichen hin. Die KI hatte durch einen plastischen Eingriff den Arm wieder in den Urzustand zurückversetzt.

»Danke«, antwortete Furgun.
Er hob seinen Arm und zeigte ihn den Begleitern.

»Er ist wie neu«, bemerkte er.
»Ist ihr Besuch in meiner Basis hiermit abgeschlossen? «, erkundigte sich die KI.

»Wir haben dir noch Energiekristalle mitgebracht«, teilte Major Travis mit. »Diese stellen deine Versorgung sicher, bis du in der Zukunft erneut auf Kommandeur Camaal triffst. «

»Die Kristalle nehme ich gerne entgegen«, antwortete die KI. »Es ist richtig, dass meine Vorräte in der Zukunft aufgestockt werden. «

»Ich werde hierfür sorgen«, erwiderte Camaal. »Kannst du unsere Befehle zur Sicherheit noch einmal bestätigen?«

»Halswan von den Aller-Ersten wurde als Systemfeind von mir eingestuft«, bestätigte die Hypertronic-KI. » Ihr Befehl lautete, ihn mit seinem Schiff einen Einflugs-Schacht in meine Station zu öffnen. Erst wenn er und seine Begleiter ihr Schiff verlassen haben und Zugriff auf meine Funktionen nehmen wollen, eliminiere ich ihn und seine Leibgarde. Was soll ich mit der Besatzung des ragunischen Schiffes machen. «

»Lasse sie wieder fliegen«, antwortete Major Travis. »Sie werden dem ragunischen Zentralrat berichten, dass Halswan bei seiner Mission umgekommen ist. Sie berichten, dass er scheiterte, dich unter seine Kontrolle zu bringen. «

»Befehl erhalten«, antwortete die KI. »Der Besatzung des Schiffes wird ein freier Rückzug aus meiner Station zugesichert. «

»Ist der Befehl für dich ohne Gefahren umsetzbar? «, erkundigte sich Major Travis. »Wir wissen nicht exakt, über welche Waffen Halswan verfügt. «

»Ich erkenne keine Probleme«, antwortete die Hypertronic-KI. »Meine Erbauer haben auch die Waffensysteme dieser Station modifiziert. Insbesondere die Möglichkeiten zum Schutz meiner Anlage, weichen sehr stark von dem ursprünglichen ragunischen Systemen ab. «

»Vermutlich kannst du uns keine Informationen hierüber geben? «, erkundigte sich Major Travis.

»Die Sicherheitssperren in meiner Programmierung verhindern das«, antwortete die KI. »Doch ich kann sie beruhigen. Die mögliche Freisetzung dieser gewaltigen Energien, wird nur zum Schutz meiner Station, oder unseres Sonnensystems eingesetzt. So sieht es die Programmierung durch die Schablinger vor. «

»Diese verdammten Schablinger«, knurrte Heran. »Sie haben sich nie in ihre Karten schauen lassen. «

»Wir verlassen dich jetzt«, sagte Major Travis. »Dringende Aufgaben warten auf uns. «

»ZWV-1 bringt sie alle zu ihrem Schiff zurück«, sagte die KI. »Drei weitere Plattformen mit Arbeitsrobotern werden sie begleiten, um die zugesagten Energiekristalle entgegenzunehmen. «

»Einverstanden«, antwortete der Major. »Öffne uns bitte ein zeitgesteuertes Wurmloch in die Zukunft. Verwende die Einstellung, die du bei Systemrat Camaal programmiert hast. Rechne bitte drei Tage hinzu, dann werden wir unsere Realzeit korrekt erreichen. «

»Die Programmierung wird bestätigt«, bestätigte die KI.

»Wir freuen uns über deine Ankunft und ein Wiedersehen in der Zukunft«, ergänzte Major Travis. »Verschließe deine Basis für diese lange Zeit. Du bist sehr wichtig für uns in der Zukunft. «

»Das ist das Ziel meiner Bestimmung«, entgegnete die KI geheimnisvoll.

ZWV-1 wies den Gästen den Weg zu dem Ausgang. Hinter ihnen schloss sich das Schott der großen Leitstelle. Drei weitere Transportplattformen warteten bereits auf sie. Auf jeder von ihnen standen fünf ragunische Arbeitsroboter. Der Rückflug ging schnell. Major Travis hatte bereits sein Schiff informiert, die mitgebrachten Behälter mit Energiekristallen zu entladen. Als die Transportplattformen die Termar 1 erreichen, schlossen sich bereits die Ladeluken des Schiffes wieder. Während die Besucher die Laserbrücke des Schiffes hinaufgingen, verluden die metallischen Gehilfen der Hypertronic-KI die Behälter auf ihre Plattformen.

Sergeant Hausmann wartete ab, bis sich die Arbeitsroboter der Station zurückzogen. Dann informierte er die Hypertronic-KI über den geplanten Startvorgang. Oberhalb des Schiffes öffnete sich der Ausflugsschacht. Langsam hob das Schiff von dem Boden ab und gewann an Höhe.

### Raumüberwachung von Ragun

Die lauten Alarmsirenen rissen die diensthabenden Offiziere der Einrichtung von den Stühlen ihrer Beobachtungspoints auf. Sie blickten neugierig auf den großen Monitor der Leitstelle. Der stellvertretende Leiter der Raumüberwachung kam in den Raum gelaufen.

»Was haben wir? «, fragte Annda.
»Es gibt Hinweise, dass im Orbit von Vagun ein Wurmloch geöffnet wurde«, teilte ein Ortungs-Offizier mit.

»Sind fremde Schiffe in unser System eingedrungen? «, erkundigte sich der stellvertretende Befehlshaber.

»Es wurde lediglich ein einziger Schiffsimpuls angezeigt«, antwortete der Offizier. »Wir konnten es nicht zuordnen. Es verschwand nach wenigen Sekunden von unseren Ortungsgeräten. «

»Sehr seltsam«, sagte Annda beunruhigt. »Befehlen sie unverzüglich einen Verband von 12 Klappflügel-Zerstörer zu diesen Koordinaten. Setzen sie Schiffe unserer 1.500 Meter-Klasse ein. Sie sollen den Orbit des zweiten Planeten intensiv abtasten. «

Der Offizier griff nach dem Mikrofon des Hyperkomm-Funkgerätes und gab den Alarmstart für die Bereitschaftsflotte durch.

Kommandeur Buuda bestätigte den Befehl. Er trieb das Personal seiner Schiffe zur Eile an. Zwei Minuten nach dem Eingang des Funkspruches, starteten die Antriebe der Schiffe. Mit brachialer Kraft hoben die Klappflügel-Zerstörer von dem Boden des Landehafens ab und beschleunigten in die Atmosphäre des Zentralplaneten. Außerhalb des Orbits sprangen sie in den Hyperraum.

**Flotte des Neuen-Imperiums**

Die Termar 1 hatte den Einflugs-Schacht der Station verlassen. Sergeant Hausmann konnte das Schiff problemlos in die Umlaufbahn des Planeten navigieren. Das Tarnfeld um das Schiff schaltete sich ab.

»Eingehender Hyperkomm-Funkspruch«, meldete Sergeant Farmer.

Die Hypertronic-KI meldete sich.
»Auf die Lautsprecher legen«, befahl der Major.

»Warnung«, teilte die Hypertronic-KI mit. »Aktivieren sie ihre Schutzschirme. Meine Sensoren registrieren die Annäherung einer ragunischen Flotte. Ich werde den Funkverkehr der Schiffe stören. «

Major Travis schlug mit der Faust auf einen roten Knopf seines Kontrollsessels. Ein schriller Alarmton machte sich auf der Brücke breit. Das Licht schaltete in eine gedämpfte rote Farbe. Alle Sensoren und Taster aktivierten sich selbstständig. Der lantranische Superschutzschirm legte sich um das Schiff. Das war keinen Moment zu früh. Vor dem Schiff brach eine Flotte von 12 ragunischen Klappflügel-Zerstörer aus dem Hyperraum. Ohne Vorwarnung eröffneten die Schiffe ihr Feuer auf das natradische Schiff.

»die Leistung des Schutzschirmes ist auf 85 Prozent gesunken, aber bleibt weiter konstant«, meldete Sergeant Madson, der die Waffenleitstelle kontrollierte. »Soll ich unsere Lasertürme aktivieren? «

»Alle Waffentürme ausfahren«, befahl der Major. Automatische Feinderfassung durch unsere Hypertronic-KI. Sofortiges Abwehrfeuer auf die fremden Schiffe einleiten. «

»Ihr Befehl wird ausgeführt«, meldete die KI des Schiffes. Sie übernahm die Kontrolle der Termar 1 und blockierte die manuelle Eingabe der Offiziere. Die KI des Schiffes steuerte in eine Linkskurve. Auf der Steuerbordseite hatte sie 15 Waffentürme ausgefahren. Die schweren Laserrohre hoben sich und visierten die fremden Schiffe an. Dann brach das Inferno über die Angreifer aus. Die schweren Geschütze fauchten im Sekundentakt ihre feurigen Strahlen auf die Feindschiffe.

Die Schutzschirme der ragunischen Schiffe konnte die Kraft der Lasersalven nicht ableiten. Die natradischen Laserstrahlen schlugen durch die Bordwände der Schiffe und richteten schwere Schäden an. Feindliche Geschütze wurden unter den Klappflügeln der ragunischen Zerstörer abgerissen. Einige Aufbauten erhielten gleich mehrere

Treffer und wurden zerfetzt. Doch die beschädigten feindlichen Schiffe drehten nicht ab. Sie feuerten weiter verbissen auf die Termar 1.

Der Schutzschirm lantranischer Herkunft, leitete das Laserfeuer der Klappflügel-Zerstörer problemlos ab. Wieder fauchten die Waffentürme der Termar 1 auf. Fünf Geschützrohre konzentrierten ihre Salven auf das vorderste feindliche Schiff, das sich dem Flaggschiff von Major Travis bedrohlich näherte. Die Hypertronic-KI der Termar 1 hatte den Kurs des Schiffes analysiert. Die gezielten Laserschüsse verwandelten den ragunischen Klappflügel-Zerstörer in eine grelle Kunstsonne. Zentralrat Muuda, Systemrat Camaal und Flottenführer Lenus hielten den Atem an.

So etwas hatten sie noch nicht gesehen.
Major Travis reichte dem Zentralrat seinen Communicator.

»Sprechen sie mit ihren Schiffen«, sagte er. »Falls sie das Feuer nicht einstellen, werden wir sie vernichten. Bisher haben wir sie lediglich mit einem Abwehrfeuer auf Distanz gehalten. Doch ich erkenne, dass die gegnerische Flotte nicht aufgeben will. «

Muuda nickte.

»Öffnen sie mir eine Verbindung zu den Schiffen«, sagte er. »Ich probiere es. Doch viel Hoffnung habe ich nicht. Wir wurden sicherlich als Heimatverräter geächtet. «

»Die Frequenz wurde ermittelt«, meldete Sergeant Farmer. »Die Verbindung baut sich auf. Die ragunischen Schiffe sollten sie verstehen können. «

»Hier spricht Muuda, ehemaliger Zentralrat des ragunischen Imperiums«, sprach er in den Kommunikator. »Stellt euer Feuer ein, ansonsten werden wir eure Schiffe vernichten. Halswan ist ein Verräter. Vertraut ihm nicht. Er hat Ruadan heimtückisch ermordet, um die Macht in unserer Regierung an sich zu reißen. Stellt euer Feuer ein und widersetzt euch seinen Befehlen. «

»Hier spricht Kommandeur Buuda, Oberbefehlshaber des ragunischen Eingreifgeschwaders«, tönte es aus den Lautsprechern. »Ihre Lügen verunsichern uns nicht. Wir wurden von der obersten Raumbehörde informiert, dass sie und ihre Begleiter gegen den göttlichen Zentralrat intrigieren. Ihre Drohungen prallen von uns ab. Fahren sie die Waffentürme ihres Schiffes sofort ein und ergeben sie sich, ansonsten vernichten wir ihr kleines Schiff. «

Erneut wurde die Termar 1 von wütenden Salven der Klappflügel-Zerstörer durchgeschüttelt.

»Unser Schirm hält«, meldete Sergeant Madson. »Die Energiewerte stehen immer noch bei 83 Prozent. «

»Weiter wird sich die Leitung auch nicht verringern«, bemerkte Heran. »Unsere Wissenschaftler haben eine lange Zeit hieran gearbeitet. Mit jedem Einschlag der fremden Energien fluktuiert das Energiefeld des Schirmes schneller. Ein Durchschlagen der Laserstrahlen wird hierdurch unmöglich. «

»Eine interessante Technik«, bemerkte Geoffwan. »Wir werden unsere Wissenschaftler bitten, ebenfalls in diese Richtung zu forschen. «

Heran blickte ihn ärgerlich an.
»Diese Informationen waren nicht für sie bestimmt«, fuhr Heran ihn an. »Muss ich jetzt auch noch aufpassen, was ich sage? «

Major Travis hob seine Hand, um Heran zu unterbrechen. »Sergeant Farmer, öffnen sie bitte eine Hyperkomm-Funkverbindung zu dem Flaggschiff von Admiral Tarin«, befahl er.

»Die Verbindung baut sich auf«, bestätigte der Funkoffizier.

»Hier ist Admiral Tarin«, tönte es aus der Leitung. »Sie haben Besuch bekommen. Dürfen wir sie unterstützen? «

»Ich bitte darum«, antwortete Major Travis. » Die ragunischen Klappflügel-Zerstörer sind sehr hartnäckig. Der Kommandeur der Flotte glaubt Zentralrat Muuda nicht. Er verstärkt seinen Angriff. «

»Haben wir ihre Feuerfreigabe? «, fragte der Admiral. »Diese haben sie«, antwortete Major Travis. »Vernichten sie das Geschwader. Dann kann uns die zeitgesteuerte Hypertronic-KI von Vagun einen Tunnel in unsere eigene Zeit öffnen. «

»Verstanden«, erwiderte der Admiral. »Wir kümmern uns um das ragunische Geschwader. «

Die Gäste auf der Termar 1 blickten auf den großen Bildschirm des Schiffes. Von einer Sekunde zur anderen, wurden 500 natradische Schiffe der Kaiser-Klasse sichtbar. Die 2.000 Meter langen Bollwerke hatten im getarnten Zustand die ragunische Flotte eingekreist. Der Admiral ahnte den Befehl von Major Travis im Voraus. Seine lange Kampferfahrung kam ihm hierbei zugute.

Die Brückencrew und die Gäste sahen, wie die Waffentürme der Klappflügel-Zerstörer herumschwenkten. Die Schiffe hatten die neue Bedrohung geortet. Sie kamen jedoch nicht mehr dazu, ihre Lasersalven auf die neuen Gegner abzuschießen. Ein Blitzgewitter aus 12.500 Laser-Geschützrohren blendete die Beobachter der Termar 1. Sie sahen, wie die ersten Salven die ragunischen Zerstörer hin und her rissen. Die Schutzschirme der Schiffe glühten bereits tiefrot. Die Menge der einschlagenden Lasersalven ließen die ragunischen Schiffe wie Seifenblasen zerplatzen. Der Reihe nach entstanden grelle Atomsonnen, die sich kraftvoll ausdehnten und wenige Sekunden später in sich zusammenfielen. Nur kleine brennende Metallsplitter waren noch auf den Koordinaten zu orten, die den Klappflügel-Zerstörern als Angriffskorridor diente.

»Hyperkomm-Funkspruch an die Vagun-KI«, befahl Major Travis. »Das zeitgesteuerte Wurmloch jetzt öffnen. «

»Ihr Befehl wurde übermittelt«, bestätigte der Funkoffizier des Schiffes.

Sergeant Farmer blickte auf sein Display.
»Eingehender Funkspruch von Vagun«, meldete Sergeant Farmer.

»Auf die Lautsprecher legen«, antwortete der Major.

»Ich habe die Vernichtung des ragunischen Geschwaders beobachtet«, teilte die KI emotionslos mit. »Eine Unterstützung meiner Geschütztürme wurde als nicht notwendig angesehen. Ich initiiere das berechnete Wurmloch in ihre Realzeit. Oberkommandeur Travis und Kommandeur Heinemann, wir sehen uns in der Zukunft.«

Die Verbindung brach ab.

Vor dem Schiff öffnete sich ein hellblauer Wurmlochtunnel. Er wurde von einem starken Energiestrahl der Vagun-Station gespeist. Geoffwan zog sein Amulett hervor und kontrollierte die Daten.

Major Travis sah, wie er Informationen ablas und nickte.

»Die Programmierung ist korrekt«, bestätigte er. »Wir werden zeitlich kurz nach unserem Abflug wieder über Tarid austreten. «

Major Travis blickte Sergeant Hausmann an.

»Fliegen sie uns nach Hause«, sagte er. »Die Flotte von Admiral Tarin soll uns dicht folgen. «

»Ich habe ihren Befehl weitergegeben«, bestätigte Funkoffizier Farmer. »Die Bestätigung ist bereits eingetroffen. «

Die Termar 1 beschleunigte und verschwand in dem künstlichen Horizont. Die Schiffe der Flotte von Admiral Tarin folgten in einem kurzen Abstand und verschwanden in dem Wurmloch. Hinter dem letzten Schiff deaktivierte die Hypertronic-KI den Durchgang.

## Die Raumüberwachung auf Ragun

Die Raumüberwachung auf Ragun traute ihren Augen nicht. Ein großer Zerstörer, des Einsatzgeschwaders von Kommandeur Buuda, hatte sich in eine grelle Atomsonne verwandelt.

Der stellvertretende Leiter der Raumüberwachung raufte sich die Haare.

»Die Zerstörer werden doch mit einem kleinen 500 Meter Schiff fertig werden«, tobte er.

»Unser Geschwader ist in schwere Kämpfe verwickelt«, meldete ein Offizier der Raumüberwachung. »Das fremde Schiff scheint über starke Waffen zu verfügen. «

»Alarmieren sie die Schiffe unserer Heimatverteidigung«, befahl der Befehlshaber. »Sie sollen Kommandeur Buuda sofort zu Hilfe eilen. «

»Das wird eine Zeit dauern«, antwortete ein weiterer Offizier. »Die Schiffe nehmen gerade neue Versorgungsgüter und Energiekristalle auf. Sie werden nicht mehr rechtzeitig bei Buuda eintreffen. «

»Halten sich andere Kampfflotten in der Nähe von Vagun auf? «, fragte der stellvertretende Kommandeur Annda.

Die Offiziere der Raumüberwachung schüttelten ihren Kopf.

»Das innere System wird nur gering abgesichert«, erwiderte ein Ortungsoffizier. »Das war ein ausdrücklicher Befehl von Franus, dem ehemaligen Kommandeur des Geheimdienstes.

Annda schlug mit seinen Fäusten auf den vor ihm stehenden Tisch. Er überlegte intensiv.

»Fragen sie bei dem Geheimdienst nach, ob er eine Flotte startbereit hat«, befahl er.

»Die Verbindung baut sich auf«, meldete der Funkoffizier. »Möchten sie selbst mit Kommandeur Needa sprechen?«

Annda nickte.

»Beeilen sie sich«, sagte er. »Lange hält das Geschwader von Buuda nicht mehr durch. «

»Die Verbindung steht«, teilte der Funkoffizier mit.

Der stellvertretende Kommandeur der Raumüberwachung griff nach dem Kommunikator.

»Hier ist Kommandeur Needa«, tönte es aus den Lautsprechern.

»Kommandeur Annda«, von der ragunischen Raumüberwachung«, sprach er in das Gerät. » Wir haben einen Notfall über Vagun. Ein Geschwader, unter dem Befehl von Kommandeur Buuda, ist in arge Bedrängnis geraten. Ein fremdes Schiff ist in unser System eingedrungen. Kommandeur Buuda wollte es abfangen. Leider ergeben unsere Ortungshinweise, dass die Schiffe seines Geschwaders unter einem starken Beschuss liegen. Ein Klappflügel-Zerstörer wurde bereits vernichtet. Der Start der Flotte unserer Heimatverteidigung verschiebt sich, weil sie gerade neue Versorgungsgüter aufnehmen. Können sie uns helfen? Haben sie einen Schiffsverband in Bereitschaft? «

»Werden unsere Geschwader jetzt schon nicht mehr mit einem einzelnen Schiff fertig? «, fragte Kommandeur Needa verärgert.

»Wir können uns das auch nicht erklären«, erwiderte Annda. »Leider ist die Funkverbindung zu dem Geschwader von Kommandeur Buuda gestört. Wir erreichen ihn nicht mehr. «
»Ich habe 50 Kampf-Zerstörer, die sich auf dem Rückweg nach Ragun befinden«, teilte Needa mit. »Sie befinden sich vor der großen Asteroidenwolke, außerhalb unseres Sonnensystems. Ich werde sie nach Vagun umleiten. Die Schiffe werden sofort in den Hyperraum springen. «

»Danke«, antwortete Kommandeur Annda. »Sie haben etwas gut bei uns. «

Needa lachte.
»Behalten sie ihre Geschenke«, antwortete er. »Wir kämpfen für die gleiche Sache. Drücken sie ihre Daumen und hoffen sie, dass meine Schiffe rechtzeitig eintreffen werden. «

»Das machen wir«, entgegnete Annda. » Wir versuchen weiterhin, Kommandeur Buuda zu erreichen. «
Die Verbindung brach ab.

Der Geheimdienst informierte seine Schiffe auf einer abhörsicheren Frequenz. Der Oberbefehlshaber der Flotte erkannte die Dringlichkeit und befahl seiner Flotte zwei Hyperraumsprünge nach Vagun durchzuführen. Nachdem die Sprungdaten einprogrammiert waren, wechselte der starke Verband in den Hyperraum.

Der Kommandeur der Raumüberwachung lehnte sich in seinem Stuhl zurück.

»Schneller geht es nicht«, teilte Annda seinen Untergebenen zu. » Die Flotte des Geheimdienstes wird in Kürze bei Vagun eintreffen. «

Kommandeur Annda wunderte sich, dass er von seinen Offizieren keine positiven Bemerkungen hörte. Er drehte sich nach seinen Mitarbeitern um und sah ihre entsetzten Gesichter.

»Die Flotte des Geheimdienstes wird das Geschwader von Kommandeur Buuda nicht mehr rechtzeitig erreichen«, bemerkte ein Ortungsoffizier. »Soeben registriere ich weitere Resonanzkontakte von 500 fremden Schiffen. «

»Das ist nicht möglich«, monierte Annda. » Wir haben kein zweites Wurmloch registriert? «

---

»Die Schiffe sind aber da«, bestätigte der Offizier. »Sehen sie auf den zentralen Monitor. «

»Ich bestätigte die Schiffe ebenfalls«, meldete ein weiterer Offizier der Raumüberwachung. »Meine Sensoren weisen die fremden Impulse als Kampfschiffe einer 2.000 Meter-Klasse aus. Sie haben die Flotte von Kommandeur Buuda umzingelt. «

»Wie konnte der Kommandeur in eine solche Falle tappen? «, fluchte Kommandeur Annda.

Er blickte auf den Bildschirm und sah, wie sich plötzlich zahlreiche Laserstrahlen von den fremden Schiffen lösten.

»Unsere Sensoren melden einen massiven Angriff der feindlichen Schiffe«, teilte ein Offizier mit. »Unsere KI hat den Beschuss analysiert. Es stammt von insgesamt 12.500 Geschütztürmen. «

»Das hält das Geschwader von Kommandeur Buuda nicht lange durch«, stöhnte Annda. »Konnten wir zwischenzeitlich eine Hyperkomm-Funkverbindung herstellen? Befehlen sie den Schiffen den sofortigen Rückzug. «

»Die Verbindung ist immer noch gestört«, erwiderte der Funkoffizier der Leitstelle. »Ich erreiche Kommandeur Buuda nicht. «

»Da«, sagte ein Offizier und zeigte auf den Überwachungsmonitor.

Die unzähligen Laserstrahlen trafen auf die Schiffe des ragunischen Geschwaders. Schlagartig verfärbten sich die Schutzschirme der Schiffe tiefrot. Auf dem Monitor der Raumüberwachung sah es so aus, als ob die Schirmfelder glühten. Die Offiziere verzogen ihr Gesicht. Sie wussten, was in den nächsten Sekunden passieren würde. Die diensthabenden Offiziere schrien auf, als die Schutzschirme der Klappflügel-Zerstörer kollabierten und zusammenfielen. Die nachfolgenden Lasersalven der fremden Schiffe ließen alle Zerstörer des Geschwaders wie Seifenblasen zerplatzen. Der Reihe nach entstanden grelle Atomsonnen, die sich kraftvoll ausdehnten und wenige Sekunden später langsam in sich zusammenfielen.

Kommandeur Annda schloss seine Augen. Er schüttelte den Kopf.

»Verflucht«, sagte er laut.

»Ich registriere ein großes Wurmloch«, meldete ein Ortungsoffizier. »Es wird von Vagun erzeugt. «

»Die zeitgesteuerte Wurmlochstation arbeitet mit den fremden Schiffen zusammen? «, erkundigte sich der Kommandeur.

»Es sieht so aus«, bestätigten die Ortungsoffiziere. »Die Energieversorgung stammt eindeutig von dem zweiten Planeten unseres Systems. «

»Diese Wurmlochstation wurde von dem Zentralrat in Auftrag gegeben«, entgegnete Annda. »Sie gehört zu unserem Imperium. Warum unterstützt die Hypertronic-KI der Station die fremden Schiffe. Hat sich denn alles gegen uns verschworen? «

»Sie sollten den Zentralrat informieren«, bemerkte ein Offizier der Raumaufklärung.

Annda schaute ihn an.
»Das werde ich«, antwortete er. »Doch erst, wenn ich eine stichhaltige Erklärung für das Versagen von Kommandeur Buuda vorliegen habe. Habt ihr das verstanden. Jeder von euch ist zu Stillschweigen verpflichtet. Das ist ein Befehl. Warten wir die Ankunft der Flotte des Geheimdienstes ab. «

## Realzeit des Neuen-Imperiums

Die Flotte des Neuen-Imperiums war wohlbehalten in ihre Realzeit zurückgekehrt. Die Programmierung der Vagun-KI stimmte exakt. Die imperiale Raumüberwachung ortete das große Wurmloch über Tarid und informierte die Heimatverteidigung. Wenige Minuten später gab sie Entwarnung. Die Schiffssignaturen der Termar 1 und der Flotte von Admiral Tarin wurden erkannt. Ganze fünf Stunden nach dem Start der Mission, waren Major Travis und seine Begleiter zurückgekehrt.

General Poison ließ sich von der Gruppe über die Details informieren.

»Können wir davon ausgehen, dass die Vagun-KI ihrem Befehl folgt und Halswan nach dem Betreten ihrer Station ausschaltet?«, fragte er zum Abschluss.

»Wir haben keinen Anlass ihre Bestätigung in Frage zu stellen«, antwortete Systemrat Camaal. »Sie scheint über eine Programmierung zu verfügen, die auf den Erhalt ihrer Station ausgelegt ist. Wir haben nicht erfahren können, welche Programmierung sie von den Schablingern und den Kon-Ra-Tak erhalten hat. «

»Ich gehe davon aus, dass auch dieser Großrechner lediglich seiner Programmierung folgt«, bemerkte Major Travis. »Ein Hinweis, dass sie Vorteile hieraus ziehen will, konnte nicht erkannt werden. «

»Trotzdem behagt mir diese Hypertronic-KI nicht«, antwortete General Poison. »Falls wir ihre Programmierung nicht unseren Erfordernissen anpassen können, sie nicht synchron zu unseren anderen imperialen Hypertronic-KI's schalten können, dann ist sie als eigenständige Anlage für das neue Imperium nicht zu gebrauchen. «

»Warten sie es einfach ab«, antwortete Geoffwan. »Die Hypertronic-KI verfügt über das einzigartige Wissen der Schablinger und der Kon-Ra-Tak. Diese beiden Rassen waren schon immer für Überraschungen gut. Sie verfügen über das fundamentale Wissen der Galaxie. Laut den Aussagen der Vagun-Hypertronic-KI wurde sie bereits darüber informiert, dass sie in der Zukunft unter dem Befehl des Neuen-Imperiums dienen muss. Nach meiner Auffassung hatte sie nichts dagegen einzuwenden. «

»Die Zeit drängt«, sagte Major Travis. »Ich brauche Ranus und mein Team für die Ragun Mission. Wir werden die Wurmloch-Konstruktionsdaten suchen und diese an uns nehmen. Hiernach versuchen wir Kontakt zu dem Clan von Ranus aufnehmen, um die geplante Evakuierung besprechen. Admiral Tarin ist bereits informiert. Er stellte seine Flotte zusammen. In drei Stunden werden wir starten. «

»Ich habe einen trockenen Hals«, bemerkte Heran. »Noch ist etwas Zeit. Vielleicht ist es möglich, ein Bier zu bekommen. «

»Gehen sie mit ihren Leuten etwas essen«, lachte der General. »Sergeant Hardin und seine Marines werden im Hangar auf sie warten. Denken sie an die Halsmanschetten der Aller-Ersten. Sie werden diese brauchen. «

»Ich habe sie bereits von der Hangar-Crew bereitlegen lassen«, antwortete der Major. »Sie werden derzeit auf unser Schiff verladen. «

»In Ordnung«, antwortete General Poison. »Führen sie ihre Mission durch und kommen sie gesund wieder. Captain Hunter hat bereits 12 Trupps zusammengestellt, die sie bei der nächsten Mission unterstützen werden. Doch hierüber mehr nach ihrer Rückkehr.«

Major Travis, Heran Systemrat Camaal und Geoffwan standen auf und verabschiedeten sich von dem General.

Major Travis hatte die Personen auf sein Anwesen auf der Isle of Man eingeladen. Dort bereitete Sirin ein Essen vor. Der Major wollte sie über die neue Mission informieren und sich von ihr verabschieden.

# Suche nach den Wurmloch-Konstruktionsfolien

Der Tag neigte sich dem Ende. Die Dämmerung setzte ein und kühlte den Sommertag des Planeten Ragun ab. Von dem pulsierenden Zentrum der Stadt strömte immer noch ein Hauch von warmer Luft in das verlassene Industrieareal, das scheinbar für Niemand mehr von Interesse war. Doch laut Truppenführer Ranus, einem ragunischen Überläufer, sollten hier mehrere Eingänge in ein unterirdisches Höhlensystem liegen, dass der Widerstand des Planeten erweitert hatte. Der Termar-Angriffskreuzer ging in den Landeanflug über. Sein Ziel war der große Platz des Innenhofes, des von Ranus vorgeschlagenen Industriehofes. Die Tarnfelder des Schiffes waren aktiviert.

Major Travis und Ranus blickten auf den zentralen Bildschirm des Schiffes.

»Da ist genügend Platz für unsere Schiffe«, bemerkte er. Major Travis nickte.

Langsam sank das Schiff nieder.
»Status? «, fragte er.

»Es ist kein Lebewesen auszumachen«, meldete Leutnant Dantow, der Ortungsoffizier. »Alles ist ruhig. Keine Aktivitäten sind zu erkennen. «

»Das ist in unserem Sinne«, antwortete der Major. »Der Landeplatz sieht gut aus. Unsere Mission bleibt unverändert bestehen. «

»Die Flotte von Admiral Tarin kontrolliert unseren Flug aus dem Orbit des Planeten«, ergänzte Sergeant Dantow. »Wir sollten ihm das vereinbarte Zeichen senden, dass wir landen werden. «

Der Major blickte Sergeant Farmer an.
»Übermitteln sie den Code«, befahl der Major. »Wir werden den Einsatz fortführen. «

»Der Code wurde auf einer verschlüsselten Frequenz übermittelt«, bestätigte der Funkoffizier.

»Landung in vier Minuten«, meldete Sergeant Hausmann, der als Navigator des Termar-Schiffes fungierte.

»Das ist ein idealer Landeplatz für ihre Einsatzschiffe«, sagte Ranus. »Wie ich es vorhergesagt habe. Diese verfallenen Industriegebäude werden schon lange nicht mehr von ragunischen Sicherheitssoldaten kontrolliert. Von hier aus ist es möglich, die Angehörigen meines Clans aufzunehmen. Leider müssen wir eine Entfernung von achtzehn Kilometer zu Fuß zurücklegen, um das Regierungsviertel der Hauptstadt zu erreichen. Diese

Strecke ist leider nur durch die Gänge unterhalb der Stadt möglich. Ich besitze keine Informationen darüber, ob sie alle noch frei zugänglich sind. «

»Um das zu überprüfen sind wir hier«, antwortete Major Travis. »Wir werden zwei Graver mitnehmen. Führen sie uns zu dem Archiv ihrer Regierung. Nachdem wir die Konstruktionszeichnungen der Aller-Ersten gefunden haben, verwenden wir einen der Graver, um zu ihrem Clan zu kommen. Weihen sie ihre Vertrauten in unseren Plan ein. Ihre Leute sollen die unterirdischen Gänge nutzen, um sich in drei Tagen zur Abenddämmerung hier einzufinden. «

»Das mache ich«, bestätigte der Raguner.
»Noch etwas«, bemerkte Major Travis. »Sie sollten wissen, falls wir in einen Hinterhalt geraten, dann werden wir die Evakuierungsaktion abbrechen. Achten sie darauf, dass Niemand ihres Volkes über diesen geheimen Plan redet. Falls wir unter Beschuss geraten, oder wir von Garnisonen der ragunischen Sicherheitssoldaten empfangen werden, müssen wir uns unverrichteter Dinge zurückziehen. Der Schutz unserer eigenen Soldaten und Offiziere ist uns sehr wichtig. «

Er blickte Ranus an.

»Haben wir uns verstanden? «, fragte Major Travis. » Ihre Angehörigen haben nur einen Versuch. Sorgen sie dafür, dass alles glatt läuft. «

»Ich werde vorsichtig sein«, bestätigte Ranus. »Mein Clan wird diese letzte Chance seiner Rettung nicht gefährden. Hierüber bin ich mir sicher. «

Heran und Heinze betraten die Brücke. Lächelnd schritten sie auf Major Travis und Ranus zu.

»Wie sieht es aus? «, fragte Heran seinen Freund.
»Wie Ranus es vorhergesagt hat«, antwortete der Major.
»Es sind keine ragunischen Truppen festzustellen. «

Er blickte Commander Brenzby an.
»Informieren sie bitte Sergeant Hardin«, befahl er. »Er möchte im Hangar auf uns warten. «

Der Commander nickte und eilte an ein Kommunikationsgerät.

»Tiefenscanner einschalten«, befahl der Major.

Blitzschnell füllte sich der zentrale Bildschirm mit Daten. Der Boden unterhalb des großen Industriekomplexes war durchsiebt von zahlreichen Gängen. Auf dem Bildschirm sahen sie wie Blutadern in der Erde aus.

»KI«, sagte Major Travis. »Markiere uns den schnellsten Weg zu dem Regierungspalast der Hauptstadt. «

»Die Berechnung konnte erstellt werden«, antwortete die Hypertronic-KI des Schiffes monoton.

Der Major und seine Begleiter sahen, wie sich ein Weg in grüner Farbe markierte. Er zog sich tief unterhalb des Bodens auf die Stadt zu. Zahlreiche Abzweigungen gingen von ihm aus, die in unterschiedliche Richtungen führten.

Die Umriss-Karte wurde von zahlreichen Zahlenkolonnen begleitet, welche die Entfernungen bestimmten.

Ranus nickte zustimmend.
»Das ist einer der Hauptverbindungswege«, erklärte er. »Von ihm gehen viele Abzweigungen zu unterschiedlichen Zielen ab. «

Major Travis zeigte auf den Regierungspalast.
»Dort ist unser Ziel«, bemerkte er. »Wie wir bereits wissen, liegt das Archiv unterhalb des Palastes im 25. Tiefgeschoss. Ist die Türe besonders gesichert? «

»Sicherlich«, antwortete Ranus. »Es stehen zwei Sicherheitssoldaten vor der Türe, die von Fall zu Fall die Besucher kontrollieren. «

Er blickte Major Travis an.
»Am besten wäre es, wenn wir uns einer Gruppe Besucher anschließen könnten«, sagte Ranus. »Meistens werden diese Gruppen nach einer offiziellen Anfrage in das Archiv gelassen. Es handelt sich um Wissenschaftler, Forscher und Gelehrte, die irgendetwas dort suchen wollen. Diese Personen werden nur oberflächlich geprüft. Durch unsere Tarnvorrichtung sollten wir ungehindert in das Archiv gelangen. «

Heran verzog sein Gesicht.
»Das hört sich für mich zu einfach an«, stutzte er. »Diese Pläne scheitern meistens an unvorhergesehenen Problemen. «

»Wir haben jedoch keine andere Möglichkeit«, erwiderte der Major. »Wie finden wir die Konstruktionszeichnungen von Geoffwan und seinem Volk? «

»Vermutlich werden sie unter dem Namen der Aller-Ersten, oder unter der Bezeichnung zeitgesteuerte Wurmlochanlage abgelegt sein«, antwortete Ranus. »Viel mehr Möglichkeiten gibt es nicht. «

»In Ordnung«, bestätigte Major Travis.

Er drehte sich zu Sergeant Farmer um.
»Senden sie bitte die Umriss-Karte mit dem markierten Weg an Sergeant Hardin und seine Marines«, befahl er. » Unsere Schutzsoldaten sollten informiert sein und sich mit der Karte beschäftigen. «

»Ich habe die Daten weitergeleitet«, bestätigte der Funkoffizier. »Der Sergeant und seine Marines warten bereits auf sie. «

»In Ordnung«, antwortete der Major. »Wir brechen auf. Commander Brenzby, sie übernehmen das Kommando des Schiffes während unserer Abwesenheit. «

Der Angesprochene salutierte.
»Wir warten auf ihre Rückkehr«, bestätigte er. »Viel Erfolg für ihren Einsatz.«

»Danke«, lächelte der Major. »Den brauchen wir. «

Dann schritten er, Heran, Heinze und Ranus auf den Schott der Brücke zu.

Der Turbolift brachte die Personen zu dem Hangar des Schiffes. Als die Personen auf das Flugdeck des Schiffes traten, erwartete sie bereits Sergeant Harmson, ein Mitglied der Sicherheitsabteilung.

Er salutierte, als er die Offiziere eintreten sah.
»Ich wurde beauftragt darauf zu achten, dass sie ihre Taja's und die Halsmanschetten der Aller-Ersten richtig anlegen«, sagte er.

»Ist das eine Anordnung von General Poison? «, fragte der Major.

Sergeant Harmson nickte.
»Falls sie sich weigern, habe ich die Befugnis ihre Mission sofort abzubrechen«, antwortete der Sergeant. »In diesem Fall scheint unser General keinen Spaß zu verstehen. «

»Wir haben verstanden«, lächelte der Major.
Sergeant Hardin und seine Marines kamen zu der Gruppe getreten.

»Legen sie sie Halsmanschetten der Aller-Ersten zuerst an«, erklärte Sergeant Harmson. »Diese benötigen einen direkten Zugang zu ihrer Haut. «

Er reichte dem Einsatzteam je eine Manschette. Sie besaßen eine einheitliche Größe und passten sich selbstständig dem Träger an. Die Personen legten sich die Manschetten an. Major Travis blickte Heinze an. Seine war fast zu groß für ihn. Doch nachdem er sie um seinen Hals verschlossen hatte, zog die Manschette sich auf die passende Größe zusammen.

»Sitzt sie zu fest? «, fragte der Major seinen kleineren Freund.

Heinze zog etwas hieran und nickte mit seinem Kopf. »Alles in Ordnung«, lächelte er. »Ich bekomme genügend Luft. «

Major Travis und die restlichen Teilnehmer der geheimen Mission bemerkten die erstaunliche Kraft, die sich in ihren Körpern breitmachte. Die Halsmanschetten beflügelten ihre Träger bereits nach dem Anlegen zu Höchstleistungen.

»Schlüpfen sie in ihre Taja's«, ordnete Sergeant Harmson ungeduldig an. »Auf die Sicherheits- und Tarnfunktionen des Schutzanzuges können sie nicht verzichten. «

»Ich trage meinen Anzug bereits«, erklärte Heran. »Uns ist es untersagt, fremde Planeten, ohne diese Schutzkleidung, zu betreten. «

Der Sergeant beobachte das ordnungsgemäße Anlegen der Schutzkleidung.

»Hier sind ihre Spezialhelme«, lachte Sergeant Harmson. Er hob einen hoch und drehte ihn in alle Richtungen vor Major Travis und seinen Begleitern.

»Die Helme wurden erheblich verbessert«, ergänzte er. »Durch das Spezialvisier ist es jetzt möglich ihre getarnten Kollegen klar und deutlich zu erkennen. Die Karte, mit dem Weg durch die Tunnel, wird auf ihre Sichtscheiben gespiegelt. «

Der Sergeant teilte die Schutzhelme aus.
»Gehen sie vorsichtig hiermit um«, bemerkte er. »General Poison möchte sie unversehrt wiederhaben. «

Als alle Personen eingekleidet waren, salutierte er lächelnd.

»Meine Aufgabe ist erledigt«, bemerkte er. »Viel Erfolg für ihren Einsatz. Kommen sie gesund zurück. «

»Danke«, antwortete der Major.

Die Personen schritten sie auf die Ausstiegsbrücke zu. Der Wartungsoffizier des Hangars hatte die Anzeigen an der Ausstiegsluke überprüft.

»Alle Werte sind normal«, teilte er mit. »Die Atemluft ist bedenkenlos für sie. «

Er öffnete er das Schott der Termar 1. Das Team aktivierte das Sichtfeld des neuen Helmes.

»Die Tarnfelder einschalten«, befahl der Major.

Die Techniker des Landedecks der Termar 1 registrierten, wie die Offiziere aus ihrem Blickfeld verschwanden. Dank der Halsmanschetten lief das Einsatzteam förmlich die Brücke hinunter. Die Kraftentfaltung der Artefakte machte sich bemerkbar. Die Soldaten hatten sich jeweils einen Graver unter ihren Arm geklemmt. Die aktivierten Tarnschirme schützten die Personen vor möglichen Augen von Beobachtern.

Ranus zeigte auf das Tor einer Firma, das bereits schief in den Angeln hing.

»Dort müssen wir hin«, teilte er mit. »Der Eingang zu den unterirdischen Gängen ist nicht weit hinter dem Eingang zu finden. «

Major Travis und seine Begleiter liefen auf das Tor zu. Ranus zog hieran. Es ließ sich unter lautem Quietschen öffnen und wackelte bedenklich.

»Wir müssen mit unseren neuen Kräften etwas aufpassen«, bemerkte Heran. »Nicht dass wir das Tor aus den Angeln reißen. «

Ranus blickte ihn an und nickte.
Die Männer schlüpften durch das Tor. In der alten Industriehalle war es dunkel.

Heran zog seinen Scanner aus der Tasche und aktivierte ihn. Er blickte kurz auf das Display.

»Hier ist Niemand«, flüsterte er.
Major Travis blickte Heinze an.

Auch er schüttelte seinen Kopf.
»Ich kann nichts empfangen«, bestätigte er. »Wir sind allein. «

Sergeant Hardin befahl seinen Marines ihre Leuchtstrahler zu aktivieren.

»Bitte hierhin leuchten«, flüsterte Ranus.
Die Marines richteten ihre Lampen auf seinen Standort. In dem Boden vor ihnen war eine große Metallplatte eingelassen. Ein Bügel lag eingeklappt in einer Mulde.

Ranus griff nach dem Handgriff. Langsam hob er die Eisenplatte an und zog sie zurück. Eine Metallleiter wurde sichtbar. Ein Soldat leuchtete in das Loch im Boden.

»Da geht es tief hinunter«, sagte er. »Ich zähle 24 Sprossen. «

»Ist das der richtige Weg? «, erkundigte sich Major Travis.

Ranus nickte.
»Es ist der einzige Weg«, antwortete er. »Die Leiter führt zu den unterirdischen Höhlengängen. «

»Vorwärts«, sagte Major Travis.

Sergeant Hardin winkte zwei Marines zu sich.
»Die Gänge sichern«, flüsterte er ihnen zu. »Haltet die Augen offen. «

Nacheinander kletterten die Soldaten die Sprossen hinunter. Unten angekommen leuchteten sie die Gänge in alle Richtungen aus.

»Sicher«, meldete einer von ihnen.

Der zweite Marine aktivierte die mitgebrachten Graver. Er schaltete sie ein und ließ die Trittfläche ausfahren. Sie war groß genug, um 12 Personen Platz zu bieten. Im Moment benötigte das Team jedoch nicht die volle Fläche. Der Soldat verkleinerte die Trittfläche wieder, so dass die Anti-Gravitations-Plattformen jeweils vier Personen eine ausreichende Stehfläche anboten.

Der Marine schaltete die Servos ein. Die beiden Graver hoben sich vom Boden ab und schwebten in der Luft.

Major Travis und Heran sahen sich um.
»Die Wände sind mit Laserstrahlen geglättet«, bemerkte Heran. »Die Gänge wurden aufwendig mit hochentwickelten Maschinen in den Untergrund getrieben. «

Der Major nickte.
»Für welchen Zweck wurden die Gänge von ihrem Untergrund benutzt? «, erkundigte er sich bei Ranus.

Der Raguner blickte den Major an.

»Die geheimen Verbindungsgänge waren bereits vor unserer Nutzung vorhanden«, erklärte Ranus. »Wir wissen nicht, wer sie angelegt hat. Vermutlich sind die Aufzeichnungen hierüber verloren gegangen. Uns kam das sehr gelegen. Durch diese Kanäle konnten wir gefährdete Personen evakuieren. Viele unserer Untergrundkämpfer wurden von dem Zentralrat zum Tode verurteilt, weil sie die Anordnungen der göttlichen Regierung hinterfragt hatten. Wir haben sie vor der Vollstreckung des Urteils durch diese Gänge in Sicherheit gebracht.

Früher versuchte unsere Organisation, den Expansionskurs der Regierung zu boykottieren. Doch das gelang uns nicht zufriedenstellend. Die Gewinne aus den Geschäften neuer Rohstoffe, wollten sich die ragunischen Industriegiganten nicht entgehen lassen. Die Führung des Untergrundes dachte damals, wenn es keine Abnehmer mehr für die seltenen Rohstoffe geben würde, dann sollte sich der Expansionskurs unserer Regierung von alleine erledigen. Doch wir hatten nicht die Gier der Unternehmen nach immer größeren Gewinnen einkalkuliert. Den Managern dieser Firmen war der Kurs der Regierung gerade Recht. Ein Kampf um immer neue Planeten und den Ressourcen entstand. «

»Ich verstehe«, sagte Major Travis. »Dieses Denken ist uns auf Tarid auch nicht fremd. «

Ranus breitete eine Karte aus. Ein Offizier leuchtete mit seinem Strahler auf sie. Der Raguner zeigte auf den Palast der Regierung.

»Ein Ausgang aus diesen Tunneln befindet sich im 35. Unterstockwerk des Palastes«, teilte er mit. »Er wurde lange nicht mehr benutzt. Ich hoffe, der Zugang lässt sich problemlos öffnen. «

»Was machen wir, wenn das nicht so ist? «, fragte Sergeant Hardin.

»Dann werden wir einen anderen Weg wählen«, teilte Ranus mit. »Ein weiterer Ausstieg liegt außerhalb des Palastes der Regierung. Dank unserer Tarnvorrichtungen sollten wir jedoch problemlos in das Gebäude eindringen können. «

Ranus zeigte auf seine Karte. Er hatte rote Kreise eingezeichnet.

»Dort befinden sich Kontrollposten des Sicherheitsdienstes«, erklärte er. »Falls die Soldaten auf uns aufmerksam werden sollten, dann müssen wir sie unverzüglich ausschalten. Sie dürfen nicht die Gelegenheit erhalten, um Verstärkung anzufordern. «

»Sie nehmen den ersten Graver«, entschied der Major. »Sergeant Hardin wird die Plattform lenken. Weisen sie ihn entsprechend ein. «

Die Personen bestiegen die zwei Graver. Mit einem leichten Brummen setzten sie sich in Bewegung. Die Stablampen der Marines leuchteten die Höhlengänge aus, die nach einer gewissen Strecke breiter wurden. Sergeant Hardin beschleunigte den ersten Graver. Es waren keine Gegenstände auszumachen, die den Flug beeinträchtigten.

Nachdem die Truppe 12 Kilometer absolviert hatte, verlangsamte der erste Graver seine Geschwindigkeit. Der Lichtstrahler eines Soldaten leuchte auf heruntergestürztes Gestein.

»Vorsicht, wir haben einen Stolleneinbruch«, sagte Ranus. »Der Gang ist hier zu eng für unsere Graver. «

Linksseitig zeigte sich eine kleine Lücke in dem heruntergefallenen Gestein.

»Versuchen wir den Durchgang zu vergrößern? «, schlug Major Travis vor.

»Wartet einen Augenblick«, sagte Heran. »Mein Strahler ist in der Lage den Felsen zu pulverisieren. «

»Zurücktreten«, befahl Sergeant Hardin.
Heran zog seine Waffe aus seinem Gürtel und nahm eine Einstellung vor. Dann aktivierte er ihn. Ein leichtes Summen ging von ihm aus.

Heran richtete seinen Strahler auf den obersten Stein des heruntergefallenen Gerölls. Unter einem lauten Fauchen entlud sich die Waffe des Lantraners. Zum Erstaunen der restlichen Personen verfärbte sich der Stein rotglühend. Die molekulare Struktur gab nach. Heran stellte den Beschuss ein, als er erkannte, wie sich der Stein zu Asche verwandelte und über die restlichen Steine zu Boden rieselte. Sofort nahm er den nächsten Stein unter Beschuss. Nach langen drei Minuten hatte er einen ausreichend großen Durchgang erschaffen, durch den die Graver weiterfliegen konnten.

»Das war es«, lächelte er. »Es ist immer gut, wenn man entsprechende Werkzeuge bei sich hat. «

Major Travis grinste ihn an.

»Das ist ein interessanter Strahler«, antwortete er. »Wir sollten irgendwann einmal über die Weitergabe dieser Technik reden. «

Heran verzog sein Gesicht.
»Ihr habt bereits viel von uns bekommen«, erwiderte er. »Ich kann nicht bei jedem meiner Besuche in Civitas die Wünsche des Neuen-Imperiums vor unserer Hohen-Empore diskutieren. «

»Trotzdem würde uns diese Technik sehr hilfreich sein«, antwortete Major Travis. »Ohne deinen Strahler hätten wir den Einsatz hier abbrechen müssen, oder erst auf Arbeitsroboter warten müssen. Das hätte unseren Einsatz vermutlich gefährdet. «

»Das sehe ich ein«, entgegnete Heran. »Ich spreche mit Aritron hierüber, wenn sich eine Gelegenheit ergibt. «

»Es geht weiter«, forderte Ranus die Gruppe auf. »Wir sollten nicht zu viel Zeit verlieren. «

Major Travis nickte. Die Personen bestiegen wieder ihre Graver. Langsam beschleunigten die Plattformen und nahmen Fahrt auf. Der weitere Verlauf des Höhlenganges war intakt und wies keine Deckeneinstürze mehr auf. Die zwei Transportplattformen absolvierten die restliche Wegstrecke ohne Probleme.

Sergeant Hardin schaute auf das Display der Sichtscheibe seines Schutzhelmes. Er drosselte die Geschwindigkeit des Gravers.

»Wir sollten den Zielpunkt erreicht haben«««, flüsterte er Ranus zu.

Dieser blickte ebenfalls auf die Karte.
Ein Marine leuchtete den Gang aus. Rechts war der freigelegte Sockel des Palastes zu erkennen. Die riesigen Steinquader ragten in den Höhlengang

»Wir sind da«, raunte Ranus seinen Begleitern zu.
Er sprang von der Transportplattform ab und schritt auf die Steine des Gebäudes zu. Vorsichtig strich er mit seiner Hand über eine Fläche des Sockels. Sand und Staub rieselte zu Boden. Allmählich wurde eine Metallplatte sichtbar. Ranus befreite sie vollständig von Sand und Staub.

»Das ist der Eingang in das Untergeschoss«, flüsterte er erleichtert. »Er sieht unberührt aus. Ich hoffe sehr, dass dieses Stockwerk nicht von der Regierung genutzt wird. «

Major Travis blickte Heinze an.

»Kannst du Gehirnwellen empfangen? «, fragte er. » Sind Lebewesen hinter der Türe auszumachen? «

Das Gesicht des Ro verzog sich. Er esperte intensiv nach Gedanken von fremden Personen.

»Da ist Niemand«, flüsterte er. »Ich kann keine Gedanken auffangen. «

Ranus hatte genug gehört.

»Probieren wir es«, antwortete er.

Er zog einen losen Stein aus dem Sockel des Fundamentes. Zum Erstaunen der Begleiter lag dort ein metallischer Stab. Diesen schob Ranus in einen Schlitz an der Metallplatte. Unter einem Brummen setzte ein Servo ein und bewegte die schwere Metallplatte. Sie klappte seitlich auf. Ranus ließ sich von einem Marine den Leuchtstrahler geben. Er steckte seinen Kopf in die Öffnung und leuchtete hinein.

»Alles dunkel«, flüsterte er. »Folgt mir bitte. Wir sollten die Beleuchtung des Raumes nicht einschalten. Ich kann nicht sagen, ob der Verbraucher in der zentralen Energieverteilung angezeigt wird. «

Langsam kletterten die Personen durch die 80 Zentimeter große Öffnung in den dunklen Raum. Ranus leuchtete ihn aus. Er wurde als Abstellkammer genutzt. Leere Regale standen an den Wänden, zahlreiche Behälter auf dem Boden waren übereinandergestapelt. Die Luft war abgestanden und stickig. Es roch muffig. Es schien so, als ob hier schon eine lange Zeit Niemand mehr gewesen war. Vermutlich war aus diesem Grund noch keiner auf die Metallplatte in der Wand aufmerksam geworden.

Die Gruppe trat hinter den Behältern hervor. Ranus schritt auf die Türe zu. Sie war nicht verschlossen. Lautlos öffnete er sie ein Stück und spähte hinaus.

»Das ganze Stockwerk ist dunkel«, teilte er mit. »Wir nehmen die Treppe. «

Langsam öffnete er die Türe und trat in den Korridor. Dieser war sauber und nicht staubig, wie der Raum, aus dem sie gerade gekommen waren.

Ranus zeigte nach links.
»Dort liegt die Treppe«, teilte er mit. »Wir müssen auf versteckte Sensoren aufpassen. «

»Unsere Tarnfelder sind aktiviert«, erinnerte ihn Major Travis. »Die Sensoren sollten nichts erfassen können. «

»Es können auch Geräuschmelder installiert sein«, erwiderte der Raguner. »Ich war eine lange Zeit nicht mehr hier. Es kann sich vieles verändert haben. «

»Ab jetzt ist eine absolute Kommunikationsstille angeordnet«, sagte Major Travis. »Versuchen wir alle Geräusche zu vermeiden. «

Ranus schritt langsam voraus. Die restlichen Personen folgten ihm. Die Laserstrahler lagen aktiviert in ihren Händen.

Vor der Gruppe lag eine breite Treppe. Vorsichtig eilten die Personen Stufe um Stufe in die nächsten Stockwerke. Als sie 6 Geschosse höher angekommen waren, wurde helles Licht sichtbar. Sergeant Hardin befahl seinen Soldaten ihre Lichtstrahler zu deaktivieren.

»Ab hier scheinen die Stockwerke von Bediensteten genutzt zu werden«, flüsterte Ranus. »Leider müssen wir nochmals vier Stockwerke höher. Das Archiv liegt in dem 25. Untergeschoss.

Dicht an die Wände des Treppenaufganges gedrückt, schlichen die Personen des Einsatzkommandos weiter vorwärts. Die Halsmanschetten versorgten die Personen mit zusätzlichen Kräften. Ihnen war nicht die geringste Kraftanstrengung anzumerken.

Plötzlich blieb Sergeant Hardin stehen und hob seine rechte Hand. Der Trupp verharrte bewegungslos. Ein Diener der ragunischen Regierung kam mittig die breite Treppe herunter geschritten. Er schien in Gedanken zu sein. Seine Augen waren auf einen Stapel Infofolien gerichtet, die er in seinen Armen trug. Auf der Höhe des getarnten Teams blieb er stehen. Er blickte sich nach allen Seiten um. Er hob seine Nase in die Luft und schnupperte.

Sein Gesicht verzerrte sich. Der Diener schien irgendetwas zu riechen. Erneut blickte er sich nach allen Seiten um und schaute auf die Stufen der Treppe. Doch er konnte nichts erkennen. Dann ging er weitere Stufen hinunter. Als der Bedienstete außer Sichtweite war, winkte Sergeant Hardin dem Team voranzuschreiten.

Ohne weitere Vorkommnisse erreichtes das Einsatzkommando das 25. Stockwerk. Es war wesentlich intensiver frequentiert. Zahlreiche Personen liefen über den Korridor und verschwanden in den Büros. Am Ende des Ganges waren zwei ragunische Soldaten sichtbar, die vor einer Türe Wache hielten.

Eine Gruppe Raguner in wehenden Gewändern schritt auf sie zu. Die Soldaten kontrollierten die ID-Cards und öffneten ihnen freundlich die Türe. Die Gruppe konnte ungehindert eintreten.

Major Travis und seine getarnten Begleiter drückten sich an die Wand des breiten Korridors. Sie waren darauf bedacht, keinen Ragunern den Weg zu versperren. In unterschiedlichen Abständen tauchten weitere Besucher auf, die sich von den Wachposten kontrollieren ließen. Auch sie durften ungehindert eintreten.

»Achtung«, sagte Ranus und zeigte nach rechts. »Eine weitere Gruppe Gelehrter nähert sich. Wir sollten uns ihr anschließen. «

Die Gruppe bestand aus 18 Personen. Sie trugen eigenartige lange bunte Gewänder mit undefinierbaren Symbolen versehen und eine dreieckige Kopfbedeckung.

»Das sind Gelehrte der ragunischen Fakultät«, klärte Ranus seine Begleiter auf. »Sie kümmern sich um die Schulung unseres Nachwuchses. «

»Wir werden uns seitlich der Gruppe anschließen«, flüsterte Major Travis. »Achtet darauf, dass ihr keinen Raguner berührt. «

Das Kommando mischte sich unter die Gruppe der Gelehrten. Die einzelnen Personen hatten es nicht eilig. Die Gelehrten hielten einen ausreichenden Abstand zu den vor ihnen gehenden Kollegen. Die Personen des Einsatzteams konnten sich problemlos in die Reihe der Besucher eingliedern.

Ranus bestrich ein unangenehmes Gefühl. Der Gelehrte neben ihm wurde kontrolliert.

»Ihre ID-Card bitte? «, fragte der Sicherheitssoldat.
Der Angesprochene reichte sie dem Soldaten. Dieser blickte in das Gesicht des Gelehrten und erneut auf die Karte.

»Alles in Ordnung«, sagte er schließlich. »Sie können eintreten. «

Erleichtert atmete Ranus aus.
Der Wachsoldat hob seinen Kopf und blickte den Gelehrten an.

»So schlimm war es doch gar nicht? «, fragte er.
Der Besucher schaute den Soldaten irritiert an und nickte.
Dann schritt er in das Archiv.

Ranus ärgerte sich, seinen Atem nicht kontrolliert zu haben. Er erkannte, dass ein kleiner Fehler diese Mission gefährden konnte.

Er folgte dem Raguner in den großen Raum. Innen trat er zur Seite und wartete bis seine Begleiter in den Raum getreten kamen. Den Sicherheitssoldaten am Eingang waren die getarnten Personen nicht aufgefallen.

Major Travis wartete, bis die Gelehrten sich ein gutes Stück von ihnen entfernt hatten.

»Das ging erstaunlicherweise recht einfach«, flüsterte er.

Er blickte sich um. Der Raum wies sehr große Ausmaße auf. Unzählige Regale standen dicht an dicht und füllten den Raum. Zusammengebundene Infofolien, Dokumente auf fremden Papyrus geschrieben und andere Unterlagen waren deutlich zu erkennen.

»Wo befinden sich die Konstruktionszeichnungen der Aller-Ersten? «, erkundigte sich Heran.

»Sie sollten in der Abteilung für die Ablage von Technischen Daten untergebracht sein«, antwortete Ranus. »Ich war lange nicht mehr hier. Dieser Bereich liegt auf der gegenüberliegenden Seite des Raumes. «

Er blickte Major Travis an.

»Hier entlang«, ergänzte er. »Wir müssen den Raum durchqueren. «

Vorsichtig, ohne Geräusche zu verursachen, setzte sich die Gruppe in Bewegung. Jeder der Teilnehmer war sich seiner Verantwortung bewusst.

Ranus führte sie in einen mittleren Gang, der sich bis zu dem Ende des Raumes hinzog. Er war einer von zahlreichen Quergängen unterbrochen. Doch keine ragunischen Besucher waren zu sehen.

Ranus beschleunigte seine Schritte. Auch seine Begleiter erhöhten das Tempo. Der lange Gang schien kein Ende zu nehmen.

Major Travis spürte, wie die Nervosität unter seinen Männern zunahm. Noch hatten sie die Dokumente der zeitgesteuerten Wurmlochstation der Aller-Ersten nicht gefunden. Sie wussten, dass ein kleiner Fehler einen Großalarm in dem Palast des Zentralrates auslösen würde.

An einer Abzweigung blieb Ranus plötzlich abrupt stehen. Heran stieß gegen seinen Rücken und fluchte.

»Was ist? «, fragte Major Travis.

»Ein Raguner nähert sich«, teilte Heinze mit. »Er ist in seine Unterlagen vertieft. Scheinbar ist er für die Kostenkontrolle der imperialen Abrechnungen zuständig.«

Die Personen des Einsatzteams verharrten still auf ihrem Fleck. In dem rechten Verbindungsgang näherte sich der gleiche Raguner, dem sie bereits auf der Treppe begegnet waren. Er stierte immer noch auf seine Infofolien. Ohne einen Blick in den langen Gang zu werfen, in dem das Kommando des Neuen-Imperiums wartete, schritt er weiter geradeaus.

Als er sich entfernt hatte, gab Ranus ein Zeichen weiterzugehen. Die Personen erhöhten das Tempo. Nach langen fünf Minuten hatten sie das Ende der Archivgänge erreicht. Vor ihnen standen 30 gesicherte Vitrinen, in denen scheinbar sehr wertvolle Dokumente aufbewahrt wurden. Alle besaßen die einheitliche Größe von zwei Metern im Quadrat.

»Ich habe es vermutet«, sagte Ranus.

Er zeigte auf die erste Vitrine.

»Dort werden die Schriften unserer Vorfahren aufbewahrt«, teilte er mit. »In der nächsten Vitrine befindet sich unsere imperiale Verfassung, die alle angegliederten Kolonien unterschreiben mussten. «

Er zeigte auf eine neue, sauber blitzende Vitrine. Den Inhalt hatte er bereits erkannt.

»Die letzte Vitrine ist neu«, ergänzte er. »Sie wurde mit den Konstruktionszeichnungen der Aller-Ersten bestückt. Das wusste ich noch nicht. Bisher wurden die Infofolien in dem letzten Regal dieses Ganges archiviert. «

Langsam schritt die Gruppe auf den durchsichtigen Schrank zu. Sergeant Hardin hob seinen Scanner und schaltete ihn ein. Das Gerät brauchte nicht lange, um die an allen Seiten angebrachten Alarmsensoren zu ermitteln.

»Die Vitrine ist von allen Seiten mit Sicherungen versehen«, flüsterte er. »Falls wir sie aufbrechen, wird sofort der Alarm ausgelöst. Vermutlich werden dann Einheiten der Sicherheitssoldaten in den Raum stürmen.«

Heran blickte auf sein Gerät. Das Display hatte bereits Daten ermittelt. Sein Kopf hob sich langsam zur Decke des großen Raumes. Dort waren große Kameras angebracht, die alle wichtigen Vitrinen kontrollierten.

»Überwachungskameras über uns«, flüsterte er. »Jetzt fehlen nur noch Bewegungssensoren. «

»Die können uns nicht erfassen«, erinnerte Major Travis. »Wir können wirklich froh sein, dass keine Geräuschsensoren installiert wurden. «

»Das wurde nicht für nötig angesehen«, antwortete Ranus. »Vermutlich wollte man vermeiden, dass sie durch die Geräusche der Gelehrten aktiviert werden. «

Der Major blickte Ranus an.
»Sind die Vitrinen im Boden verankert? «, fragte er.

»Das weiß ich nicht«, antwortete der Raguner. »Eigentlich macht das keinen Sinn. Die Sicherheitsvorkehrungen sollten in der Regel ausreichen. «

Er bückte sich und legte sich auf den Boden. Die Vitrinen standen auf Sockeln. Er fuhr mit seiner Hand unter den Glasschrank und suchte nach Bodenankern. Nach einer Weile richtete er sich wieder auf.

»Ich kann keine weitere Befestigung finden«, teilte er mit. »Die Vitrinen sind lediglich auf dem Boden aufgesetzt. «

Die aus 300 Folien bestehenden Konstruktionsdaten der Aller-Ersten lagen aufgeklappt in der Vitrine.

»Wenn wir mit einem unserer Laser ein Loch in das Glas schneiden, könnten möglicherweise die Folien beschädigt werden«, bemerkte Ranus. »Wir werden die Vitrine anders aufbrechen müssen. «

»Sobald wir die Fronttüre öffnen, lösen wir den Alarm aus«, erwiderte der Major. »Das sollte uns klar sein.

Er blickte Heinze an.
»Kannst du mit der Vitrine in den unterirdischen Gang teleportieren? «, erkundigte er sich. » Schaffst du das? «

»Das sollte kein Problem sein«, antwortete der Ro. »Jedoch wird das auch den Alarm auslösen. «

Major Travis nickte.
»Wir werden hier in Abwehrstellung gehen«, antwortete er. »Noch sind wir getarnt. Die Sicherheitssoldaten sollten uns nicht erkennen. Falls das doch der Fall sein sollte, müssen wir von dir evakuiert werden. «

»Ich kann maximal zwei Personen mit jedem Sprung in Sicherheit bringen«, antwortete der Ro. » In dieser Zeit müssen sich unsere restlichen Einsatzkräfte allein verteidigen. «

Major Travis nickte.
»Wenn wir den Alarm auslösen, werden wir das Archiv nicht mehr durch den Eingang verlassen können«, sagte er. »Ich gehe davon aus, dass ein massives Truppenaufgebot die Gänge sichern wird. Falls du uns evakuieren kannst, besteht die Hoffnung, dass die Raguner lediglich diesen Raum nach versteckten Ausgängen untersuchen. Sie werden nicht bis zu dem 35. Untergeschoss vordringen und dort den Eingang in die unterirdischen Gänge finden. «

»Davon gehe ich auch aus«, bemerkte Ranus. »Wir sollten uns jedoch nach dem Diebstahl der Vitrine an einen anderen Ort zurückziehen. Hier werden die Spurensucher der imperialen Soldaten aktiv werden und alles akribisch untersuchen. Ich schlage vor, dass Heinze uns in dem Mittelgang aufnimmt, wo wir auf den Gelehrten getroffen sind. Dieser ist von der Rückseite nicht einsehbar. «

Major Travis nickte.
»Kannst du diese Position bestimmen? «, fragte er seinen kleinen Freund.

Der Ro lächelte.

»Diese Position hat sich in meinem Gedächtnis verankert«, bestätigte er. »Ich werde sie problemlos ansteuern können. «

»Wir sind dieses Mal auf deine intensive Unterstützung angewiesen«, entgegnete Major Travis. »Bekommst du das hin? «

»Mach dir keine Sorgen«, lächelte der Ro. » Ich besitze noch ganz andere Fähigkeiten. «

Major Travis blickte seine Begleiter an.

»Haben alle unsere Vorgehensweise verstanden? «, erkundigte er sich. » Wir rücken zu dem Mittelgang des Archives zurück. Erst dann teleportiert Heinze mit der Vitrine. Wir wissen nicht, welche Sicherungsmaßnahmen in diesen großen Raum eingebaut wurden. Heinze wird uns von dieser Position evakuieren. Falls die ragunischen Sicherheitstruppen auf uns aufmerksam werden, dann verteidigen wir uns, bis unser Kollege uns in Sicherheit bringen kann. «

»Verstanden«, antworteten die Personen des Kommandos.

Heran zog seinen Strahler aus dem Waffengurt und stellte ihn auf eine mittlere Stärke ein.

»Ich bin bereit«, sagte er. »Das wird ein Spaß werden. «

Major Travis schaute ein letztes Mal auf Heinze.
»Du wartest bitte, bis wir in Position gegangen sind«, sagte er. »Danach sollte es schnell gehen. «

»Ich halte Kontakt zu deinen Gedanken«, bestätigte der Ro. »Geht jetzt. Gleich wird es ungemütlich werden. «

»Zurückziehen«, befahl der Major.
Die Gruppe lief den breiten Gang zurück, aus dem sie gekommen war. Kein Besucher war zu sehen. Ihre aktivierte Tarnung schützte die Personen. Es waren drei Minuten vergingen, als Heinze Gedanken von Major Travis empfing.

»Wir sind angekommen«, dachte er. »Versuche jetzt mit der Vitrine zu teleportieren. «

Auf diesen Befehl hatte Heinze gewartet. Er trat auf den Glasschrank zu und umfasste seine Kanten mit seinen Händen. Dann konzentrierte er sich auf den unterirdischen Gang, tief unterhalb des Plastes gelegen. Ein Flimmern entstand in der Luft.

Heinze und die Vitrine waren verschwunden. Die Sensoren registrierten die Bewegung und den Verlust der Vitrine. Laute und schrille Alarmsirenen heulten auf. Energiefelder aktivierten sich und hüllten die restlichen Vitrinen ein.

Major Travis und seine Begleiter registrierten den lauten Alarm, der sich in dem großen Archiv ausbreitete.

Ranus nickte.
»Das ist unser Vollalarm«, bestätigte er. »Gleich werden die Einheiten der hier stationierten Sicherheitssoldaten eindringen. «

Plötzlich bauten sich auch zwischen den Gängen Energiefelder auf, welche die einzelnen Durchgänge verschlossen.
Die transparenten, gelblich schimmernden Felder schienen aus dem Nichts zu entstehen.

»Das ist neu«, bemerkte Ranus. »Von diesen Energiefeldern wusste ich nichts. «

»Kann das von Halswan veranlasst worden sein? «, fragte der Major.

»Möglich«, antwortete der ragunische Truppenführer. »Es ist nicht auszuschließen, dass es sich um eine Technik seines Volkes handelt. «

Heran hatte seinen Scanner aktiviert. Er blickte auf die Anzeige.

»Das sind hochenergetische Sperrfelder«, sagte er. »Ohne Hilfsmittel lassen sie sich nicht aufbrechen. Ich versuche die Abstrahlpunkte der Felder zu lokalisieren. «

Er richtete seinen Scanner auf den Boden und auf die Decke des Raumes. Das hochempfindliche lantranische Gerät hatte schnell die Energieleiter gefunden.

»Sie liegen außerhalb des Feldes«, sagte Heran. »Durch einen Laserbeschuss innerhalb des Feldes lassen sie sich nicht ausschalten. «

»Dann können wir nur hoffen, dass unsere Halsmanschetten funktionieren«, antwortete Major Travis.

Der bündelte seine Gedanken und dachte intensiv an Heinze. Der Major warnte ihn, dass sich starke Energiefelder aktiviert hatten.

»Da«, warnte Ranus.

Mehrere Einheiten ragunischer Soldaten drangen in die Mittelgänge ein. Die Personen des Einsatzteams hoben ihren Kopf und sahen die schwerbewaffneten Soldaten, die im Laufschritt auf die Rückseite der Halle zuliefen. Es handelte sich um vier Einheiten, bestehend aus jeweils 25 Soldaten.

Vor dem Energiefeld funkelte die Luft. Heinze materialisierte. Er blieb vor dem Feld stehen und streckte seine Hand aus.

Major Travis und seine Begleiter hielten die Luft an. Erleichtert erkannten sie, wie der Arm von Heinze durch das Energiefeld fuhr. Dann trat der Ro vorwärts und durchquerte das Sperrfeld.

»Die Manschette funktioniert«, sagte er. »Wen soll ich als nächste Person evakuieren? «

»Unsere beiden Marines«, befahl Major Travis.

Er blickte die Soldaten an.
»Versucht in dem unterirdischen Gang die Vitrine zu öffnen und die Infofolien zu entnehmen«, sagte er.

---

Die Marines nickten.

»Befehl verstanden«, antworteten sie.

Sie liefen auf Heinze zu. Dieser fasste sie an den Händen und entmaterialisierte.

Heran blickte auf seinen Scanner, der plötzlich leise piepste. Sein Blick versteinerte sich.

»Wir bekommen ein Problem«, teilte er mit.

Major Travis blickte ihn an.

»Was für ein Problem? «, fragte er.

»Ich empfange Hochleistungswellen von Lipra-Scannern«, erwiderte er. »Damit werden unsere Tarnfelder unbrauchbar. «

»Der Name sagt mir nichts«, antwortete der Major.

»Das ist mir klar«, entgegnete Heran. »Die Technik ist neu. Es handelt sich um Strahlen von Hochleistungs-Scannern, die jedes Energiefeld durchdringen können. «

»Das ist keine Technik von uns«, bemerkte Ranus. »Die Scanner sind mir unbekannt. «

»Das haben wir auch wieder Halswan zu verdanken«, antwortete Major Travis. »Langsam rüstet er das ragunische Imperium auf. «

Erneut flimmerte es in der Luft. Heinze materialisierte vor den Personen.

»Die nächsten Personen bitte«, lächelte er.

»Beeile dich«, teilte ihm Major Travis mit. »Die ragunischen Sicherheitssoldaten bedienen sich einer neuen Technik. Vermutlich werden wir gleich auffallen. Bringe bitte Sergeant Hardin und Ranus fort.

Der Sergeant blickte den Major kritisch an.
»Vorwärts«, befahl Major Travis. »Verliert keine Zeit. «

Ranus und Sergeant Hardin liefen auf Heinze zu. Sie reichten ihm jeweils eine Hand. Blitzschnell entmaterialisierte der Ro.

Das Energiefeld vor dem Seitengang fiel in sich zusammen. Soldaten der ragunischen Sicherheitstruppe kamen feuernd in den Gang gestürmt. Major Travis und Heran schmissen sich hinter ein Regal.

Heran stellte seinen Strahler auf Flächenstreuung um. Er beugte sich vor und schoss dreimal in den Gang hinein.

Der Strahl entlud sich mehrmals mit einem ohrenbetäubenden Krachen. Der Major blickte in den Gang und sah sechs ragunische Soldaten auf dem Boden liegen. Die Reste von Infofolien aus den Regalen tropften zu Boden.

Die Gefahr war noch nicht vorüber. Weitere Soldaten drangen wütend feuernd in den Gang vor. Major Travis richtet sein Lasergewehr auf die Soldaten und bestätigte den Abzugshebel. Anschließend schoss er eine Granate in den Gang. Das Schreien der Soldaten nahm zu. Es endete abrupt, als die Granate vor ihren Füßen explodierte.

Die beiden Freunde blickten in den Gang und erkannten die am Boden liegenden Körper der Soldaten. Teile der Regale waren über ihnen eingestürzt. Trotzdem versuchten weitere ragunische Soldaten, über die Trümmer zu klettern und in den Gang vorzudringen. Heran und Major Travis sprangen hinter ihrer Deckung hervor. Sie feuerten im Dauerbeschuss auf die vorrückenden Sicherheitskräfte. Diesen gelang es nicht mehr ihre Waffen zu heben.

Die beiden Freunde vernahmen eine bekannte Stimme in ihrem Rücken.

»Ihr seid die Letzten, beeilt euch«, sagte Heinze. »Hier wird es langsam ungemütlich. «

Major Travis verschoss nochmals eine Granate aus dem TM 1.200 Lasergewehr. Unter lautem Krachen explodierte sie und brachte ein weiteres Archivgestell zum Einsturz. Es fiel in den Gang und begrub die eindringenden Soldaten unter sich.

Heran und der Major liefen auf Heinze zu und reichten ihm ihre jeweils eine Hand. Der Ro ergriff sie und entmaterialisierte.

Erleichtert registrierten die Freunde die Dunkelheit, die sie plötzlich umgab. Die Marines hatten ihre Strahler deaktiviert und hielten die gebundene Infofolie der Wurmloch-Konstruktionszeichnung in den Händen.

Sergeant Hardin trat zu Major Travis.
»Die Folien sind unbeschädigt«, sagte er. »Die Scheiben der Vitrine bestand aus herkömmlichem Fensterglas. Wir konnten sie problemlos zerstören. «

»Gut«, antwortete der Befehlshaber. »Verstauen sie die Folie, bis wir auf unser Schiff zurückkehren. «

Er blickte Ranus an.
»Den ersten Teil unserer Mission haben wir erfüllt«, erklärte er. »Jetzt führen sie uns zu ihrem Clan. Wir haben versprochen, ihre Leute über den Zeitpunkt ihrer Evakuierung zu informieren. «

»Sie kommen mit mir? «, fragte Ranus erstaunt. » Ich dachte, ich sollte meine Leute alleine informieren. «

»Sehen sie es als eine Unterstützung an«, antwortete Major Travis. »Ich möchte nicht, dass ihnen auf dem Weg etwas zustößt. Verlieren sie keine Zeit. Führen sie uns zu ihren Leuten. «

Ranus lächelte.
»Sie werden überrascht sein, uns zu sehen«, antwortete er. »Die Führung meines Clans ist noch unvorbereitet. Doch auch wir verfügen über Notfallpläne. «

Er sprang auf den ersten Graver auf. Sergeant Hardin folgte ihm und startete das Fluggerät. Ein Marines steuerte den zweiten Graver. Mit zügiger Geschwindigkeit entfernten sich die Flugplattformen.

## Zentralwelt Ragun

Halswan und Ruadan waren noch in der imperialen Leitstelle des Geheimdienstes von Ragun. Als ihnen neue Informationen mitgeteilt wurden, waren sie außer sich.

»Was wollen sie hiermit andeuten, die Flotte des Systemrates Camaal ist von den Ortungsschirmen verschwunden«, fuhr Ruadan den leitenden Stellvertreter des Geheimdienstes an. »Muss ich ihnen erst noch erklären, dass sich 5.000 Schiffe nicht in Luft auflösen können? «

»Das hängt von unterschiedlichen Umständen ab«, stotterte der Stellvertreter der Behörde.

Es war ihm noch klar in Erinnerung, wie der Vorsitzende des Zentralrates erst vor wenigen Minuten seinen Vorgesetzten exekutiert hatte.

Ruadan blickte den Überwachungsexperten fragend an. »Ihr Name ist Needa, erinnere ich mich«, griff Halswan in das Gespräch ein. »Was wollen sie uns mitteilen? «

»Exakt 50.000 Schiffe der schnellen Bereitschaft hoben von ihren Basen ab und folgten der kolonialen Flotte nach Vagun«, erklärte der Stellvertreter des Geheimdienstes. »

Der Schiffsverband von Camaal besaß einen Vorsprung vor unseren Schiffen. Erst auf der Rückseite von Vagun verloren wir sie von unseren Erfassungsgeräten. Die Schiffe können an dieser Position bewusst in den Hyperraum gesprungen sein. Camaal wusste, dass die Sprungwellen seiner Flotte von dem zweiten Planeten unseres Systems abgeleitet wurden. «

Halswan dachte nach. Ruadan schüttelte seinen Kopf.
»Hiervon hätten wir etwas bemerken müssen«, sagte er.

Der Aller-Erste schaute Ruadan an.
»Needa hat Recht«, bestätigte er. »Die Flotte könnte in den Hyperraum geflohen sein. «

»Es gibt noch eine andere Möglichkeit«, ergänzte der stellvertretende Kommandeur des Geheimdienstes. »Die KI der zeitgesteuerten Wurmlochstation hat ihr einen Tunnel in eine andere Zeitepoche geöffnet. «

»Aus welchem Grund? «, fragte Ruadan.
»Vielleicht will die Flotte sich rehabilitieren und greift nochmals die Arthropoden in ihrer frühen Entwicklungsstufe an«, bemerkte Needa. »Möglicherweise will Camaal es dieses Mal gründlicher machen? «

»Diesen Vorschlag hätte er uns unterbreiten können«, betonte Halswan. »Wir hätten unsere Zustimmung nicht verweigert. «

»Da bin ich mir nicht so sicher«, antwortete der Stellvertreter des Geheimdienstes. »Ich habe mitbekommen, wie sie ihm unsere Agenten hinterhergeschickt haben. Was glauben sie wohl wird der Systemrat gedacht haben? «

Halswan blickte Needa mit großen Augen an.
»Sagen sie es mir bitte«, erwiderte der Aller-Erste.

»Camaal befürchtete, dass sie oder der Zentralrat ihn inhaftieren wollten«, antwortete der Stellvertreter. »Ich kenne den Systemrat sehr gut. Er ist eine gewissenhafte Person. Aus diesem Grunde stehen die nationalen Regierungen der 35 Planetensysteme auch hinter ihm. Er ist ein Systemrat, der gerne immer mehrere Meinungen über ein Thema hört, bevor er eine Entscheidung trifft. Ich denke, aus diesem Grunde hat er sich an einem öffentlichen Platz mit dem Stellvertreter des Zentralrates Muuda und mit dem Flottenführer Lenus getroffen. «

»Das ist für mich sehr weit hergeholt«, griff Ruadan in das Gespräch ein. »Die Überwachungssensoren haben uns etwas Anderes mitgeteilt. Das Treffen fand bewusst an einem öffentlichen Ort statt. Dieser wurde erst kürzlich von Technikern ihrer Leitstelle mit Abhörsensoren ausgestattet. Das konnte Muuda nicht wissen. Ich gehe davon aus, dass er gegen den Zentralrat agieren wollte. «

Needa schüttelte seinen Kopf.
»Warum sollte sich ein zuverlässiger und treuer Systemrat gegen den Zentralrat stellen? «, erkundigte er sich. » Welchen Sinn würde das machen, gerade zu einer Zeit, an der Feinde vor unserem Imperium stehen? «

»Genug«, sagte Halswan. » Spielen sie den Mitschnitt der Überwachungssensoren nochmals ab. Wir brauchen Gewissheit. «

Der stellvertretende Befehlshaber des Geheimdienstes winkte einem Offizier.

»Stellen sie die letzten zwei Minuten der Aufzeichnung zusammen und überspielen sie diese auf meinen Monitor«, befahl er.

»Einen Augenblick«, antwortete der Untergebene.
Er eilte zu einem Abspielgerät, welches auf einem anderen Tisch stand. Er nahm einige Einstellungen vor und schob den Speicherkristall in die

Ausnahmevorrichtung. Das Gerät aktivierte sich selbstständig.

Er blickte seinen Vorgesetzten an.
»Das Bildmaterial wird gleich gestartet«, erklärte er.

»Danke«, antwortete Needa.
Ein Bildschirm aktivierte sich. Gespannt blickten die anwesenden Personen auf die Aufzeichnung.

»Das ist der Moment, an dem der Flottenführer mit fünf seiner Leute eintraf«, erklärte Needa.

Er blickte den Vorsitzenden des Rates an.
»Stellen sie den Ton laut«, sagte Ruadan. »Wir sollten jedes Wort verstehen können. «

Needa lief an das Abspielgerät und stellte den Ton lauter.
Die Aufzeichnung lief weiter.

»Lenus«, tönte es aus den Lautsprechern.
Muuda begrüßte den Flottenführer.

»Schön, dass sie Wort gehalten haben«, fuhr er fort.
»Setzen sie sich zu uns. Warum haben sie eine kleine Armee mitgebracht? «

Needa stoppte die Aufzeichnung.

»Sehen sie«, sagte er. »An dieser Stelle kann man die Worte so verstehen, dass Muuda irritiert war, Flottenführer Lenus in Begleitung von fünf Personen seiner Raumsoldaten zu sehen. «

Halswan nickte.

»Fahren sie mit der Aufzeichnung fort«, sagte er.

Needa nickte und drückte erneut einen Knopf.

Halswan, Ruadan und Needa sahen, wie Lenus und seine Begleiter sich wortlos setzten. Nachdem der Flottenkommandeur seine Begleiter vorgestellt hatte, blickte er Muuda an.

»Das will ich ihnen beantworten«, antwortete Lenus. »Sie haben mich in einen Gewissenskonflikt gestürzt. Wir haben hochexplosive Informationen gefunden, wonach sich der ragunische Geheimdienst seine Finger lecken würde. «

»Was heißt hochexplosiv? «, erkundigte sich Camaal. » Ich dachte, sie suchen nach Beweisen, um den Vorsitzenden Ruadan seines Amtes zu entheben? «

Wieder drückte Needa einen Knopf, um das Bildmaterial anzuhalten. «

»Hier fällt eindeutig ihr Name«, sagte Needa. »Ferner sprechen die Personen von Beweisen, welche sie als Vorsitzenden unseres Zentralrates des Amtes entheben könnten. «

Er blickte Ruadan und Halswan an.
»Sie sollten selbst recherchieren, was das sein könnte«, ergänzte er. »Ich gehöre nicht zu den Anklägern, doch es scheint hier etwas im Argen zu liegen. «

Halswan nickte gelangweilt.
»Fahren sie fort«, sagte er zu Needa. »Was haben sie noch? «

Der stellvertretende Befehlshaber des Geheimdienstes ließ die Aufzeichnung weiterlaufen.

»Das Beweismaterial ist so brisant, dass sie Ruadan ohne weitere Anhörungen in Arrest nehmen könnten«, hörten sie Lenus mitteilen. »Eine nachträgliche Prüfung unseres Mitschnittes durch ihre Kollegen des Zentralrates wird dieses Vorgehen bestätigen. «

Die Aufzeichnung endete.

»Wir müssten jetzt wissen, um was es sich handelte«, bemerkte Needa. »Vielleicht war Camaal nur einer Ungerechtigkeit auf der Spur.«

»Danke für ihre Analyse«, lächelte Halswan. »Trotzdem wird sich Camaal vor dem Zentralrat verantworten müssen. Aus diesem Grunde benötigen wir seinen Aufenthaltsort. Leider hat es ihr Vorgänger nicht geschafft, ihn zu inhaftieren. Verstehen sie bitte, dass Camaal, sein 1. Offizier Furgun, der Sicherheitsoffizier seines Flaggschiffes, Muuda, Lenus und seine fünf Raumsoldaten auf der Fahndungsliste der Regierung stehen. Falls sie Hinweise auf ihren Verbleib ermitteln können, lassen sie es uns unverzüglich wissen. Nur so kann sich Systemrat Camaal entlasten. «

Needa salutierte.
»Ich habe verstanden«, bestätigte er. »Sie können auf mich zählen. Sobald ich neue Daten habe, werde ich sie persönlich informieren. «

Halswan blickte Ruadan an.
»Wir sollten Needa für seine Wachsamkeit belohnen«, lächelte er. »Es gibt nur noch wenige aufmerksame Offiziere. «

»Das hatte ich sowieso vor«, erwiderte der Vorsitzende des Zentralrates.

»Needa, stellvertretender Befehlshaber des imperialen Geheimdienstes«, sagte Ruadan. » Mit sofortiger Wirkung werden sie zum Kommandeur dieser wichtigen Einrichtung befördert. Im Rahmen meiner Tätigkeit als Vorsitzender des Zentralrates von Ragun, bestimme ich sie als Befehlshaber des imperialen Geheimdienstes. Nehmen sie die Beförderung an? «

Die Augen von Needa leuchteten.
Er verbeugte sich tief vor Halswan und Ruadan. Nach wenigen Sekunden richtete er sich wieder auf.

»Ich nehme an«, antwortete er. »Sie werden mit mir zufrieden sein. «

»Das hoffe ich«, antwortete Ruadan. »Enttäuschen sie mich bitte nicht. «

Dann verließen die beiden Personen die Leitstelle des Geheimdienstes. Außerhalb wartete ein schwarzer Gleiter auf sie. In seinem Inneren saßen die Gefährten von Halswan.

Der Gleiter hob ab und nahm Kurs auf den ragunischen Regierungspalast.

Halswan blickte Ruadan an.

»Needa ist nicht dumm«, bemerkte er. »Behalten sie ihn im Auge und lassen sie ihn überwachen. Es ist gut möglich, dass er bei seinen Recherchen auf die Wahrheit stößt. Dann muss er beseitigt werden. «

Ruadan nickte.

»Ich kümmere mich darum«, antwortete er. »Doch das wesentlich größere Problem ist der Verbleib der kolonialen Flotte von Camaal. Wie können wir dieser habhaft werden? «

»Vermutlich gar nicht«, antwortete Halswan. »Sie ist uns entwischt. Die Flotte können wir erst stellen, wenn sie aus dem Hyperraum zurückkehrt. Wir werden sie mit den Schiffen unserer Heimatverteidigung stellen und uns von Camaal das Kommando übergeben lassen. «

»Glauben sie, der Systemrat wird hierauf eingehen? «, erkundigte sich Ruadan.

»Ihm wird nichts anderes übrigbleiben«, lachte Halswan. »Es handelt sich lediglich um Klappflügelzerstörer der 1.000 Meter-Klasse. Gegen die 5.000 Meter messenden

Schiffe unserer Heimatverteidigung wäre eine Gegenwehr reiner Selbstmord. «

Auch Ruadan lachte.
»Dann brauchen wir uns um die Flotte keine Gedanken mehr zu machen«, schmunzelte er. »Das Thema Camaal wird sich von alleine erledigen. «

»Ich würde ihn gerne lebend ergreifen«, bemerkte Halswan. »Er besitzt immer noch den Aktivierungscode der Vagun Hypertronic-KI. Nur sie kann uns den Zugang zu ihrer zeitgesteuerten Wurmlochstation öffnen. «

Ruadan nickte.
»Wir haben den zweiten Planeten mehrmals durch unsere Flotten scannen lassen«, sagte er. »Der Standort der Station konnte nicht ermittelt werden. Vermutlich schirmt sie sich ab, oder sie liegt zu tief in dem Boden von Vagun versteckt. «

»Das sehe ich auch so«, antwortete Halswan. »Es ist sehr ärgerlich, dass Kommandeur Henuar und seine Crew von einem unbekannten Virus getötet wurden. Das konnten wir nicht vorhersehen. In solchen Fällen sieht die Programmierung von verwaltenden Hypertronic-KIs es vor, sich selbstständig in einen Erhaltungsmodus zu schalten. Das wird das Problem der Vagun-KI sein. Durch die lange Zeit ihrer Abgeschiedenheit werden Zerfallserscheinungen aufgetreten sein. Vermutlich ist ihre Programmierung beschädigt? «

»Was können wir tun? «, erkundigte sich Ruadan. » Dieser Zustand ist nicht hinnehmbar. «

Halswan überlegte kurz.
»Ich besitze noch das Amulett meiner Vorfahren«, teilte er mit. »Leider habe ich es lange nicht mehr benutzt. Für die Aktivierung und die Steuerung sind einige wichtige Symbolkombinationen notwendig. Wenn wir es einsetzen, dann wäre es möglich einen Tunnel für unsere Flotte in eine andere Zeitdimension zu öffnen. Diese müsste auf ihrem Rückweg lediglich die Koordinaten von Vagun anwählen. Auf diesem Wege sollte uns die Wurmlochstation einen Durchgang öffnen. Sicherlich wird sie dann unsere übergeordneten Befehle akzeptieren. «

Ruadan überlegte kurz.
»Wenn die notwendigen Symbole für die Steuerung des Amuletts nicht mehr bekannt sind, dann nützt uns das Artefakt deiner Rasse nichts«, erkannte er. »Ich bin dafür, die Hypertronic-KI der zeitgesteuerten Wurmlochstation in die Knie zu zwingen. Wo gibt es denn so etwas, dass

eine künstliche Intelligenz sich anmaßt, ihren Erbauern auf der Nase herumzutanzen. «

Halswan blickte in fragend an.
»Wie soll das bewerkstelligt werden? «, fragte er.

»Mit den Werkzeugen eines göttlichen Imperiums«, antwortete Ruadan. »Wir werden den Planeten von allen Seiten bombardieren, bis seine Integrität beschädigt wird. Ich denke, der Hypertronic-KI der Wurmlochstation kann nichts daran gelegen sein ihren Planeten zu gefährden. «

Jetzt hatte Halswan verstanden.
»Sie wird auf unsere Wünsche eingehen müssen«, antwortete er. »Die Hypertronic-KI kann ihre Station zwar abschirmen, doch nicht den ganzen Planeten. «

»Das entspricht meinen Überlegungen«, antwortete Ruadan. »Falls sie einverstanden sind, werde ich den Zentralrat von der Notwendigkeit eines Angriffes überzeugen. «

»Meine Zusage gebe ich ihnen«, antwortete Halswan. »Ich bin überrascht, diesen logischen Plan von einem Worgass vorgetragen zu bekommen. Respekt, sie haben tatsächlich noch hinzugelernt. «

Der Regierungsgleiter landete vor dem Haupteingang des Regierungspalastes. Halswan und seine Begleiter stiegen aus und schritten auf den Eingang zu. Die wachhabenden Soldaten am Eingang salutierten zurückhaltend und öffneten die Eingangspforten. Die Personen eilten schnellen Schrittes die Treppe ins Obergeschoss hinauf. Bereits vor der geschlossenen Türe vernahmen sie die lauten Diskussionen der Abgeordneten. Zwei Saaldiener öffneten dem Vorsitzenden und seinen Begleitern die Türe.

Als sie in den Sitzungssaal eintraten, verstummten schlagartig die Gespräche.

Halswan durchschritt den Saal. Er blickte die Räte durchdringend an.

»Sie scheinen sich mit lebhaften Diskussionen die Zeit vertrieben zu haben«, fragte er. »Ich hoffe sehr, dass etwas Verwertbares dabei herausgekommen ist? «

Ruadan schritt aus den erhobenen Podest des Zentralrates zu. Vor dem Platz des Vorsitzenden blieb er stehen und hob seine Hände.

»Ruhe bitte«, sagte er.

Der Geräuschpegel verstummte vollständig.

»Wir kommen gerade aus der imperialen Raumüberwachung zurück«, berichtete er. » Zu meinem tiefsten Bedauern gelang es Agenten unseres Geheimdienstes, meinen Stellvertreter Muuda als einen Verräter der Arthropoden zu entlarven. «

Schlagartig schwoll die Geräuschkulisse wieder an. Der Vorsitzende hob seine Hand in die Luft.

»Ruhe«, befahl Ruadan ein zweites Mal. »Ansonsten lasse ich sie alle wie Hunde von den Sicherheitssoldaten abführen. Meine Aussage entspricht der Wahrheit. Muuda und Systemrat Camaal haben heimlich einen Komplott geschmiedet, um den Zentralrat zu schwächen und um meine Person des Amtes zu entheben. «

Die Systemräte zweifelten die Aussage an.
»Das ist nicht möglich«, erwiderte Systemrat Lugan.

Er drehte sich seinen Kollegen zu.
»Sie alle kennen mich«, fuhr er fort. »Meine 11 Kolonialsysteme grenzen an die 35 Sternensysteme von Camaal. Zu keiner Zeit ließ er uns an seiner imperialen Verbundenheit zweifeln. Ich halte ihre Aussage für eine Lüge. Wir alle haben ihre Ablehnung gegenüber dem

Systemrat mitbekommen. Seine aufrichtige Art hat ihnen missfallen. «

»Ihr Stellvertreter Muuda war immer darauf bedacht, sich für unsere Belange einzusetzen«, schimpfte ein anderer Systemrat. » Er war es, der sie in unserem Beisein zur Mäßigung aufforderte. Ich vermute viel mehr, dass sie ihn aus dem Wege geräumt haben. Er war ihnen ein Hindernis. «

Ruadan war aufgesprungen.
»Das ist eine unverschämte Unterstellung«, sprach er in sein Mikrofon. »Der Zentralrat wird sie für die Missachtung dieses Hauses verurteilen. «

Schlagartig sprangen weitere Systemräte auf.
»Dann können sie uns auch gleich mit verurteilen«, forderte sie den Vorsitzenden auf. »Wir stimmen unserem Kollegen zu. Er ist über jeden Zweifel erhaben. «

»Wachen«, tobte Ruadan. »Nehmen sie die Unruhestifter fest. »Sie werden des Hochverrates beschuldigt. «

Ärgerlich und mit verzerrtem Gesicht sprangen die restlichen Zentralräte von ihren Stühlen auf.

Zentralrat Nuada schlug mit seiner Metallkralle auf den Tisch. Ein ohrenbetäubender Ton durchzog den Saal.

»Die Mehrheit des Zentralrates widerruft die Anordnung des Vorsitzenden Ruadan«, teilte er mit. »Sie wurde ohne unsere Zustimmung getroffen. «
#
Die Soldaten verharrten und blickten ihn an.

»Ich entschuldige mich bei unseren Sicherheitssoldaten für das Durcheinander der Regierung«, lächelte er. »Ich kann die Entscheidungen Ruadans nur auf seine Überlastung zurückführen. In diesem Saal wird Niemand mehr verhaftet. Vielmehr werden wir unsere gemeinsamen Bemühungen auf unsere Feinde konzentrieren. «

»Ruadan«, sagte er hörbar für alle Anwesenden im Saal. »Ihre stetigen befremdlichen Anordnungen dienen nicht mehr dem Wohl unseres Volkes. Sie sprechen nicht mit der ganzen Stimme dieses Gremiums. Als ein Mitglied des Zentralrates stelle ich den Antrag, sie als unseren Vorsitzenden abzusetzen. Die Abstimmung erfolgt, wie es unsere Gesetze vorsehen, durch ein Handzeichen aller Mitglieder des Zentralrates. Diese Entscheidung ist unumkehrbar. «

Er schlug mit seiner Metallkralle auf das Podest. Erneut ertönte ein durchdringender Ton.

»Ich fordere nun den Zentralrat auf abzustimmen«, sagte er. »Ist Ruadan als Vorsitzender dieses Gremiums weiterhin tragbar, oder ist er es nicht mehr? «

Er drehte sich seinen Kollegen zu.
»Ich bitte um ihr Handzeichen für die Absetzung von Ruadan «, ergänzte er.

Acht Hände schnellten in die Höhe. Die Gesichter der betreffenden Personen blickten dem Vorsitzenden nicht in die Augen.

»Ich zähle acht Zustimmungen, meine Stimme mitgerechnet«, teilte Nuada mit.

Er ließ einige Sekunden vergehen. Dann fuhr er fort.
»Jetzt bitte ich um ihr Handzeichen, Ruadan in seinem Amt zu belassen«, sagte er.

Zwei Hände hoben sich in die Höhe.
»Ich zähle zwei Handzeichen«, teilte Nuada mit. »Hiermit ist die Absetzung von Ruadan beschlossen. Bis zu der Wahl eines neuen Vorsitzenden übernehme ich das Amt kommissarisch. «

Lauter Beifall durchzog den Raum. Die Systemräte waren mit der Absetzung von Ruadan einverstanden. Dem betroffenen Vorsitzenden verschlug es die Sprache. Hilflos blickte er Halswan an.

Nuada winkte den Sicherheitssoldaten zu.
»Wachen«, sagte er. »Führen sie bitte Ruadan aus dem Sitzungssaal. Er ist kein Mitglied dieses göttlichen Zentralrates mehr. «

Halswan und Ruadan blickten sich an.
»Ich hatte sie gewarnt«, flüsterte Halswan. »Sie haben es einfach nicht geschafft, sich an die ragunische Wortwahl zu gewöhnen. Alle Räte in diesem Raum wurden von ihnen mit den Füßen getreten. Das haben sie jetzt davon. Viel schlimmer ist es, dass sie hierdurch meine Pläne durchkreuzen. Suchen sie mich heute Abend in der Unterkunft des getöteten Vorsitzenden auf. Dort werden wir unsere weitere Vorgehensweise besprechen. «

Ruadan wurde von den Sicherheitssoldaten fortgerissen und zur Tür begleitet. Die abgesandten Systemräte applaudierten lautstark.

Halswan drehte sich dem Zentralrat zu.

»Ich bin erstaunt, in welcher Schnelligkeit dieses Gremium seine Beschlüsse fasst?«, sagte er. » Sie hätten Ruadan anhören sollen. Er hatte Beweise für seine Behauptungen. «

»Es gibt keine Beweise«, entgegnete Nuada. »Unser Vorsitzender hat sich in den letzten Wochen stark verändert. Seine Person hat diese Zusammenkunft verunsichert. Nur gemeinsam können wir die Arthropoden besiegen. «

Halswan reichte Nuada einen Speicherkristall.
»Lassen sie diese Aufzeichnungen vorführen«, sagte er. »Ich habe den Mitschnitt von dem ragunischen Geheimdienst erhalten. Er wird die Angaben ihres abgewählten Vorsitzenden bestätigen. «

Nuada nahm den Speicherkristall an sich. Er reichte ihn einem Saaldiener.

»Spielen sie uns die Aufzeichnung vor«, bat er. »Schauen wir uns an, was der Geheimdienst ermitteln konnte. «

Nuada blickte die Menge der Anwesenden an.
»Geschätzte Systemräte, Offiziere und Abgesandte«, sprach er in ein Mikrofon. »Halswan hat mir einen Mitschnitt unseres Geheimdienstes ausgehändigt. Dieser

soll eine Verschwörung von Muuda und Systemrat Camaal gegen die Regierung belegen. Unterbrechen sie bitte ihre Diskussionen. Schauen wir uns gemeinsam die angeblichen Beweise an. «

Nuada winkte dem Saaldiener zu. Der stand an einem Vorführgerät. Er legte einen Hebel um, der Raum verdunkelte sich. Zahlreiche vierseitige Monitore fuhren von der Decke herab in den Blickwinkel der anwesenden Personen. Gleichzeitig flammten die Bildschirme auf.

Die Aufzeichnung startete. Gebannt beobachteten die Anwesenden die Szene. Das Bild auf dem Monitor zeigte, wie Flottenführer Lenus sich mit fünf seiner Raumsoldaten auf einen Tisch zubewegte.

Ein Aufschrei ging durch die Anwesenden. Muuda und Camaal saßen an einem Tisch und unterhielten sich. Der Stellvertreter des Zentralrates blickte auf.

»Lenus«, tönte es aus den Lautsprechern. Die Delegierten erkannten, wie Muuda den Flottenführer begrüßte.

»Schön, dass sie Wort gehalten haben«, sagte er. »Setzen sie sich zu uns. Warum haben sie eine kleine Armee mitgebracht? «

Die Zuschauer sahen, wie Lenus und seine Begleiter sich wortlos setzten. Nachdem der Flottenkommandeur seine Begleiter vorgestellt hatte, blickte er Muuda an.

»Das will ich ihnen beantworten«, antwortete Lenus. »Sie haben mich in einen Gewissenskonflikt gestürzt. Wir haben hochexplosive Informationen gefunden, wonach sich der ragunische Geheimdienst seine Finger lecken würde. «

»Was heißt hochexplosiv? «, erkundigte sich Camaal. » Ich dachte, sie suchen nach Beweisen, um den Vorsitzenden Ruadan seines Amtes zu entheben? «

»Das Beweismaterial ist so brisant, dass sie Ruadan ohne weitere Anhörungen in Arrest nehmen könnten«, antwortete Lenus. »Eine nachträgliche Prüfung unseres Mitschnittes durch ihre Kollegen des Zentralrates wird ihr Vorgehen bestätigen. «

Die Aufzeichnung endete.
»Leider war das alles«, bemerkte Halswan. »Nach meiner Meinung reicht das Material aus, um die Machenschaften von Muuda aufzudecken. «

Nuada und seine Kollegen des Zentralrates unterhielten sich leise. Halswan konnte die gesprochenen Worte nicht verstehen. Langsam wurde er ungeduldig.

»Was ist nun? «, monierte er. » Konnten sie eine Entscheidung treffen? «

Nuada unterbrach die Unterhaltung mit seinen Kollegen und blickte den Aller-Ersten ärgerlich an.

»Sie scheinen diesem Gremium ebenfalls den notwendigen Respekt zu verweigern«, sagte er. »Mäßigen sie sich, ansonsten werden wir sie an ihr Volk aushändigen. Wie wir wissen, sucht Geoffwan sie bereits. Uns liegt eine offizielle Bitte ihrer Regierung vor. Sie verlangt ihre sofortige Auslieferung. In dem Kommuniqué werden sie als Verräter und Staatsfeind betitelt. Ruadan hat diesen Antrag unbearbeitet liegengelassen, vermutlich weil sie versprachen uns in dem Kampf gegen die Arthropoden zu unterstützen. Verspielen sie sich nicht die ihnen gewährte Gunst eines Aufenthaltes auf Ragun.«

Halswans Augen vergrößerten sich.
»Entschuldigen sie meine Ungeduld«, antwortete er. »Ich dachte, nach den ihnen übergebenen Aufzeichnungen des Speicherkristalls würden sie Ruadan wieder in seinem Amt rehabilitieren? «

»Darüber haben wir uns soeben unterhalten«, informierte Nuada alle Anwesenden. »Leider sind uns Vorfälle aus der Leitstelle des ragunischen Geheimdienstes bekannt geworden. Ruadan hat in seinem Jähzorn Franus, den langjährigen Leiter des Geheimdienstes, ohne ein Gerichtsverfahren getötet. Sie werden verstehen, dass dieses Vorgehen auch für uns nicht hinnehmbar ist. Unsere imperialen Gesetze gelten auch für die Mitglieder des Zentralrates. Ich hoffe sehr, sie haben ihn nicht zu dieser Tat angestiftet? «

»Wo denken sie hin«, erwiderte Halswan unschuldig. »Ich trete hier lediglich als Berater auf. «

Nuada blickte den Aller-Ersten an.
»Das werden wir noch klären«, antwortete er. »Es wird eine Untersuchungskommission eingesetzt, welche die tatsächlichen Fakten ermittelt. Bis zu diesem Zeitpunkt stehen sie und ihre Begleiter unter Hausarrest. «

»Sie machen einen Fehler«, antwortete Halswan. »Ohne meine Hilfe werden sie die Arthropoden nicht besiegen können. Der einzige Weg wäre ein Zugriff auf die zeitgesteuerte Wurmlochstation von Vagun zu erlangen.

Hiermit können sie die insektoiden Angreifer in ihrer früheren Entwicklung ausrotten. «

»Wie sie wissen, ist die Flotte von Camaal bereits hieran gescheitert«, antwortete Nuada. »Wir halten einen weiteren Versuch für zwecklos. «

»Dann sind sie dümmer, als ich dachte«, fluchte Halswan. »Sie wissen jetzt, dass eine Flotte von 5.000 Schiffen nicht viel ausrichten kann. Entsenden sie eine große Zerstörer-Flotte. Dann ist der Erfolg auf ihrer Seite. «

»Das würde bedeuten, unsere Front zu schwächen«, antwortete ein Zentralrat. » Wir brauchen alle imperialen Schiffe, um die Arthropoden daran zu hindern weiter in unsere Sterneninsel vorzudringen. «

»Sie können nicht beides haben «, antwortete Halswan. »Entscheiden sie sich endlich. «

Nuada sprang auf.
»Genug«, sagte er.

Er drückte auf einen Knopf auf seinem Tisch.
Eine Einheit von 12 Sicherheitssoldaten kam in den Raum marschiert.

»Wachen«, sagte er ihnen zu. »Bringen sie Halswan und seine Begleiter in ihre Unterkunft. Sie stehen bis auf Weiteres unter Hausarrest. Portionieren sie Wachen vor ihrer Türe. «

Der Anführer der Truppe bestätigte den Befehl. Dann zogen zwei Soldaten Halswan von dem Podest des Zentralrates fort. Er und seine Begleiter wurden unsanft abgeführt.

Als die Soldaten mit ihren Gefangenen den Sitzungssaal verlassen hatten, blickte Nuada die Anwesenden an.

»Geschätzte Systemräte, Offiziere und Abgesandte«, sagte er. »Wir sind auf uns gestellt. Das göttliche Imperium von Ragun hat bereits viele Krisen gemeistert. Doch jetzt stehen wir vor unserer schwierigsten Aufgabe. Lassen sie uns gemeinsam die weitere Vorgehensweise diskutieren. Es muss eine Möglichkeit geben, die Gefahr für unser Imperium abzuwenden. «

Die Soldaten führten Halswan und seine Begleiter die breite Treppe hinunter zum Ausgang des Palastes. Außerhalb wartete ein Regierungsgleiter auf sie. Zwei Piloten öffneten den Schott.

In diesem Moment ertönten laute Alarmsirenen, die den Palast grell erschütterten.

Die Sicherheitssoldaten drehten sich irritiert um und blickten zum Eingang des Palastes. Einheiten von Soldaten liefen aufgeregt durcheinander.

Halswan nickte seinen Begleitern zu.
Blitzschnell zogen sie ihre versteckten Strahler aus ihren Kampfuniformen und schossen auf die sich ihnen abgewendeten Soldaten. Die Salven der hochentwickelten Strahler streckten die Soldaten erbarmungslos nieder. Halswan visierte die zu Stein erstarrten Piloten des Regierungsgleiters an und drückte den Abzug seines Strahlers. Die Piloten wollten nach ihren Waffen greifen, doch hierzu kam es nicht mehr. Jeweils zwei Treffer seiner Strahlenwaffe durchbohrten ihre Brust. Die Bewegungen erstarrten. Langsam glitten sie angelehnt an der Metallwand des Gleiters zu Boden. Noch hatten andere Soldaten das Massaker an ihren Kollegen nicht entdeckt.

»In den Gleiter«, befahl Halswan. »Wir verschwinden von hier.«

Einer seiner Begleiter sprang in das Cockpit des Fluggefährtes und startete den Antrieb. Die restlichen

Personen sprangen in den hinteren Bereich des Gleiters. Der Letzte von ihnen riss das Schott zu. Der Gleiter hob ab und beschleunigte mit Höchstwerten. Die aus dem Palast stürmenden Soldaten konnten nur noch ihre Waffen auf den fliehenden Gleiter abfeuern.

»Stell den Funkverkehr ein«, bat der Aller-Erste den Piloten. »Mich interessiert der Palastalarm. Was kann jetzt wieder passiert sein? «

»Wir werden es gleich erfahren«, antwortete der Pilot. Er drückte die Taste für den Flottenfunk.

»Hier spricht die oberste Raumbehörde«, tönte es aus dem Bordgerät. »Das ist eine Warnung. Es wurde im Umkreis von 30 Kilometern eine Flugverbotszone um den Regierungspalast eingerichtet. Sämtlichen militärischen und zivilen Schiffen ist der Einflug in diese Zone strengstens untersagt. Weichen sie auf andere Landezonen aus. Die Abwehrtürme des Regierungsviertels wurden ausgefahren und aktiviert. Sie werden von mobilen Raketenwerfern unterstützt. Der Luftraum wird durch zahlreiche Schiffe der Heimatverteidigung gesichert. Ein Einflug ist lediglich den autorisierten Schiffen des ragunischen Geheimdienstes möglich. Es gab einen Angriff auf das imperiale Archiv. Die Regierung vermutet den Verlust wichtiger Infofolien. «

Der Empfänger knackte einige Sekunden. Dann wiederholte sich die Nachricht.

»Hier spricht die oberste Raumbehörde«, vernahmen Halswan und seine Begleiter die gleiche Stimme.

»Schalte das Gerät ab«, knurrte Halswan. »Was kann man in dem imperialen Archiv schon stehlen? «

»So wie ich informiert bin, werden dort alle wichtigen Dokumente des göttlichen Imperiums aufbewahrt«, erinnerte ihn Nylswan, der Anführer seiner Schutztruppe. »Der Bereich wird zwar durch zwei Wachsoldaten gesichert, doch jeder Raguner kann sich nach einer kurzen Legitimation Zutritt verschaffen. «

Halswan fiel es wie Schuppen von den Augen.
»Die Konstruktionsfolien der zeitgesteuerten Wurmlochanlage meines Volkes«, erkannte er. »Die Raguner werden doch hoffentlich diese hochbrisanten Daten auf einen Speicherkristall kopiert haben? «

Nylswan zuckte mit seinen Schultern.
»Die Frage kann ich ihnen nicht beantworten«, antwortete er. »Mir ist lediglich bekannt, dass in dem imperialen Archiv ausschließlich Originale aufbewahrt

werden. Bisher hat sich der ragunische Widerstand nicht getraut, einen Angriff auf den Palast zu befehlen. Vermutlich aus dem Grunde, weil mehrere Garnisonen Soldaten, in seinen Untergeschossen stationiert wurden.«

»Trotz dieser ganzen Sicherheitsmaßnahmen konnte jemand in das Archiv eindringen und wichtige Unterlagen entwenden«, entgegnete Halswan. »Agenten unseres Volkes können es nicht gewesen sein. Wir hätten ihre Anwesenheit in jedem Fall mental gespürt.

»Denken sie an Camaal, Muuda und seine Gefolgsleute?«, fragte Rylswan, ein Schutzsoldat von Halswan.

»Er ist mit seiner Flotte geflohen«, antwortete der Abtrünnige. »Die ragunische Raumüberwachung hätte die Rückkehr dieses Verbandes registriert. Die 5.000 Schiffe lassen sich nicht so einfach verbergen. «

»Welche Gruppe kommt überhaupt für den Einbruch in Frage? «, erkundigte sich Mylswan, ein weiterer Getreuer von Halswan.

Der Abtrünnige blickte seine Begleiter an.
»Jede Gruppe, die mit dem imperialen Kurs der Regierung nicht einverstanden ist«, antwortete Halswan. » Diese einfältigen Personen haben noch nicht begriffen, dass der

Untergang ihres Imperiums nicht ohne meine Hilfe abzuwenden ist. «

Er blickte die Soldaten seiner Leibgarde an.
»Ihr seid mir immer treu ergeben gewesen«, flüsterte er.
»Dafür bin ich sehr dankbar. Die einzige Person, die nicht unserem Volke entstammt ist Oylswan. Er trägt zwar den Namen eines großen Kriegers unserer Rasse, doch er ist ein Worgass. Ich habe ihn mehrfach gewarnt, die Mitglieder des Zentralrates herablassend zu behandeln, doch scheinbar hat er meinen Hinweis nicht verstanden. Das schiebe ich auf sein begrenztes Auffassungsvermögen hin. Er ist zu einer Gefahr geworden. Wir müssen ihn beseitigen. «

Die Begleiter von Halswan sahen ihren Befehlshaber durchdringend an.

»In den vielen Jahren, in denen wir in ihren Diensten stehen, könnte er uns dank seiner Formwandelfähigkeit viele Türen öffnen«, erwiderte Nylswan. »Ich sehe ihn als einen Kollegen an. Mir widerstrebt es wirklich, ihn wegen einiger Fehler auszuschalten. «

»Das verstehe ich sehr gut«, flüsterte Halswan. »Auch mir fällt dieser Schritt nicht leicht. Doch Oylswan ist unkontrollierbar geworden. Er sieht sich mittlerweile zu sehr als Vorsitzender des göttlichen Zentralrates. Aus diesem Grunde bin ich auch nicht eingeschritten, als Nuada ihn seines Amtes enthob. Diesen Schritt des Rates konnte er nicht verstehen. Ich habe ihn für heute Abend zu dem Haus des getöteten Vorsitzenden gebeten, um über unser weiteres Vorgehen zu sprechen. « »Können wir ihn nicht einsetzen, um Nuada zu übernehmen? «, erkundigte sich Mylswan. » Dann hätten wir erneut die Kontrolle für den Rat? «

Der Befehlshaber der Gruppe schüttelte seinen Kopf. »Die Gestalt würde sich ändern, aber nicht seine herablassende Vorgehensweise«, antwortete Halswan. »Er muss beseitigt werden. «

»Wie wollen wir den Zentralrat wieder auf unsere Linie bringen? «, erkundigte sich Rylswan. » Nuada scheint ein vorsichtiger Mann zu sein. «

»Ich bin mir sicher, dass er bald um unsere Hilfe betteln wird«, antwortete Halswan. »Wir werden den Einbruch analysieren und Spuren finden, die auf die Arthropoden verweisen. Damit sollte dem Zentralrat klar werden, dass sich bereits Agenten der gehassten Angreifer auf ihrem Planeten befinden. Wir sagen ihnen, dass der Fall ihres Imperiums kurz bevorsteht. Dann werden sie hoffentlich auf unsere Vorschläge eingehen und eine starke Flotte nach Vagun senden. Ich bin mir sicher, dass die Hypertronic-KI eine Selbsterhaltungsprogrammierung besitzt, um einer Zerstörung zu entgehen. Sie wird uns zu gegebener Zeit einen Zugang öffnen. «

»Ich hoffe, sie behalten Recht«, antwortete Nylswan.
»Mir sind einige dieser Anlagen bekannt, die sich äußerst stur an ihre Programmierung halten. «

Halswan lachte laut auf.
»Wir haben es hier mit einer ragunischen Intelligenz zu tun«, erinnerte er. »Sie kann niemals so ausgereift sein, wie eine Hypertronic-KI unserer Rasse. Das sollten wir nicht vergessen. Wir werden mit dieser minderwertigen Station schnell fertig. «

Die Soldaten von Halswan dachten nach.
»Wir sind einverstanden«, entgegnete Nylswan. »Am Ende haben sie immer Recht behalten. Auch wir stammen dem Volk der Aller-Ersten ab, doch leider wurden wir lediglich von dem Militär erzogen. Uns sind solche vorhersehenden Analysen fremd. Gehen wir einen Schritt nach dem anderen vor. «

Halswan lächelte.

»Ich danke euch«, antwortete er. »Euch habe ich als meine Leibgarde ausgewählt. Ihr habt mein Vertrauen noch nie enttäuscht. «

Halswan blickte den Piloten an.
»Fliege uns zu der Unterkunft von Ruadan«, befahl er. »Wir werden es uns dort gemütlich machen, bis Oylswan eintrifft. «

Der Pilot änderte seinen Kurs und flog eine Schleife. Dann tauchte der Gleiter tiefer in die Häuserschluchten der ragunischen Hauptstadt ein, um einer zufälligen Ortung zu entgehen.

### Erkundungsteam des Neuen-Imperiums

Major Travis und seine Begleiter hatten erfolgreich die Konstruktionsunterlagen der Aller-Ersten erbeutet. Dank den Fähigkeiten von Heinze, konnten sie das imperiale Archiv unentdeckt verlassen. Die beiden Graver hatten unter der Führung von Ranus den nordöstlichen Bereich der Hauptstadt angesteuert. Dort lebte sein Clan in einheitlich angelegten Unterkünften der Regierung. Nach einer längeren Wegstrecke, hob der Raguner seinen Arm.

»Wir sind angekommen«, meldete er Sergeant Hardin, der den ersten Graver steuerte.

Der Raguner zeigte auf einen Ausstieg in der Decke des Höhlenganges.

»Hier befindet sich ein Zugang zu dem großen Haus des Volkes, das von unserem Widerstand als Treffpunkt genutzt wird«, flüsterte Ranus. »Wenn wir Glück haben, werden wir die Anführer des Widerstandes dort treffen. «

Sergeant Hardin bremste das Fluggefährt ab. Die Personen sprangen von der Transportplattform herunter. Der zweite Graver preschte heran und reduzierte seine Geschwindigkeit. Major Travis und Heran stiegen ab und gingen auf Ranus zu.

»Das ist eine beachtliche Entfernung zu dem Industriehof, auf dem unser Transportschiff warten wird«, sagte er. »Sind sie sicher, dass sie diesen langen Weg ihren Angehörigen zumuten möchten? «

»Ich sehe keine andere Möglichkeit«, erwiderte der ragunische Truppenführer. »Die Mitglieder des Untergrundes werden unsere Zivilpersonen begleiten und darauf achten, dass keiner von ihnen aus der Reihe tanzt.«

Major Travis nickte.

»Es ist wichtig, dass alles unbemerkt abläuft«, antwortete er. »Gegen ein großes Aufgebot von Bodentruppen haben unsere Einsatzteams keine Chance. Ihr Clan sollte bereits ein gutes Stück des Weges zurückgelegt haben, wenn wir unseren Sprengstoff an den 12 Personen-Tore anbringen, in sich in der Mitte der Hauptstadt befinden. Wenn wir diese zünden, wird das alle Sicherheitskräfte ihres Zentralrates alarmieren. «

Ranus nickte.
»Wir brauchen die Hilfe unseres Untergrundes«, antwortete er. »Er wird uns helfen, gegebenenfalls auch falsche Spuren legen. «

Major Travis dachte nach und nickte langsam.
»Das könnte nützlich für uns sein«, antwortete er. »Sprechen wir mit ihren Leuten. «

Ranus blickte das Einsatzteam an.
»Warten sie hier bitte«, sagte er. »Ich werde die Warnsensoren des Widerstandes ausschalten. Sie dienen als Frühwarnsysteme, falls die Höhlengänge doch einmal von dem ragunischen Geheimdienst überprüft werden sollten. «

Ranus ließ sich den Leuchtstrahler von einem Marine aushändigen. Langsam schritt er auf einen Felsvorsprung zu. Vorsichtig tastete er mit seiner rechten Hand über mehrere Steine. Dann hatte er den gesuchten Kontaktschalter gefunden. Kraftvoll drückte er den Stein nach innen. Eine achtzig Zentimeter große Öffnung entstand in der Wand. Die Abdecksteine hatten sich seitlich in die Felswand zurückgezogen. Ranus leuchtete auf das Tastaturfeld. Er drückte mehrere Knöpfe, bis ein gelbes Licht aufleuchtete. Dann ging er zu der wartenden Einsatzgruppe zurück.

»Die Warnsensoren wurden deaktiviert«, flüsterte er. »Wir können jetzt den Einstieg öffnen. «

Er blickte seine Begleiter an.
»Noch etwas«, ergänzte er. »Ich gehe erst einmal allein zu meinem Clan. Gebt mir zwei Minuten. Dann kann ich sie auf euren Besuch vorbereiten. «

Major Travis nickte.
»In Ordnung«, antwortete er. »Wir warten auf ein Zeichen. «

In dem Saal des Volkes hatten sich zahlreiche Angehörige von Ranus Clan versammelt. In ihrer Mitte standen vier Personen. Eine von ihnen hatte seine Hände gehoben.

»Ruhe bitte«, sagte er. »Seid bitte etwas leiser. Der ragunische Geheimdienst ist allgegenwärtig. Bisher konnten wir seine Agenten erkennen und sie auf eine falsche Spur locken. Doch die Zeiten werden immer schlimmer. Wir erhielten Informationen, dass Franus, der Leiter des Geheimdienstes sein Personal massiv aufstockt hat, weil der Zentralrat mit dem Einfall von arthropodischen Agenten rechnet. «

»Ist es schon so weit, dass wir auf unserem eigenen Planeten nicht mehr sicher sind? «, fragte ein Teilnehmer der Versammlung. «

Saanda blickte ihn an. Er war der Anführer des Widerstandes.

»Was soll ich euch mitteilen, dass ihr nicht bereits selber wisst«, antwortete er. »Die Regierung wird unruhig. Sie besitzt keinen Plan mehr, um die Allianzflotte der Arthropoden aufzuhalten. Uns wurden geheime Infofolien zugespielt. Aus den Informationen der obersten Raumbehörde geht hervor, dass wir immer mehr Schiffe an der Front verlieren. Unsere Feinde scheinen über einen nicht endenden Nachschub zu verfügen. Die Prognosen der Behörde sprechen langfristig von einem Totalschaden unseres Planeten. Die Arthropoden besitzen einen immensen Hass auf alle humanoide Lebensformen. Aus den Berichten der Raumbehörde geht weiter hervor, dass unsere Feinde keine Gefangenen machen. Ihre Schiffe feuern auch auf die Rettungskapseln unserer zerstörten Schiffe. «

Ein Aufschrei ging durch die Menge der Versammelten. Saanda schüttelte seinen Kopf.

»Ich hätte euch lieber positive Nachrichten überbracht, doch es gibt sie nicht«, ergänzte er deprimiert.

Eisige Stille herrschte in dem Versammlungsraum. Nach wenigen Sekunden fuhr Saanda fort.

»Hört euch bitte den aktuellen Bericht von Kaandu an«, sagte er. »Unser Überwachungsspezialist kommt gerade aus dem Regierungsviertel mit neuen Informationen zurück. «

Kaandu trat vor.
»Zurzeit wird der Palast unseres Zentralrates komplett abgeschirmt«, erklärte er. »Es gab einen schweren Zwischenfall. Im Umkreis von drei Kilometern um die Gebäude der Regierung, wurde ein absoluter Flugalarm verhängt. Schwere Kreuzer der Heimatverteidigung setzen es durch und zwingen militärische und zivile Schiffe ihren Kurs zu ändern. Alle bodengebundenen

Abwehrtürme wurden ausgefahren und aktiviert. Sie werden von mobilen Raketen-Abschussrampen unterstützt.

Alle Garnisonen von Sicherheitssoldaten kontrollieren diese Bereiche. Ein Eindringen in diesen Stadtbereich ist völlig unmöglich. Ich habe von einigen Sicherheitssoldaten erfahren, dass möglicherweise Agenten der Arthropoden in das imperiale Archiv eingedrungen sind, die wichtige Infofolien entwendet haben. Wir alle wissen, dass der Zentralrat in diesem Archiv wichtige Dokumente unseres Volkes aufbewahrt. Es ist noch nicht geklärt, was entwendet wurde. Doch nach dem Aufgebot an Geheimpolizei muss es sich um etwas sehr Wichtiges handeln. «

Er unterbrach seine Rede kurz und blickte die Anwesenden an. Dann fuhr er fort.

»Uns allen sollte klar sein, dass der Krieg langsam an unsere Türe klopft«, teilte Kaandu mit. »Wenn es den Agenten der Arthropoden bereits gelingt, in den gut gesicherten Palast unseres Zentralrates einzudringen, dann ist das Ende unserer Rasse nicht mehr weit entfernt.«

»Was können wir noch tun? «, erkundigte sich ein Mitglied des Widerstandes. » Die Evakuierungs-Tore unserer Herren wurden geschlossen. Neue Flüchtlingsströme können sie nicht mehr passieren. «

»Das ist richtig«, erwiderte Saanda. »Wir wissen leider nicht, ob die Gegenseite noch aktiv ist. Ich gehe davon aus, dass der göttliche Zentralrat kein Interesse mehr zeigt, weitere Personen unseres Volkes in Sicherheit zu bringen. «

»Das ist auch verständlich«, bemerkte Kaandu. »Die Regierung braucht frisches Personal für ihre Schiffsneubauten. Je mehr Raguner unsere Zentralwelt verlassen, umso weniger Interessenten für die Raumflotte wird es geben. «

»Sollen wir auf den Untergang unserer Welt warten? «, fragte ein Widerstandskämpfer. »Wir müssen etwas unternehmen? «

»Das ist unsere Planung«, antwortete Kaandu. »Wir werden die Kontrolle der Evakuierungs-Tore an uns reißen. Doch das ist nur mit den Wiederstandgruppen anderer Clans möglich. Wir allein besitzen nicht genug Personal. Uns allen sollte klar sein, dass dieser Plan sich nur mit vielen Verlusten durchsetzen lässt. Falls unsere

Widerstandsgruppen die Personen Tore öffnen können, werden uns die Sicherheitssoldaten der Regierung angreifen. Wir brauchen genügend Kämpfer, um die Garnisonen des Zentralrates zu beschäftigen. Das wird nicht ohne Verluste erfolgen können. Doch während dieser Zeit kann sich der Großteil unseres Volkes durch die Tore in Sicherheit bringen. «

»Wir wissen doch gar nicht, ob die Aller-Ersten die Gegenseite des Tores nicht demontiert haben«, fragte ein Angehöriger des Widerstandes? «

»Das Risiko müssen wir eingehen«, antwortete Branus, der Stellvertreter von Saanda. »Es gibt keine anderen Möglichkeiten. Wir verfügen über keine Transportschiffe. Diese in unsere Gewalt zu bringen, das halte ich für sehr verlustreich. Zumal alle kampftauglichen Schiffe in den Werften bewacht und sofort wieder an die Front befohlen werden. «

»Das schließt aber die Schiffe der Heimatverteidigung aus«, bemerkte ein anderer Zuhörer. »Falls wir ein Schiff der 5.000 Meter-Klasse erbeuten könnten, würde das für die Evakuierung unseres Clans ausreichen. «

»Wollten wir nicht die Verantwortung für das ganze ragunische Volk übernehmen? «, fragte Maandu, der militärische Berater des Widerstandes. » Bisher haben wir immer über eine globale Lösung für unsere Rasse gesprochen. «

»Eine globale Evakuierung kann nur mit der Zustimmung des Zentralrates erfolgen«, antwortete Saanda. »In der momentanen Situation lässt sich dieser Weg für uns nicht beschreiten. So schmerzvoll es auch ist, wir sollten vorrangig unseren eigenen Clan im Auge behalten. Die Anführer der restlichen Widerstandsgruppen machen es genauso. «

Der Überwachungsspezialist trat nochmals vor.
»Mir wurden Informationen zugespielt, in denen von der Flucht von Muuda und Systemrat Camaal berichtet wurde«, erklärte er den erstaunten Zuhörern. »Scheinbar wollte der stellvertretende Zentralrat mit Hilfe des Systemrates und Angehörigen seiner Flotte einen Regierungsumsturz herbeiführen. Den Berichten zufolge wollte Muuda beweisen, dass der Vorsitzende Ruadan gegen unser Volk integriert. Er und Camaal wurden von Flottenführer Lenus unterstützt.

Der Geheimdienst hat ein geheimes Treffen dieser Personen im Casino Kolonial aufgezeichnet. Dort sollte auch der Zugriff auf die Personen durch unseren Geheimdienst erfolgen. Muuda, Camaal und seinen

Begleitern gelang es rechtzeitig zu flüchten. Sie entzogen sich der Gefangennahme und konnten auf das Flaggschiff von Camaal entkommen. Der ragunische Geheimdienst schickte ihnen 100 Kampfjets hinterher. Systemrat Camaal witterte den Befehl.

Unterstützende Schiffe seiner Flotte konnten alle Kampfjets des Geheimdienstes abfangen und zerstören. Dann flog sein Verband Richtung Vagun. Dort verlor der nachgesandte Zerstörer-Verband die Schiffe von seinen Bildschirmen. Die Regierung tappt im Dunkeln. Sie weiß nicht, wohin Camaal mit der Flotte verschwunden ist. «

»Die Berichte sind falsch«, widersprach ein Widerstandskämpfer. »Ich kenne Lenus sehr gut. Er war immer ein loyaler Kämpfer der Regierung. «

»Das kann ich bestätigen«, bemerkte ein anderer Zuhörer. » Systemrat Camaal ist über jeden Zweifel erhaben. Erst kürzlich hatte er die koloniale Flotte von 5.000 Schiffen dem Zentralrat für eine Mission zur Verfügung gestellt. Warum sollte er sich jetzt gegen die Regierung stellen? «

»Das weiß bisher Niemand«, antwortete Kaandu. »Ich muss zugeben, die Berichte sind verwirrend. Es muss etwas vorgefallen sein, dass die Meinungen von Muuda, Camaal und Lenus beeinflusst hat. «

Er blickte die versammelten Widerstandskämpfer an.
»Ich möchte noch erwähnen, dass Ruadan den Leiter des Geheimdienstes mit dem Abfangen von Camaal und seiner Flotte beauftragt hatte. Wie ich bereits mitteilte, misslang ihm der Zugriff. Der Vorsitzende des Zentralrates war hierüber so erbost, dass er Franus ohne ein Gerichtsverfahren vor den Augen seiner Mitarbeiter exekutierte. «

»Das dürfte er nicht«, schimpfte ein Zuhörer. »Auch für Angehörige des Zentralrates gibt es Gesetze. Falls dieser Bericht der Wahrheit entspricht, wird er nicht hiermit durchkommen. Das bricht ihm den Hals. «

»Die Berichte sind eindeutig und wurden als streng geheim deklariert«, antwortete Kaandu. »Sie wurden von uns überprüft. Eine Reaktion des Zentralrates liegt mir bisher nicht vor. «

»Der Regierung ist nicht mehr zu trauen«, teilte Saanda mit. »Sie versucht alles, um sich aus der Misere zu ziehen. Das ragunische Volk ist ihr unwichtig geworden. Wir sollten schnell handeln. Vermutlich nähert sich die Flotte der Arthropoden bereits unserem Planeten. Der Zentralrat verschweigt uns etwas.«

Saanda hob seine Hände.
»Ihr kennt jetzt die aktuelle Situation«, sagte er. »Ich bitte um weitere Vorschläge. Wie können wir unseren Clan retten?«

Die Diskussionen verstummten. Die Anwesenden dachten angestrengt nach. Niemand von ihnen konnte einen neuen Vorschlag unterbreiten.

Mehrere metallische Schläge rissen die Anwesenden aus ihren Gedanken. Es schien so, als ob eine schwere Metallplatte auf den Boden gefallen wäre. Eine Gruppe der Widerständler drehte sich um und griff nach ihren Waffen. Drei Personen liefen auf eine Reihe breiter Schränke zu, hinter der sie das Geräusch vernommen hatten. Vorsichtig spähte einer von ihnen um die Schrankwand.

Lächelnd drehte er sich seinen Kollegen zu.
»Alles in Ordnung«, sagte er. »Ranus kommt aus der versteckten Falltür, die zu den unterirdischen Fluchtgängen führt.«

»Ranus ist hier? «, staunte der Anführer der Gruppe. » Er gilt doch als vermisst? «

»Es ist Ranus«, bestätigte der Kämpfer. »Er erfreut sich bester Gesundheit. «

Als der vermisste Truppenführer um die breite Schrankwand trat, wurde er von dem Widerstand mit lautem Applaus empfangen.

Ranus lächelte die Angehörigen seines Clans an.
»Ist dieser Raum noch sicher? «, erkundigte er sich. » Wurde er auf Abhörsensoren des Geheimdienstes überprüft? «

Saanda schritt auf ihn zu und begrüßte ihn auf die ragunische Art.

»Der Raum ist absolut sicher«, bestätigte er. »Er wird jeden Tag auf Sensoren untersucht. Es ist schön, dich wiederzusehen. Wo warst du so lange? «

Ranus lächelte den Sprecher des Widerstandes an.
»Das ist eine lange Geschichte«, erwiderte er. »Ich erzähle sie euch später. Leider habe ich nicht viel Zeit. Seid ihr bereit Freunde von mir zu empfangen? «

»Was für Freunde? «, fragte Saanda. » Fremde dürfen diesen Raum nicht betreten. Wir kennen sie nicht. Verbürgst du dich für ihre Verschwiegenheit? «

»Das mache ich«, antwortete Ranus. »Ich lege meine Hand für sie ins Feuer. «

Der Anführer blickte den Truppenführer durchdringend an.

»Dein Wort reicht mir«, antwortete er. »Wo sind sie? «

»Sie warten in dem Höhlengang auf mein Zeichen«, antwortete Ranus. »Ich hole sie jetzt. Bitte hört sie an. Mit ihrer Hilfe können wir unseren Clan evakuieren. «

Die anwesenden Personen trauten ihren Ohren nicht. Aufgeregte Diskussionen entstanden zwischen den einzelnen Gruppen.

Ranus ging zu dem Ausstieg zurück. Er beugte sich über den Eingang.

»Ihr könnt kommen«, rief er in den Schacht. »Mein Clan ist informiert. «

Mit Spannung warteten die Anwesenden auf die Freunde von Ranus. Es verging nur ein kurzer Augenblick. Dann führte der Truppenführer seine Begleiter in den Saal.

Die Widerständler staunten nicht schlecht, als sie fünf humanoide Wesen erkannten, die von einem kleineren pelzigen Tier begleitet wurden. Die Gäste trugen alle schwarze, fremdwirkende Kampfanzüge. Ein leichtes Flimmern umgab ihre Körper.

Branus, Maandu und Kaandu bahnten sich einen Weg durch die Anwesenden. Sie stellten sich hinter Saanda. Misstrauisch musterten sie die Fremden.

»Wer sind deine Freunde? «, fragte der Anführer des Widerstandes.

Es sind Angehörige des Neuen-Imperiums von Natrid & Tarid«, erklärte Ranus. » Das ist ein mächtiges Imperium in der fernen Zukunft unseres Sternensystems. «

»Was erzählst du uns da? «, fragte Kaandu. » Dieses Imperium kennen wir nicht. «

Major Travis schaltete seinen Translator ein.
»Mein Name ist Major Travis«, stellte er sich vor. »Wir kommen 500.000 Jahre aus ihrer Zukunft. Ranus hat uns

um Hilfe für ihren Clan gebeten. Wir sind hier, um über eine Evakuierung zu sprechen. «

Saanda schüttelte seinen Kopf. Er blickte Major Travis und Ranus an.

»Ich kann das Gehörte kaum glauben«, erwiderte er. »Wir zerbrechen uns hier den Kopf, wie wir so viele Personen wie möglich vor dem Angriff der Arthropoden retten können. Leider sehen wir nur Möglichkeiten, die uns große Verluste an unseren Kämpfern bescheren. Jetzt kommt ihr zu uns und wollt über eine Evakuierung sprechen? «

Major Travis hatte mittlerweile seine Begleiter vorgestellt.

Die anwesenden Raguner rückten immer näher, um Teile des Gespräches mitzuverfolgen.

Branus drehte sich zu ihnen um.
»Drückt nicht so«, sagte er. »Wir werden euch über alle Einzelheiten informieren. «

Die Menge beruhigte sich.

Das Gesicht von Heinze hatte sich in Falten gelegt. Ein Blick von Major Travis genügte, um zu erkennen, dass sein Freund eine Unstimmigkeit festgestellt hatte.

»Gibt es ein Problem? «, erkundigte er sich.

Der Ro nickte. Er aktivierte ebenfalls seinen Translator, dass ihn die Führung des Widerstandes verstehen konnte. Sein Blick richtet sich auf Saanda.

»Wie viele Personen befinden sich in diesem Raum? «, erkundigte er sich.

»Fast alle Angehörigen unserer Untergrundgruppe haben sich heute hier versammelt«, antwortete der Anführer der Gruppe erstaunt.

Er wunderte sich, dass Heinze sprechen konnte. Bisher hatte er ihn als ein Tier eingestuft.

»Ihre Gedanken sind falsch«, sagte Heinze plötzlich. »Ich bin kein Tier. «

»Du kannst Gedanken lesen? «, fluchte Saanda. » Was bist du für ein Wesen? «

»Er ist ein Verbündeter unseres Imperiums«, beruhigte ihn Major Travis. »Vertrauen sie ihm, er besitzt besondere Fähigkeiten. «

»Es ist uns fremd, solche Verbündete zu haben«, antwortete der Anführer. »Aber Ranus Freunde sind auch unsere Freunde. Wir vertrauen euch. «

»Darf ich fortfahren? «, fragte Heinze.

Saanda nickte irritiert.
»Beantworten sie bitte meine Frage«, fuhr Heinze fort. »Wie viele Personen befinden sich in dieser Halle? «

»Fast alle Mitglieder sind hier, niemand hat sich abgemeldet«, antwortete der Anführer. Es sollten sich 553 Widerstandskämpfer in diesem Raum befinden. «

Heinze blickte ihn an.
»Ihre Aussage ist nicht korrekt«, erwiderte er. »Ich habe 554 eigenständige Gedanken geortet. Ein Bewusstsein sucht nach einer Möglichkeit Informationen an den ragunischen Geheimdienst weiterzugeben. Diese Person gehört nicht zu ihren Leuten. «

»Das ist nicht möglich«, flüsterte Kaandu. »Wir haben alle Anwesenden kontrolliert. «

»Vertraut Heinze«, griff Ranus in das Gespräch ein. »Ich bin von seinen Fähigkeiten überzeugt. «

Kaandu blickte ihn an.
»Welche Person sollte das sein? «, fragte er. » In diesem Raum befinden sich ausschließlich Personen unseres Clans. «

»Ich bringe sie zu der Person«, sagte Heinze. »Folgen sie mir. «

Major Travis und Heran schlossen sich zur Vorsicht an. Sie wollten nicht, dass ihrem Freund etwas zustieß. Gemächlich schritt Heinze an den Gruppen der Widerständler vor. Sie blickten ihn fasziniert an. Unverhofft blieb Heinze stehen und zeigte mit seiner Hand auf eine Person.

»Er ist es? «, sagte er. » Sein Name ist Grunus.
Der Angesprochene trippelte von dem rechten auf den linken Fuß. Es war offensichtlich, dass ihn eine gewisse Nervosität beeinträchtigte.

»Woher kennst du meinen Namen«, sprach er Heinze an. »Du bist ein Scheusal. Gehe sofort aus meinem Kopf. «

Seine rechte Hand griff nach der Laserpistole, die in seinem Kampfgürtel steckte. Er hatte die Hand auf den Griff des Strahlers gelegt, als seine Bewegungen erstarrten.

Heinze hielt ihm seine flache Hand entgegen. Seine mentalen Fähigkeiten blockierten die Bewegungsfreiheit des Verräters.

Kaandu trat einen Schritt vor und nahm die Laserpistole von Grunus an sich.

»Wachen« befahl er. »Nehmt diese Person fest. «

Vier Kämpfer kamen herangeeilt und banden die Hände von Grunus auf seinem Rücken zusammen. Zusätzlich hielten sie ihn an seinen Armen fest.

»Achtung«, sagte Heinze. »Ich lockere jetzt meine geistigen Fesseln. «

Von einer Sekunde zur andern fing der aufgedeckte Verräter an zu schreien.

»Ihr werdet nicht davonkommen«, kreischte er. »Dieses Widerstandsnest wird von dem Geheimdienst aufgespürt werden. Niemand von euch kann auf eine milde Strafe hoffen. Dafür werde ich sorgen. «

Saanda trat auf ihn zu und schnitt mit einem Messer die Kleidung des oberen Armes auf. Er riss die Bekleidung auf, bis er ein eingebranntes Zeichen in seiner Haut entdeckte.

»Das hätte ich mir denken können«, fluchte er. »Du bist ein Grokan. «

Der Anführer des Clans schüttelte seinen Kopf.
»Warum wolltest du uns hintergehen? «, fragte er. » Hat dir der ragunische Geheimdienst ein besseres Leben versprochen? «

Der Gefangene spuckte den Anführer an.
Dieser schlug ihm mit seiner flachen Hand ins Gesicht.

»Wir werden dir noch Manieren beibringen, « erklärte er. Dann drehte er sich seinen Leuten zu.

»Steckt ihn in die schmutzigste Zelle, die ihr finden könnt«, befahl er. »Dort soll er über seinen Verrat nachdenken. «

Was bedeutet der Ausdruck Grokan? «, erkundigte sich Major Travis. » Der Translator findet keine passende Übersetzung hierfür. «

Saanda winkte ab.
»Das ist ein Name für Verräter und Mitläufer des Geheimdienstes«, antwortete er. »Diese Personen fühlen sich als besonders prädestiniert, um für Ordnung auf unserem Planeten zu sorgen. Sie stellen sich gegen ihr eigenes Volk und verstehen nicht, dass unser Geheimdienst sie als Suchhunde missbraucht. «

Saanda streichelte Heinze über seinen Kopf.
»Ich danke dir«, sagte er. »Du hast uns vor einem Verräter und großen Schwierigkeiten bewahrt. Kannst du noch weitere Personen erkennen, die uns gegenüber Schlechtes im Sinn haben? «

»Ich kann sie nicht erkennen«, antwortete Heinze. »Mir ist es lediglich möglich, ihre schlechten Gedanken zu erfassen. Er war die einzige Person in diesem Raum, der ihre Gruppe verraten wollte. Alle anderen Gedanken drehen sich lediglich um Angst vor den Arthropoden und um die Evakuierung ihres Clans. «

Der Anführer blickte Major Travis und Heran an.

»Gehen wir zu ihren Leuten zurück«, schlug Saanda vor. »Dort können wir uns über ihr Angebot unterhalten. «

Saanda führte die Gruppe zu Ranus, Sergeant Hardin und seinen Marines zurück. Diese standen in dem Rücken ihres Vorgesetzten und beobachteten die Raguner skeptisch. Nach dem die Personen die Mitte des Raumes erreicht hatten, drehte sich Saanda seinen Getreuen zu.

»Ranus, der stolze Truppenführer unseres Clans ist nach Hause zurückgekehrt«, sprach er in ein Mikrofon. »Die Klagen unserer Trauer um seinen Verlust wurden erhört. Wie durch ein Wunder ist er zurückgekehrt und will uns einen Vorschlag unterbreiten. Er hat Freunde aus der Zukunft mitgebracht, die ihn unterstützen werden. Hören wir ihn an. Dann entscheiden wir über seinen Vorschlag.«

Er winkte Ranus zu.
»Komm und spreche zu den Kämpfern deines Clans«, forderte ihn der Anführer auf. «

Ranus trat an die Seite von Saanda.
»Ich grüße euch«, sprach er die Menge der interessierten Anwesenden an. »Die Situation an der Front spitzt sich zu. Unsere imperiale Flotte verliert immer mehr Schiffe. Die Allianz der Arthropoden rückt weiter vor und vernichtet Kolonie um Kolonie unseres göttlichen Imperiums. Der

Zentralrat wird unruhig. Er erkennt, dass seine Befehle nicht den gewünschten Erfolg bringen. Erstmals in unserer Geschichte haben wir es mit einem Gegner zu tun, der nicht nur intelligent, sondern uns auch von seiner Flottenstärke ebenbürtig ist, wenn nicht sogar überlegen. Ein Abtrünniger unserer Herren, sein Name ist Halswan, ist aus dem Nichts aufgetaucht und gibt sich als wissender Berater des Zentralrates aus. Ich weiß leider nicht, welche wahren Absichten diese zwielichtige Person im Schilde führt. «

Ranus verstummte einen Augenblick und ließ seine Worte wirken. Dann fuhr er fort.

»Dieser Abtrünnige unserer Schöpfer, der sich als unser Retter ausgibt, hat sich von seinem weisen Volke abgewandt, um uns im Krieg gegen die Arthropoden zu unterstützen«, erklärte er. »Was ist seine Absicht, frage ich euch? Wie ich mitbekommen habe, fruchten seine Vorschläge nicht. Ein Erfolg blieb ihm bisher versagt. Ich rufe euch laut zu, vertraut dieser Person nicht. Er verbirgt etwas vor uns. Obwohl er vorgibt, an unserer Schöpfung maßgeblich beteiligt gewesen zu sein, beteuert er ständig, wie wichtig das Überleben unserer Rasse für ihn ist. Nach meiner Beobachtung bedeutet ihm ein ragunisches Leben sehr wenig.

Einer seiner Vorschläge war es, ein zeitgesteuertes Wurmloch zu öffnen, um die Arthropoden in ihrer frühen Epoche anzugreifen und zu vernichten. Unser geschätzter Systemrat Camaal sollte diese Aufgabe übernehmen. Vorher mussten alle zeitgesteuerten Wurmloch-Tore seiner Rasse abgeschaltet, besser noch vernichtet werden. Diese zwielichtige Person erklärte dem ragunischen Zentralrat, dass nur auf diesem Wege eine spätere Korrektur der Zeitgeschichte durch fremde Intriganten verhindert werden könnte. Er vermutete, dass Zeitagenten seines eigenen Volkes den geplanten Eingriff in der Vergangenheit der Arthropoden korrigieren würden. «

Erneut machte Ranus eine kleine Pause. Die Anwesenden starrten ihn fragend an.

»Flottenkommandeur Lenus wurde mit einer geheimen Mission beauftragt«, fuhr er fort. »Ihr alle kennt ihn als zuverlässigen und treuen Offizier unserer Flotte. Seine Erfolge sprechen für sich. Er beauftragte mich, dass Kommando über unsere Soldaten und Schwertkämpfer in dieser Mission zu übernehmen. Ich willigte bereitwillig ein. Erst später erfuhr ich von ihm, dass Halswan persönlich diesen geheimen Auftrag begleiten würde. Zu diesem Zeitpunkt lagen uns noch nicht alle notwendigen Informationen vor. Ansonsten wäre ich sicherlich von einer Beteiligung zurückgetreten. Laut den Aussagen von Flottenkommandeur Lenus, vermutlich wusste er es auch nicht besser, sollten wir durch ein aktiviertes Flüchtlingstor unserer Schöpfer in ihre geheime Station eindringen und die zeitgesteuerte Wurmlochanlage vernichten.

Das war der Plan von Halswan. Die Station galt nach seinen Informationen als verlassen. Die Wurmlochanlage sollte von mehreren zeitgesteuerten Sprengsätzen zerstört werden. Dieser Plan sah recht einfach aus. Doch seine Umsetzung wurde zu einem Desaster. Als unser Einsatzkommando mit einem Transportgleiter durch das geöffnete Flüchtlingstor in die Station unserer Schöpfer eindrang, wurden wir von einem starken feindlichen Truppenkontingent empfangen. Wir erkannten sehr schnell, dass die Station nicht verlassen war, wie es Halswan vermutete. Die Aller-Ersten hatten sie mittlerweile an neue Besitzer übergeben. Die anschließenden schweren Gefechte kosteten meinen Schwertkämpfern das Leben. Viele meiner Kampfsoldaten wurden ebenfalls getötet. «

Ranus zeigte auf Major Travis und seine Begleiter.
»Unsere Schöpfer hatten zwischenzeitlich die geheime Station an eine andere humanoide Lebensform übergeben«, ergänzte er. »Hiervon ahnten wir nichts. Ihre

Soldaten waren wachsam und kampferprobt. Sie ließen uns nicht die Oberhand gewinnen. Ich denke mit Schrecken an diesen Einsatz zurück. Metallische Ungetüme, in Form von waffenstarrenden Kampfrobotern, griffen uns an. Ihre roten Augen mustern uns gnadenlos. Viele meiner Soldaten sahen das rote Leuchten in ihren Augen, bevor sie von ihnen getötet wurden. Perfekte, 2,20 Meter große Kampfmaschinen, griffen nach unseren Einsatzkräften.

Ich hörte, wie Halswan Flottenführer Lenus anschrie, auch die letzte Reserve unserer Kampftruppen in den Kampfeinsatz zu befehlen. Doch dieser erkannte die Aussichtslosigkeit unseres Angriffes und befahl den Rückzug. Er wollte nicht noch mehr Verluste unter seinen Leuten. Der Abtrünnige der Aller-Ersten war außer sich vor Wut. Er fuhr den Flottenführer an und wollte ihn seines Befehls entheben. Doch Flottenführer Lenus ließ sich nicht beeindrucken. Er stieß Halswan von sich fort, so dass dieser rückwärts auf seinen Rücken fiel. Der Aller-Erste stand wutentbrannt wieder auf. Lenus hatte zwischenzeitlich den Rückzugsbefehl an seine Soldaten erteilt.

Unsere verbliebenen und teilweise verwundeten Kämpfer, liefen unter einem schweren feindlichen Beschuss zu dem Truppengleiter zu. Lenus selbst sicherte ihren Rückzug. Als Halswan nicht folgen konnte, rief Lenus ihm zu, dass er keine Bedenken hätte, ohne ihn die Station zu verlassen. Erst dann folgte Halswan dem Befehl. Leider konnte ich dem Rückzugsbefehl nicht folgen, da ich mich bereits in der Gefangenschaft von Soldaten des Neuen-Imperiums befand. «

Die Anwesenden hatten den Ausführungen von Ranus gespannt zugehört. Der Geräuschpegel nahm an Lautstärke zu.

»Etwas noch«, ergänzte Ranus. »Ich wurde von dem neuen Imperium nicht als ein Gefangener angesehen, sondern genoss die Vorteile eines Gastes. In meiner luxuriösen Unterkunft begann ich langsam zu verstehen. Relativ schnell lernte ich ihre Sprache. Versteht bitte, dass unsere Truppen sie angegriffen haben. Die Verteidigung ihres Terrains war nach meiner Ansicht rechtens. Wir würden es nicht anders machen. «

Die Menge beruhigte sich wieder etwas.
»Es ist ein Tatbestand, dass die Flottenverbände des Neuen-Imperiums uns technisch weit überlegen sind. Neben Tarnvorrichtungen für ihre Schiffe verfügen sie über ausgereifte Waffensysteme und auch über den Wurmlochantrieb. «

Die Geräuschkulisse nahm wieder zu.

»Können uns die Schiffe des Neuen-Imperiums nicht gegen die Arthropoden helfen? «, fragte einer der Kämpfer.

»Das können sie nicht«, antwortete Ranus. »Ihre Species wird erst in 500.000 nach unserer Zeit existieren. Ich bitte Major Travis etwas hierzu mitzuteilen. «

Ranus wandte sich dem Major zu.

»Bitte richten sie einige Worte an meinen Clan? «, sagte er. » Möglicherweise können sie einige ihrer Fragen beantworten. «

Major Travis trat an die Seite von Saanda. Dieser zeigte auf das Mikrofon.

»Ich habe keine Einwände«, sagte er.

»Geben sie uns alle nötigen Informationen, so dass wir verstehen können«, bemerkte Saanda. » Diese werden uns von dem Zentralrat vorenthalten. «

Major Travis nickte und trat vor das Mikrofon. Er blickte die Zuhörer musternd an. Seinen Translator hielt er vor das Mikrofon.

»Mein Name ist Major Travis«, stellte er sich vor. »Ich bin ein Führungsoffizier des Neuen-Imperiums. Entschuldigen sie bitte, dass ich nicht wie Ranus ihre Sprache studiert habe. Doch vor kurzer Zeit wussten wir noch nichts von ihrer frühen Existenz in diesem Sonnensystem. «

Er blickte die Zuhörer an.
»Wissen sie auch warum? «, erkundigte er sich.

Viele der Raguner schüttelten ihren Kopf.

»Ich will es ihnen beantworten«, fuhr Major fort. »In unserer Zeitepoche existiert ihr Zentralplanet nicht mehr. Hinter dem vierten Planeten dieses Sternensystems wird sich in ihrer Zukunft ein großes Asteroidenfeld befinden. Das wird alles sein, was die Arthropoden von ihrer Welt übriglassen werden. Es wird der Tag kommen, an dem ihre Feinde die imperialen Flottenverbände besiegen werden und niemand mehr das Vorrücken ihrer Schiffe aufhalten kann. Das ist leider ein Teil unserer Geschichte und ihre bevorstehende Zukunft. «

Die Widerständler waren sprachlos. So deutlich hatte ihnen noch kein Raguner den bevorstehenden Untergang ihres geliebten Planeten verdeutlicht.

Major Travis fuhr fort.

»Erst durch Geoffwan, dem Sprecher der Regierung ihrer Schöpfer, haben wir von ihrer Existenz erfahren«, teilte er mit. »In unserer Zeitepoche kennt kein Lebewesen mehr den Namen Ragun. Bitte entschuldigen sie, dass wir uns während des Angriffes ihrer Soldaten auf unsere Wurmlochstation verteidigen mussten. Ich bedauere die vielen Verluste auf Ihrer Seite. Die Schuld hierfür trägt Halswan, der Abtrünnige ihrer Schöpfer.

Er geht einen falschen Weg. Wir kennen nicht seine Absichten oder seine Gedanken. Doch es ist eine Tatsache, dass ihre Welt untergehen wird. Noch wäre Zeit genug vorhanden, um ihr Volk zu evakuieren. Doch diesen Schritt will der Abtrünnige der Aller-Ersten nicht gehen. Er möchte durch ein zeitgesteuertes Wurmloch ihre Feinde in ihrer frühen Entwicklungsstufe angreifen und sie auf diesem Wege ausrotten. «

Major Travis ließ seine Worte wirken. Dann fuhr er fort.

»Sie alle kennen Systemrat Camaal«, sagte er. »Er wurde beauftragt in unsere Zeit zu reisen, um mit seinen 5.000 Schiffen unsere zeitgesteuerte Wurmlochstation zu zerstören. Ihm wurde mitgeteilt, dass unser Imperium nicht über eine große Flotte verfügen kann. Das war ein gewaltiger Irrtum. Wir haben seine Flotte abgefangen. Er genießt unsere Gastfreundschaft. Durch die Mithilfe unserer Freunde der Aller-Ersten, konnten wir ihn von der Sinnlosigkeit seiner Aufgabe überzeugen. Er hat sich bereit erklärt, in unserer Zeitepoche zu bleiben und will uns unterstützen. Wir werden ihm und seinem Schiffspersonal einen geeigneten Planeten übergeben, der mit Ragun vergleichbar ist. Auf diesem Wege überleben einige Angehörige ihrer Rasse und erhalten eine neue Zukunft.

»Er ist bei ihnen in der Zukunft? «, staunte Branus. » Sie haben ihm Asyl gewährt? «

»Das haben wir«, erwiderte der Major. »Auch Ranus werden wir Asyl gewähren. Er hat unser Imperium kennengelernt und erkannt, dass es sich ganz anders darstellt, als sie es im Moment vermuten. Jedes Lebewesen kann sich frei entfalten. Sie werden nicht von ihren Regierungen drangsaliert, oder für Aufgaben herangezogen, die sich nicht ausführen möchten. Ich kann ihnen versichern, dass unser Imperium ihnen ein richtiges Leben ermöglicht. «

Der Major zeigte auf Ranus.
»Ihr geschätzter Truppenführer hat uns gebeten, ihren Clan zu evakuieren«, erklärte er. » Wir haben

beschlossen, diesen Wunsch zu erfüllen. Aus diesem Grunde stehen wir heute vor ihnen. «

»Gibt es keine andere Lösung? «, erkundigte sich Maandu, der militärische Befehlshaber des Widerstandes. » Alles, was wir hier aufgebaut haben, wird mit dem Verlust von Ragun verloren gehen. «

Major Travis blickte ihn an.
»Das wird so kommen«, bestätigte er. »Doch das Leben ihres Clans, ihrer Familien und ihrer Freunde und Bekannten wird weitergehen. Es gibt keine andere Möglichkeit. Ihre Schöpfer und auch wir, werden jeden Versuch einer Manipulation der Zeitebenen durch Halswan unterbinden. Das ist notwendig, um nicht allen nachwachsenden Rassen in diesem Sternensystem die Zukunft zu nehmen. «

»Es wird neue Rassen in unserem heimatlichen Sternensystem geben? «, fragte Saanda erstaunt.

Major Travis nickte.
»Es entwickelt sich eine starke Rasse auf dem vierten Planeten dieses Systems«, erklärte Major Travis. »Dieses humanoide Volk wird sich später Natrader nennen. Fragen sie mich nicht, warum dieses einzigartige Sternensystem eine so wichtige Rolle für die Entstehung

intelligenter Lebensformen spielt. Ich kann es ihnen nicht beantworten. Jedenfalls entwickelt sich diese neue Species sehr schnell. Ihre stetig expandierende Zivilisation wird später von einem Kaiser geführt werden. Jahrtausende vergehen, dann ist es endlich so weit.

Ihre Technik schafft den Sprung in den Weltraum. Die Entwicklung der Natrader geht weiter. Der technisch hochintelligenten Rasse gelingt es, ein mächtiges Sternen-Imperium aufzubauen, das sich bis an die Grenzen unserer Nachbargalaxien ausdehnen wird. Ihre überlegene Technik wird von vielen bekannten Lebensformen gefürchtet und muss später als ausgereift und überlegen eingestuft werden. Ähnlich wie bei ihrer Rasse, expandiert ihr Imperium immer weiter. Ihr Kaiser wird mit dem Erreichten nicht zufrieden sein. Sie erkennen die Ähnlichkeiten, vergleichbar mit ihrem Zentralrat. Irgendwann trafen die Flotten der Natrader auf technisch gleichwertige Feinde. Es kommt zu massiven Auseinandersetzungen. «

Major Travis blickte die still zuhörenden Raguner an.
»Ich will nicht auf die langen Jahre der kriegerischen Vernichtungskämpfe eingehen«, erklärte er. »Dafür haben wir jetzt keine Zeit. Am Ende des Krieges werden die Natrader ein ähnliches Schicksal erleben, wie es die Geschichte für ihre Zivilisation vorgesehen hat. Von dem

heutigen Tage gerechnet, wird das in etwa 400.000 Jahren stattfinden. Die Zivilisation der Natrader wird von einer exoiden Lebensform angegriffen, die viele ihrer Kolonien und schließlich auch ihre Heimatwelt vernichten wird. Der vierte Planet dieses Sonnensystems wird in einer gnadenlosen und nie da gewesenen Materialschlacht völlig ausgebrannt. In unserer Zeit wird es ein toter Planet, ohne Wasser, Sauerstoff und Leben sein. Die wenigen letzten Überlebenden dieses Volkes werden aufwendig von einer großen Flotte in eine andere Sterneninsel evakuiert. «

Major Travis blickte die Raguner an. Es fiel ihnen schwer, das Gehörte zu verarbeiten.

Der Major fuhr mit seinen Ausführungen fort.
»Das alles wird sich noch ereignen«, ergänzte er. »Doch auch hier durften wir nicht eingreifen. Das würde die Zeitlinien schädigen, mit nicht vorhersehbaren Folgen für unsere ganze Galaxie. «

Major Travis lächelte die Raguner an.
»Unser Ursprungsplanet ist die dritte Welt dieses Sternensystems«, erklärte er. »Vielleicht auch durch die Mithilfe der Natrader, wird sich auf unserem Planeten eine neue humanoide Lebensform entwickeln. Erst einige Jahrtausende später können wir uns die technischen

Hinterlassenschaften der Natrader zu Nutze machen und diese weiterentwickeln. Unser Imperium wird eine freiwillige Vereinigung von Planeten und Welten sein. Keine Rasse wird gezwungen, unserem Planetenverbund beizutreten. Die Entscheidung trifft jede Zivilisation für sich selbst. Doch viele dieser Welten werden den Vorteil einer starken Vereinigung erkennen. Ich rede nicht nur von militärischer Stärke. Auch auf die wichtigen Handelsbeziehungen unter den verschiedenen Welten wird es ankommen. Alle Planeten unseres Imperiums rücken hierdurch näher aneinander und werden weiter erblühen. «

»Ich verstehe«, antwortete der Anführer des Widerstandes. »Sie haben bewusst von unserer Zukunft gesprochen, die ja leider für ihre Rasse eine traurige Vergangenheit darstellt. «

Major Travis nickte den Anführer an.
»Ich sprach von der Zukunft dieses fantastischen kleinen Sternensystems, dass wir Sol-System nennen«, erklärte er.

Saanda blickte Ranus an.
»Kannst du uns versprechen, dass wir in der Zukunft besser aufgehoben sind, als hier auf den Untergang unserer Welt zu warten? «, erkundigte er sich.

»In jedem Fall«, antwortete der ehemalige Truppenführer. »Das ist die letzte Chance für unser Volk. Unser Clan sollte seinen Gedanken an ein göttliches Imperium schnell begraben. Das gibt es nämlich nicht. Wir werden ein Teil des Neuen-Imperiums sein und unter seinem Schutz stehen. Selbstständig werden wir unsere eigene Zivilisation aufbauen. Der Vorteil gegenüber einer Evakuierung durch die Flüchtlingstore unserer Schöpfer liegt auf der Hand. Wie wir wissen, verstreuen sie unsere Clans auf weit entfernten Planeten, von denen wir noch nicht einmal die Koordinaten kennen.

Abgeschnitten von jedem Kontakt und jeder Kommunikation untereinander. Sie wollen uns ausdünnen. Falls wir jedoch unsere Angehörigen von Major Travis evakuieren lassen, bleiben wir in der Nähe unseres heimatlichen Sonnensystems, sozusagen in unserer eigenen Galaxie. Wir selbst fallen in der technischen Entwicklung nicht um Jahrtausende zurück, sondern profitieren von dem Anschluss unserer Welt an das neue Imperium. Major Travis erwartet von uns, dass wir uns einbringen, die Richtlinien eines Zusammenlebens akzeptieren und uns mit eigenen technischen Entwicklungen und einem Handel integrieren. Hiervon werden alle Rassen des Planetenverbundes profitieren.«

»Du sprichst so leidenschaftlich über das Neue-Imperium?«, erkannte Kaandu. »Für meine Person bin ich bereits sehr neugierig geworden. «

Ranus blickte den Major an.
»Möchten sie meinen Worten noch etwas hinzufügen? «, erkundigte er sich.

»Gerne«, antwortete der Major.

Er zog das Mikrofon an sich.
»Es ist, wie Ranus es ihnen mitgeteilt hat«, sprach er in das Mikrofon. »Wir bieten ihnen an, sie in den ersten Jahren der Umsiedlung zu unterstützen. Sie werden nicht allein gelassen. Machen sie sich keine Sorgen. Falls es ihnen an etwas fehlen sollte, helfen wir ihnen mit Rat und Tat, oder mit allen unseren Möglichkeiten. Sie werden über Unterkünfte, eine Hyperkomm-Funkanlage, über genügend Wasser und Lebensmittel verfügen. Bei Bedarf können sie Kontakt zu uns, oder zu unseren Außenposten aufnehmen. Wir werden ihnen bei dem Aufbau ihrer Industrie helfen. Das beinhaltet auch die Werften für den Bau ihrer Klappflügel-Schiffe. Berücksichtigen sie bitte auch, dass Systemrat Camaal, ebenfalls ein Mitglied ihrer neuen Zivilisation werden wird. Die Flotte darf er behalten. Seine 5.000 Schiffe werden ihren Planeten sichern. «

Die Widerständler diskutierten eifrig. Ihnen schien die Evakuierung mehr als willkommen zu sein.

»Wir müssen über ihren Vorschlag abstimmen «, erklärte Saanda. »Ich gehe aber davon aus, dass alle Familien unseres Volkes zustimmen werden. Sie wissen von den immer weiter vordringenden Feinden unseres Imperiums. Ebenfalls davon, dass es unserer imperialen Flotte nicht gelingt die Oberhand zu gewinnen. Viele Personen unseres Volkes rechnen bereits mit dem Untergang von Ragun und dem Ende unserer Zivilisation.«

Er blickte Major Travis traurig an.
»Wie stellen sie sich die Evakuierung unseres Clans vor? «, fragte er schließlich. » Immerhin sprechen wir über eine Gruppe von fast 7.890 Personen. «

»Dieses Problem haben wir mit Ranus mehrfach diskutiert«, antwortete der Major. »Wir stellen ein getarntes Transportschiff bereit. Leider können unsere Schiffe nicht in der dicht besiedelten Hauptstadt ihres Planeten, nahe den Unterkünften ihres Clans landen. Aus diesem Grunde hat Ranus uns das Gelände eines verfallenen Industrieareals vorgeschlagen. Nach meiner Einschätzung beträgt die Entfernung von hier aus zu diesem Ort knapp 24 Kilometer. Schaffen sie es, alle

Personen ihres Clans durch die unterirdischen Gänge zu evakuieren? Nur wenn das möglich ist, steht einer Evakuierung nichts im Wege. Die Sicherheitssoldaten ihrer Regierung dürfen hiervon nichts mitbekommen. «

»Das wird ein langer Fußmarsch werden«, bemerkte Saanda. »Vermutlich werden es die alten Personen, alle Gebrechlichen und die kranken Raguner nicht schaffen. Für sie brauchen wir eine Transportgelegenheit. Zurücklassen möchten wir sie nicht. «

»Das ist auch nicht unsere Absicht«, lächelte Major Travis. »Haben sie geeignete Transportgeräte? «

Der Anführer des Widerstandsclans schüttelte seinen Kopf.

»Leider nicht«, erwiderte er. »Wir können lediglich einen Transportgleiter auf dem Dach eines unserer Gebäude landen lassen. Das wird auch praktiziert, um Personen unseres Clans zu Ansprachen des Zentralrates zu bringen. Doch ich vermute, dass in der Nacht nicht genehmigte Transportflüge von den Sicherheitssensoren des ragunischen Geheimdienstes geortet werden. Er wird sofort Elitesoldaten schicken, die eine Personenkontrolle durchführen werden. «

»Dann können wir diese Möglichkeit vergessen«, sagte der Major. »Wir brauchen eine andere Idee. «

Er blickte die Anführer des Widerstandes an. Ranus unterhielt sich mit ihnen. Doch Branus und Maandu hoben ihre Schultern an und schüttelten ihre Köpfe. Major Travis drehte sich Heran zu und unterhielt sich mit ihm.

Nach einer Weile wandte sich Saanda wieder Major Travis zu.

»Wir haben alles durchgesprochen«, erklärte er. »Es scheint keine Möglichkeit zu geben, die Alten, die Gebrechlichen und die Kranken unseres Volkes mitzunehmen. Wir werden sie zurücklassen müssen. «

»Dieser Vorschlag gefällt mir nicht«, antwortete Major Travis. »Das bedeutet kein guter Anfang für sie in der Zukunft. Viele ihrer Familien würden ihnen später Vorwürfe machen. «

Er zeigte auf Heran.
»Mein Begleiter kommt aus einer anderen Zivilisation als unsere Rasse«, erklärte er. »Sein Volk ist mit uns verbündet und unterstützt uns seit langer Zeit. Heran hat mir einen Vorschlag unterbreitet. «

Die Führung des Widerstandes blickte Heran mit großen Augen an.

»Sprechen sie bitte, falls sie eine verwertbare Idee haben«, bat Saanda ungeduldig. «

Heran räusperte sich.
»Ich habe mich gerade mit Major Travis besprochen«, begann er. »Die Flüchtlings-Tore werden von uns zu einem gewissen Zeitpunkt gesprengt. Lange vor diesem Zeitpunkt sollten sie alle Personen bereits in die unterirdischen Tunnel geleitet haben, die zu Fuß die lange Strecke bewältigen können. Für die restlichen Personen schlage ich vor, fünf mobile Transmitter zu installieren. Hiermit können sie alle Personen vorrangig evakuieren, die den langen Fußmarsch nicht auf sich nehmen können.

Da es vermutlich auch etwas Zeit brauchen wird, um sie auf unser Schiff zu bringen, können wir das vor dem Eintreffen ihres Clans durchführen. Sie werden sicherlich Betreuungspersonal bereitstellen, welche diesen Gruppen helfen werden. «

»Das ist möglich«, antwortete Saanda. »Über diese Hilfe brauchen wir nicht zu reden. «

»Sehr gut«, erwiderte Heran sachlich. »Doch leider strahlen diese mobilen Transmitter starke Energie-Emissionen aus und können angepeilt werden. Wir können sie nicht lange in Betrieb halten. Aus diesem Grunde ist es uns nicht möglich, alle Angehörigen ihres Clans auf diesem Wege zu evakuieren. «

»Ich verstehe«, antwortete Saanda. »Sie setzen die Geräte als Fluchttransmitter für kleine Personengruppen ein? «

Major Travis nickte.
»Das haben sie richtig erkannt«, lächelte er. »Die Energiestrahlung dieser kleinen Geräte ist leider sehr intensiv. «

»Wäre ein Ablenkungsmanöver hilfreich? «, erkundigte sich Maandu. » Es müsste etwas sein, das den Geheimdienst von den Energie-Emissionen ihrer Transmitter ablenkt. «

»Ein guter Einfall«, bestätigte Major Travis. »An was denken sie genau? «

Der militärische Berater des Widerstandes blickte Saanda an.

»Wir jagen die Generatoren-Halle für den globalen Schutzschirm von Ragun in die Luft«, erklärte er. »Mein Gedanke ist es, ausschließlich zeitgesteuerte Sprengstoffe einzusetzen. Bekanntlich erzeugen dort 50 Energiemeiler die benötigte Energie für den globalen Schutzschirm. Wenn wir jeden Generator in einem Abstand von einer Minute sprengen, bringt uns das 50 Minuten Zeit. Die Konzentration des Geheimdienstes wird sich auf dieses Szenarium konzentrieren. Die gewaltigen Explosionen sollten das Anmessen der Transmitterstrahlung fast unmöglich werden lassen. «

»Wir werden unseren Trupps ausreichend Zeit verschaffen, damit sie sich zurückziehen können«, bemerkte Saanda. »Die Generatoren-Halle befindet sich in der Mitte unserer Stadt. Sie liegt also auf dem halben Weg zu dem Evakuierungspunkt. «

Major Travis blickte Heran an.
»Du bist Transmitter und Wurmlochspezialist«, sagte er. »Was hältst du von diesem Vorschlag? «

Heran wirkte nachdenklich.
»Falls es sich um große Energiemeiler handelt, kann es funktionieren«, erwiderte er. »Die gigantische Energieentfaltung bei der Explosion der Meiler, wird die sensiblen Ortungsgeräte des Geheimdienstes verzerren. «

Er überlegte einen weiteren Augenblick.

»Die Idee ist gut«, ergänzte er. »In jedem Fall unterstützt das unsere eigene Mission. Die Sicherheitskräfte werden an diesem Tag genug zu tun haben. Vermutlich werden sie sich keine Gedanken um Flüchtlinge machen. «

»Bekommen sie das hin? «, erkundigte sich Major Travis. » Somit sollte der Evakuierung ihres Clans nichts mehr im Weg stehen. Sorgen sie bitte dafür, dass unsere Pläne nicht dem ragunischen Geheimdienst in die Hände fallen. Das ganze Vorhaben wird abgebrochen, wenn unsere Einsatzgruppen in einen Hinterhalt geraten. Wir werden dann unverrichteter Dinge wieder abziehen. «

»Wir planen alles sehr genau, wenn wir die Zeitdaten ihrer Evakuierung erhalten haben«, antwortete Branus, der Stellvertreter des Anführers. »Ich rechne damit, dass die Evakuierung durch die geheimen unterirdischen Tunnel 5 Stunden brauchen wird, gerechnet bei einem zügigen Schritttempo. Zusätzlich achten wir darauf, dass kein Angehöriger unseres Clans Probleme bereitet. «

Major Travis blickte den Anführer an.

»Heute in drei Tagen ist es so weit«, erklärte er. »Wir werden mit zwei getarnten Schiffen um 20:00 Uhr landen. Mehrere Einsatzteams werden sich durch die unterirdischen Tunnel dem Platz der Evakuierung nähern. Ranus hat versprochen uns zu führen. Ihre Gruppe sollte zusehen, dass sie fünf Stunden früher mit der Evakuierung beginnt. Gleichzeitig wird ein Team unter der Leitung unseres kleinen Freundes Heinze, in dieser Halle materialisieren und die Fluchttransmitter für ihre hilfebedürftigen Personen überbringen und sie aufbauen.

Das sollte gegen 20:30 abgeschlossen sein. Ich muss es nochmals wiederholen. Sogen sie bitte dafür, dass sich in dieser Halle keine feindlichen Soldaten befinden. Beginnen sie mit der Sprengung der Energiemeiler des ragunischen Schirmfeldes, wenn unser kleiner Freund ihnen ein Zeichen gibt. Sofort hiernach werden wir die mobilen Transmitter aktivieren. Er wird uns zeitgleich mental informieren. «

»Das kann er auch? «, staunte Saanda. »Ich bin begeistert.«

Major Travis pflichtete ihm bei.
»Nach der Aktivierung beginnen sie sofort mit der Evakuierung ihrer Kranken und Gebrechlichen«, fuhr er fort. »Schicken sie diese Personen und ihr Geleitpersonal durch den mobilen Transmitter, damit wir sie in unser Transportschiff bringen können. Sie müssen auf dem Schiff sein, bevor der Hauptteil ihres Clans eintrifft. «

Saanda und seine Begleiter nickten.

»Wir werden uns um alles kümmern«, antwortete er. »Vertrauen sie uns. Diese letzte Gelegenheit lassen wir uns nicht nehmen. «

»Ich würde euch gerne unterstützen? «, bemerkte Ranus. »Jedoch kümmere ich mich um die Begleitung des Einsatzteams des Neuen-Imperiums. Ich werde sie führen. Nur wenn wir die Flüchtlingstore auf dem großen Platz der Evakuierung vernichten können, werden wir in der neuen Zeit sicher sein. «

»Das haben wir mittlerweile verstanden«, lächelte Saanda. »Du hast dich bereits genug für uns eingesetzt. Falls alles gelingt, wirst du als der Retter unseres Clans in die Geschichte eingehen. «

»Das will ich überhaupt nicht«, entgegnete der Truppenführer. »Ich möchte lediglich nicht durch eine falsche Politik unseres Zentralrates meinen Clan in den Untergang gestürzt sehen. «

»Das wollen wir alle nicht«, antwortete der Anführer des Widerstandes. «

Er blickte Major Travis und seine Begleiter an.

»Dann sind wir uns einig? «, fragte er.

»Meine Kämpfer werden den unterirdischen Tunnel sichern und rechtzeitig die zeitgesteuerten Sprengsätze an den Energiemeilern anbringen«, bestätigte Saanda »Nachdem uns ihr kleiner Mitarbeiter ein Zeichen gegeben hat, beginnen wir mit der Zündung. Vorher werden wir bereits die Angehörigen unseres Clans in die unterirdischen Tunnel geleiten. «

»Ich sehe, sie haben verstanden«, lächelte Major Travis. »Halten sie sich exakt an den Zeitplan. Eine spätere Änderung kann nicht mehr erfolgen. «

»Wir werden den Zeitplan einhalten«, bestätigte Saanda. Major Travis hob seine Hand zum Abschied und reichte diese Saanda. Auch Saanda streckte seine Hand aus. Major Travis ergriff sie und drückte fest zu.

»Das ist eine Geste der Begrüßung, oder des Abschiedes auf unserem Planeten«, erklärte er. »In der neuen Zeit werden sie viele neue Dinge lernen. Halten sie sich bereit.«

»Gute Rückkehr zu ihrem Schiff«, antwortete Saanda. »Wir hoffen auf sie. «

Ranus verabschiedete sich auf die ragunische Art. Dann schritt er mit Major Travis und seinen Begleitern auf den Abstieg in den Höhlengang zu. Dieser wurde von breiten Schrankwänden vor den Augen fremder Beobachter gesichert. Als die Personen des Neuen-Imperiums den Raum verlassen hatten, klappte ein Angehöriger des Widerstandes die schwere Falltür zu und zog einen Teppich hierüber.

Saanda blickte seine Kollegen an.

»Die göttliche Macht meint es gut mit unserem Clan«, bemerkte er. »Wir werden diese letzte Chance für unser Volk nicht ungenutzt verstreichen lassen. Teilen wir unsere Leute ein. Es bleibt nicht viel Zeit, um alles zu organisieren und unseren Clan zu instruieren. «

Er drehte sich zu den wartenden Mitgliedern der Widerstandsgruppe um.

»Kämpfer, Freunde und Regimegegner«, sagte er«. Lasst uns überlegen, wie wir am besten vorgehen werden. Von euch allen wird Mut und Tapferkeit verlangt. Nutzen wir das Angebot von Ranus Freunden für unseren Clan. «

Die Widerständler applaudierten und schrien ihre Freude hinaus. «

Die Graver beförderte die Personen des Erkundungsteams schnell wieder zu der getarnten Termar 1 zurück. Nach dem alle Personen eingecheckt hatten, hob der Angriffskreuzer von dem Boden ab und gewann schnell an Höhe. Die Termar 1 durchquerte die Wolkendecke in den Orbit. Mit mäßiger Geschwindigkeit näherte es sich der Umlaufbahn des Planeten.

»Senden sie ein Signal an das Flaggschiff von Admiral Tarin«, befahl der Major seinem Funkoffizier. »Wir fliegen nach Hause. «

Sergeant Farmer setzte das geheime Signal auf einer abhörsicheren Frequenz ab. Es dauerte nur wenige Sekunden, dann bestätigte das Schiff des Admirals den Code. Gemeinsam beschleunigte die Flotte in Richtung Vagun, um auf dessen Rückseite ein zeitgesteuertes Wurmloch in die Zukunft zu öffnen.

# Regierungszone von Ragun

Die schrillen Alarmsirenen des Regierungsviertels zeigten der ragunischen Bevölkerung einen Krisenfall an. Viele zivile Personen mieden es zu der Zeit, diesen Bereich ihrer Stadt aufzusuchen. Die Garnisonen der Sicherheitssoldaten hatten das ganze Viertel abgeriegelt. Jeder Raguner wurde kontrolliert und gescannt. Noch immer suchte der Geheimdienst nach den Eindringlingen des imperialen Archives. Kampfgleiter patrouillierten in dem Luftraum und zwangen jegliche Art von Schiffen, die das Viertel überfliegen wollten, ihren Kurs zu ändern.

Zahlreiche Barrieren und Zäune waren errichtet worden. Zurzeit konnte niemand mehr ohne Kontrolle in die Sicherheitszone eintreten. Schlachtschiffe der Heimatverteidigung hatten den Planeten vollständig gesperrt. Es bestand ein Start und Landeverbot für alle Schiffe. Außerhalb der Umlaufbahn von Ragun lagen zahlreiche Frachttransporter auf einer Warteposition. Sie durften den Zentralplaneten nicht mehr anfliegen.

Der Hyperkomm-Funkverkehr mit der ragunischen Raumüberwachung war überlastet. Viele Schiffsführer ließen ihrem Unmut freien Lauf. Die zwölf Hyperkomm-Funkplätze der Raumüberwachung versuchten beruhigend auf die Funkoffiziere der wartenden Schiffe einzureden. Nicht immer gelang es ihnen. Die meisten Transporter hatten eine lange Flugzeit hinter sich und wollten möglichst schnell ihre Waren löschen. Immer wieder wurde mitgeteilt, dass Schiffe verderbliche Waren an Bord hätten und diese nicht mehr lange haltbar seien. Andere Transportraumer berichteten von lebenden Tieren, die unbedingt versorgt werden müssten. Die Offiziere der ragunischen Raumüberwachung kannten alle Ausreden. Sie hatten die Anweisung, keinem Schiff eine Landegenehmigung zu erteilen. Hieran hielten sie sich.

Der Zentralrat wartete auf Ergebnisse.
Needa, der neue Leiter des Geheimdienstes stand vor dem großen Bildschirm seiner Zentrale. Er blickte auf den Schirm und sah die rot markierte Zone des Regierungsviertels. Seine Soldaten durchsuchten Gebäude für Gebäude, um die fremden Agenten zu finden.

»Sie müssen doch irgendwo sein«, fragte er seine Mitarbeiter. »Die Zeit nach Einsetzen des Alarms kann unmöglich ausgereicht haben, dass die Einbrecher durch unsere Sicherheitskontrollen schlüpfen konnten. Sie müssen sich noch in diesem Bezirk aufhalten. «

»Unsere Sicherheitskräfte melden keinen Erfolg«, antwortete ein Überwachungsoffizier. »Die fremden

Agenten sind wie von dem Erdboden verschwunden. Wir finden keinerlei Hinweise auf sie. «

»Das gibt es nicht«, kreischte Needa. »Es müssen Spuren vorhanden sein. Auch Einbrecher hinterlassen Hinweise.«

Die Mitarbeiter der Leitstelle senkten ihren Kopf. Sie wussten, dass die Suche nach den Flüchtigen bereits zu lange dauerte. Das war ein Zeichen dafür, dass die Suchtruppen im Dunkeln tappten. «

Needa war am Verzweifeln. Er wusste, dass der Vorsitzende des Zentralrates Ergebnisse von ihm erwartete. Sein neues Amt forderte von ihm die Bereitschaft, alle Wünsche des Zentralrates zu erfüllen.

Needa ballte seine Hände zu Fäusten. Er musste eine Entscheidung fällen. Der Leiter des Geheimdienstes drehte sich zu seinen Mitarbeitern um.

»So kommen wir nicht weiter«, erklärte er. »Wir fangen nochmal von vorne an. Stoppt die Suche unserer Sicherheitskräfte. Alle Zugänge und Straßen in das Regierungsviertel werden geschlossen. Niemand kommt mehr hinein, oder geht hinaus. Die Kontrollen werden verdoppelt. Ich möchte das Regierungsviertel hermetisch abgeschottet haben. Aktiviert den Sicherheits-

Schutzschirm über dem Viertel. Alle Mitarbeiter der Regierung, Bedienstete und Hilfspersonen werden auf dem großen Platz vor dem Regierungspalast zusammengetrieben und nochmals kontrolliert.

Unsere Sicherheitssoldaten werden erneut alle Gebäude durchsuchen und die dort arbeitenden Raguner auffordern es zu verlassen. Notfalls auch mit energischen Mitteln, falls sich jemand widersetzen möchte. Ich will keine Person mehr in den Gebäuden wissen. Alles wird nochmals gründlich nach Verstecken und Geheimausgängen durchsucht. Ich möchte über jedes Detail informiert werden. Es ist doch offensichtlich, dass wir etwas übersehen haben. Die fremden Agenten haben Hilfe erhalten. Ansonsten ist ihr schnelles Abtauchen nicht zu erklären. «

»Das wurde doch alles bereits durchgeführt«, jammerte ein Offizier. »Was sollen unsere Soldaten noch finden? «

»Haben sie meinen Befehl nicht verstanden? «, fluchte Needa. » Führen sie den Befehl aus. Ich bin es leid, alle meine Anweisungen zu diskutieren. «

Der angestellte Offizier blickte in das verzerrte Gesicht des Befehlshabers.

»Ich habe verstanden«, antwortete der Untergebene leise. Er begriff plötzlich, dass eine neue Zeit angebrochen war und dass dieser Vorgesetzte keine laschen Antworten mehr duldete. Er griff nach seinem Kommunikator und informierte die ihm unterstellten Einheiten des Geheimdienstes. Die Suche nach den Flüchtlingen wurde neu organisiert.

Juaanda war ein Truppenführer mit Erfahrung und langjähriger Praxis. Er führte eine Einheit von 200 kampfbewährten Sicherheitssoldaten an. Schon viele Male hatte er sich bewährt und die ihm übertragenen Aufgaben zur vollsten Zufriedenheit seiner Vorgesetzten ausgeführt. Er wusste, dass die Leiter des ragunischen Geheimdienstes des Öfteren ausgetauscht wurden, weil die Regierung mit ihren Ergebnissen unzufrieden war. Aus diesem Grunde ließ ihn die Meldung der Leitstelle kalt, als ihm mitgeteilt wurde, dass der bisherige Leiter Franus seines Amtes enthoben worden war. Needa, sein junger Stellvertreter, wurde dem Truppenführer als neuer Ansprechpartner genannt.

»Dieser ehrgeizige Offizier wird sich ebenfalls seinen Hals brechen«, dachte er. »Das wird nicht lange dauern. Seine Stabstelle ist direkt dem Zentralrat unterstellt. Leider hat sich unsere Regierung in den letzten Jahren als unberechenbar dargestellt. Vermutlich wird Needa in den nächsten Monaten ebenfalls freigestellt werden. «

Juaanda war das egal. Er würde weiter seine Befehle geben, wie er es in seiner Ausbildung und den vielen Fortbildungsmaßnahmen gelernt hatte.

Der Funkoffizier seiner Truppe kam an seine Seite getreten.

»Kommandeur«, meldete er. »Wir haben neue Befehle von der Kommandostelle erhalten. «

»Was sind das für Anweisungen? «, fragte Juaanda.

»Die Flächensuche soll abgebrochen werden«, teilte der Funkoffizier mit. »Der Leiter des Geheimdienstes verlangt, dass wir nochmals von Anfang an beginnen. Er vermutet, dass die fremden Agenten sich noch irgendwo aufhalten müssen. Möglicherweise haben sie Hilfe von Ragunern erhalten. «

»Auf diesen Gedanken kommt Needa spät«, lächelte der Truppenführer. »Das hätte ich ihm direkt sagen können. Was hat er befohlen? «

»Er lässt alle Zugänge und Straßen in das Regierungsviertel komplett schließen«, antwortete der Funkoffizier. »Die Kontrollen werden verdoppelt. Das Regierungsviertel soll hermetisch abgeschottet werden. Er hat befohlen den Sicherheits-Schutzschirm über dem Viertel zu aktivieren. Niemand darf mehr das Viertel verlassen, oder es betreten.

Alle hier arbeitenden Personen werden auf dem großen Platz vor dem Regierungspalast zusammengetrieben und nochmals kontrolliert. Unsere Einsatzteams sollen anschließend nochmals den Palast und alle umliegenden Gebäude durchsuchen. Personen, die der Aufforderung zum Verlassen der Gebäude nicht folgen wollen, dürfen mit Gewalt hierzu gezwungen werden. «

Juaanda schüttelte seinen Kopf.
»Das wird später Probleme bereiten«, erwiderte er. »Der Geheimdienst wird mit zahlreichen Klagen überschüttet werden. «

»Unser oberster Befehlshaber scheint unter einem großen Druck zu stehen«, antwortete der Funkoffizier. Der Zentralrat sitzt ihm im Nacken. Er will die Einbrecher in das imperiale Archiv gefasst haben. «

»Konnte uns die Leitstelle mitteilen, was speziell entwendet wurde?«, fragte der Truppenführer. »Wo nach wollen wir suchen?«

»Keinen Hinweis«, antwortete der Funkoffizier. »Wir haben den direkten Auftrag erhalten, den Palast der Regierung nochmals intensiv zu durchkämen. Unsere Gruppe soll nach geheimen Verstecken Ausschau halten. Der Leiter des Geheimdienstes geht davon aus, dass die fremden Einbrecher sich noch irgendwo aufhalten müssen. Er bezweifelt, dass es ihnen gelungen ist durch unsere Kontrollen zu schlüpfen.«

»In Ordnung«, bestätigte Juaanda. »Rufe unsere Leute zusammen. Wir sammeln uns an der großen Eingangspforte des Regierungspalastes. Dort gebe ich neue Anweisungen.«

Der Funkoffizier bestätigte und lief zu seinen Gerätschaften zurück. Dort gab er die Anweisungen an die Soldaten der Einheit durch.

Juaanda informierte seine Begleiter. Dann schritten er und zwölf Soldaten über den großen Platz auf den Palast der Regierung zu.

Zahlreiche Robotereinheiten hatten das Gebäude umstellt. Sie standen im Abstand von einem Meter voneinander. Der Ring der mechanischen Kämpfer schien für fremde Agenten nicht zu durchbrechen zu sein. Schwere Laserwaffen lagen schussbereit in den Händen der Roboter. Militäreinheiten marschierten über den Platz und kontrollierten Ecken, dunkle Passagen und die Zugangswege. Die mobilen Abwehrgeschütze schwenkten ihre Laserkanonen auf unterschiedliche Ziele aus.

Juaanda blickte in den Himmel. Ein gelblicher Energieschirm verhinderte die Sicht auf die patrouillierenden Kampfjets.

»Es ist fast, wie bei einem Ausnahmezustand«, dachte der Truppenführer.

Er konnte sich nicht erinnern, schon einmal eine solche Situation erlebt zu haben.

»Die fremden Agenten scheinen etwas Wichtiges erbeutet zu haben«, überlegte er. »Ansonsten würde die Regierung nicht so eine Mobilisierung befohlen haben. «

Die unterschiedlichen Widerstandsgruppen des Planeten kamen ihm in den Sinn.

»Hat jemand bereits hierüber nachgedacht?«, fluchte er. » Diese Gruppen kennen sich sehr gut in dem Regierungsviertel aus. Ich halte es nicht für ausgeschlossen, dass eine Gruppe dieser Regimegegner für den Einbruch in das Archiv verantwortlich ist. «

Er sah, wie sich seine Garnison vor den Stufen des Palastes versammelte. In mehreren Reihen formierten sich die Sicherheitssoldaten. Ihre Augen waren auf ihn gerichtet.

Sein Stellvertreter kam auf ihn zu.
»Alle Gruppen haben sich vollständig versammelt«, teilte er mit. »Sie können ihre Befehle mitteilen. «

»Danke«, antwortete Juaanda.
Er schritt etwas näher an die kampfbereiten Männer heran.

»Soldaten«, befahl er. »Die Leitstelle möchte nochmals alle Winkel und Ecken des Regierungsviertels durchsucht haben. Sie vermutet, dass sich die fremden Agenten noch irgendwo verstecken. Wir werden dem Befehl Folge leisten. Unsere Aufgabe ist es, den Regierungspalast zu durchkämmen. Sucht nach geheimen Verstecken und auf Hinweise von Geheimgängen. Prüft Lüftungsschächte und alle noch so unauffälligen Gegenstände. Scannt jeden

Raum auf Spuren von fremden Agenten. Durchsucht die Abwasserkanäle und die nicht genutzten Räume des Gebäudes. Treibt alle Mitarbeiter ins Freie. Hiervon ist nur der imperiale Sitzungssaal ausgeschlossen. Der Zentralrat und die Systemräte bleiben von dieser Maßnahme verschont. «

»Habt ihr versanden? «, fragte der Stellvertreter des Truppenführers.

Die Soldaten antworteten mit einem lauten Ja und salutierten ihren Vorgesetzten.

Der Stellvertreter nickte.
»Es geht los«, ergänzte er. »Eure Anführer weisen euch die Etagen zu. Verteilt euch in dem Gebäude. Jede Gruppe nimmt sich einen anderen Raum vor. Meldet alle Auffälligkeiten an die Garnisonsführung. «

Die Soldatentrupps drehten sich um und gingen strammen Schrittes auf den Eingang des Gebäudes zu. In einem geordneten Schema teilten die Gruppenführer die verschiedenen Etagen des Gebäudes unter sich auf.

Juaanda blickte seinen Stellvertreter Surgan an.
»Wir bekommen Besuch«, bemerkte dieser.

Er zeigte mit seiner Hand auf einen einfliegenden schwarzen Gleiter. Seitlich auf dem Schott war die Bezeichnung RGD in silberner Schrift zu lesen.

»Sie sind wie Kletten, die man nicht mehr von der Kleidung abbekommt«, flüsterte Surgan. » Vermutlich werden sie uns wieder unangenehme Fragen stellen. «

»Wir dürfen nicht vergessen, dass wir auch zu diesem Verein gehören«, erwiderte der Truppenführer.

»Ich sehe uns immer noch als Einsatzsoldaten der Raumflotte«, antwortete Surgan. »Der Zentralrat hat uns dem Geheimdienst unterstellt. Wir haben das nicht aus freien Stücken beantragt. «

»Die Zeiten ändern sich«, lächelte Juaanda. »Die Anzahl der Agenten des ragunischen Geheimdienstes reicht in Kriegszeiten nicht mehr aus, um unseren Planeten vor fremden Eindringlingen zu schützen. Wir sollten über die Arbeit des Geheimdienstes nicht so abfällig sprechen. Man weiß nie, wer mithört. «

Eine hochgewachsene Person stieg aus dem Gleiter. Er trug einen Kampfanzug und hatte seinen Waffengürtel umgelegt. In seinem rechten Halfter steckte ein ragunischer Nadelstrahler. Mit einer Hand strich er sein

Haar zu Recht. Eine weitere Person stieg aus dem Gleiter. Er redete auf die hochgewachsene Person ein und zeigte auf Juaanda.

»Das ist der neue Kommandeur des Geheimdienstes«, teilte Juaanda seinem Stellvertreter mit. »Sein Name ist Needa. Der Vorsitzende des Zentralrates hat ihn in das Amt gehoben, nachdem er Franus vor den Augen seiner Offiziere rücksichtslos ermordet hat. «

Surgan spuckte angewidert auf den Boden.
»Solchen Personen sind wir verpflichtet«, flüsterte er. »Ich verspüre plötzlich eine starke Lust, meine Faust in sein Gesicht zu schlagen. «

»Zügele deine Worte«, flüsterte ihm sein Vorgesetzter zu. »Sie sind gleich bei uns. «

Die beiden Führungsoffiziere des RGD kamen auf Truppenführer Juaanda und seinen Stellvertreter zugeschritten. Vor ihnen salutierten beide vorschriftsmäßig.

Juaanda und Surgan erwiderten den Gruß.

»Kommandeur Needa«, sagte der Truppenführer. »Was verschafft uns die Freude ihres Besuches? «

Der neue Kommandeur des Geheimdienstes grinste Juaanda an.

»Ich werde es besser machen als Franus«, erklärte er. »Es ist sehr wichtig, dass alle mir unterstellten Einheiten meine Befehle ausführen. Der Zentralrat ist sehr ungehalten. Er möchte endlich Antworten von uns bekommen. «

»Das verstehe ich sehr gut«, grinste Juaanda zurück. »Wir tun unser Bestes. Derzeit lasse ich nochmals den Palast des Zentralrates und alle umliegenden Gebäude überprüfen. Alle Bediensteten des Regierungsviertels werden hier auf dem großen Platz versammelt. Meine Leute durchsuchen nochmals ungestört alle Räume. «

»Das waren nicht meine Befehle«, bemerkte Needa ärgerlich. »Warum müssen wir müssen wir diese Kontrolle ein zweites Mal durchführen? Können sie mir das erklären, Truppenführer Juaanda? «

Der lachte den neuen Oberbefehlshaber an.
»Das kann ich sicherlich, falls sie es selbst nicht wissen«, erwiderte er.

Er bemerkte, wie das Gesicht seines Vorgesetzten rot anlief.

»Die erste Kontrolle wurde durch die Sicherheitssoldaten des Zentralrates durchgeführt«, erklärte der Truppenführer. » Nach meiner Meinung war zu viel Hektik im Spiel. Die Soldaten hatten den Auftrag die Eindringlinge zu fassen. Ich bezweifle sehr stark, dass sie jeden Winkel und jede Nische im Palast kontrolliert haben. «

»Wollen sie die Glaubwürdigkeit unsres hohen Rates und seiner Soldaten anzweifeln? «, fragte Needa.

»Beruhigen sie sich«, sprach Juaanda ihn an. »Ich verlasse mich lieber auf meine Einheiten. Diese verstehen ihr Handwerk. Sie sollten nicht so ungeduldig sein. Ich sorge dafür, dass sie Resultate erhalten. «

Der Kommandeur des Geheimdienstes beruhigte sich langsam.

»Das sollte möglichst schnell erfolgen«, flüsterte er. »Sie glauben gar nicht, wie uns der imperiale Rat im Moment mit seinen stetigen Nachfragen irritiert. «

»Ist das verwunderlich? «, fragte der Truppenführer. » Bisher ist es noch nie vorgekommen, dass fremde Agenten in den in imperialen Palast eindringen konnten, ganz zu schweigen von dem Diebstahl wichtiger Infofolien. «

»Wir müssen die Personen ergreifen«, antwortete der Oberkommandeur des Geheimdienstes. »Unsere Fähigkeiten als imperialer Geheimdienst werden von dem Rat angezweifelt. «

»Beruhigen sie sich«, sagte Juaanda. »Falls sie nicht eine uns unbekannte Technik eingesetzt haben, werden wir sie finden. Sie können sich nicht in Luft auflösen. «

Die Augen des Truppenführers richteten sich auf einen Anführer eines Suchtrupps, der auf ihn zugeschritten kam. Er salutierte vorschriftsmäßig.

»Truppenführer«, meldete er. »Wir haben etwas gefunden. In dem untersten Stockwerk befindet sich der Zugang zu einem Fluchtweg. Er mündet in einen unterirdischen Tunnel. «

»Ein unterirdischer Tunnel unter dem Palast? «, fragte Juaanda nach. » Hiervon ist mir nichts bekannt. Auf den aktuellen Grundriss-Folien des Palastes ist nichts von einem Fluchtweg verzeichnet. «

Er blickte den Kommandeur des Geheimdienstes an. »Wissen sie etwas von geheimen Fluchtwegen unterhalb des Palastes? «, erkundigte er sich.

Needa schüttelte seinen Kopf. »Nein«, antwortete dieser. »Der Palast existiert schon sehr lange. Die ursprünglichen Bauzeichnungen sind verloren gegangen. Von unterirdischen Fluchtwegen ist mir auch nichts bekannt. «

»Begleiten sie mich«, sagte Juaanda. »Schauen wir uns die geheimen Gänge einmal an. Dann haben sie erste Informationen, die sie dem Zentralrat melden können. «

Needa nickte. »Ich begleite sie«, antwortete er. »Die Gänge interessieren mich. Wer kann sie angelegt haben? «

»Das wäre später noch zu klären«, erwiderte der Truppenführer.

Er blickte den Anführer des Suchtrupps an. »Bringen sie uns zu dem gesagten Stockwerk«, befahl er. »Ich möchte den Fluchtweg persönlich sehen. «

»Folgen sie mir«, antwortete der Soldat. »Er liegt in dem untersten Stockwerk des Gebäudes. «

Juaanda, sein Stellvertreter und Oberbefehlshaber Needa folgten dem Soldaten. Es dauerte eine Weile, bis die Gruppe das 35. Unterstockwerk des Palastes erreicht hatte. In der Etage liefen zahlreiche Soldaten umher und kontrollierten weitere Räume. Der Soldat zeigte auf eine geschlossene Türe, am Ende des Korridors.

»Das ist der Raum«, erklärte er.
Er öffnete die Türe. Helles Licht leuchte den Raum aus. Sechs Soldaten hatten mobile Strahler aktiviert und suchten jeden Winkel des Raumes ab. Leere Regale standen an den Wänden, zahlreiche Behälter auf dem Boden waren übereinandergestapelt. Die Luft war abgestanden und stickig. Es roch muffig. Es schien so, als ob hier schon eine lange Zeit niemand mehr gewesen war.

Der Anführer des Suchtrupps führte die Führungsoffiziere um die Regale herum. Dort sahen sie eine 80 Zentimeter große Öffnung in der Wand. Eine große Metallplatte diente als Verschluss. Zwei Soldaten kletterten aus der Öffnung und salutierten vor Juaanda und seinen Begleitern.

»Bericht? «, fragte der Anführer des Trupps.

»Wir sind den Gang ein gutes Stück abgegangen «, sagte ein Soldat. »Er führt unter den großen Platz vor dem Palast. Dort verzweigt er sich in zahlreiche Abzweigungen. Es ist unmöglich für unsere Garnison, alle Gänge zu überprüfen. Wir brauchen mehr Personal.«

»Über wie viele Abzweigungen reden wir? «, erkundigte sich Needa.

Der Soldat blickte ihn an.

»Wir haben derzeit 360 geheime Gänge registriert«, antwortete der Angesprochene. »Diese gehen von dem großen Platz ab. Doch ich vermute, dass wir in jedem Gang weitere Abzweigungen finden werden. Es wird Wochen dauern, bis dieses unterirdische Flechtwerk katalogisiert werden kann. «

»Es ist wie ein Ameisenbau«, teilte der zweite Soldat mit. »Es gehen zahlreiche Wege in die Tiefe, andere wiederum verlaufen in die Höhe des Untergrundes. Vermutlich hat jeder Gang seine eigene Bedeutung. Die Wände sind glatt bearbeitet. Sie müssen mit hochentwickelten Energiestrahlern geglättet worden sein. «

»Konnte das Alter der Gänge bereits bestimmt werden? «, erkundigte sich Surgan.

Der Soldat schüttelte seinen Kopf.

»Unsere Wissenschaftler arbeiten noch hieran«, erklärte er. »Sie schneiden kleine Stücke aus den Wänden und analysieren sie. Sie sind noch in den unterirdischen Gängen. Einige Soldaten sichern ihre Arbeit. «

»Gut«, antwortete Juaanda. »Wir werden mehr Einsatzkräfte anfordern. In der Zwischenzeit möchte ich alle Ausgänge auf den großen Platz vor dem imperialen Palast versiegelt haben. Installieren sie Sperrfelder. Teilen sie Soldaten ein, die jedes Energiefeld sichern. Alle Personen, die sich in diesen Tunnel unterwegs sind, werden festgenommen und verhört. «

»Befehl verstanden«, antworteten die beiden Soldaten und salutierten. Dann kletterten sie erneut durch die Öffnung in den unterirdischen Gang.

»Wollen sie sich den Gang anschauen? «, fragte Juaanda den Oberbefehlshaber des Geheimdienstes.

Dieser nickte.

»Das lasse ich mir nicht entgehen«, antwortete er.

Der Truppenführer zeigte auf die Öffnung.

»Bitte nach ihnen«, lächelte er. »Ich werde ihnen folgen.«

Needa blickte in das Loch und erkannte das Licht der Strahler, welches die Soldaten in dem Gang aktiviert hatten. Er bückte sich und quetschte sich durch die Öffnung. Erstaunt richtete er sich wieder auf. Die Lampen der Sucheinheit leuchten den Gang hell aus. Needa blickte auf den freigelegten Sockel des Palastes. Die riesigen Steinquader ragten in den Höhlengang.

Auch Juaanda und Surgan hatten sich mittlerweile durch die 80 Zentimeter große Öffnung gequetscht. Erstaunt sahen sie sich um. Der Truppenführer strich mit seiner rechten Hand über die glasierten Wände. Sie waren glatt und ohne Unebenheiten.

Ein Wissenschaftler näherte sich ihm.
»Truppenführer«, sprach er ihn an. »Es ist uns nicht möglich zu sagen, mit welchen Maschinen die Wände geglättet wurden. Wir können derzeit nur sagen, dass es sich um keine ragunische Technik gehandelt hat. Dass Alter dieser Tunnel konnte ebenfalls von uns noch nicht bestimmt werden. Diese Gänge müssen lange vor dem Bau des Palastes existiert haben. «

»Wollen sie hiermit sagen, dass eine fremde Macht diese Gänge ausgehoben hat? «, tobte Needa.

Der Wissenschaftler blickte Juaanda fragend an.

Der Truppenführer wandte sich Needa ärgerlich zu.
»Schreien sie meine Leute nicht an«, forderte er seinen Vorgesetzten auf. »Mäßigen sie sich, ansonsten lasse ich sie wieder an die Oberfläche bringen. Ihren Ärger mit dem Zentralrat brauchen sie nicht an uns auszulassen. Habe ich mir klar ausgedrückt? «

»Entschuldigen sie bitte«, antwortete Needa. »Ich stehe sehr unter Druck. «

Er blickte den Wissenschaftler an.
»Verzeihen sie meine Ausdrucksweise«, lächelte er. »Geben sie mir bitte weitere Informationen. Ich bin unserem göttlichen Rat noch eine Antwort schuldig. «

Der Wissenschaftler nickte.
»Ich verstehe«, erwiderte er. »Wie ich schon mitteilte, wurden diese Gänge nicht mit ragunischer Technik gebohrt und stabilisiert. Das Alter wird von uns auf eine Epoche, vor unserer Zivilisation datiert. Ein genaues Datum ist nicht bestimmbar. Was wir ihnen mitteilen können, dass diese Gänge nachträglich erweitert und mit frei zugänglicher Technik gesichert wurden. Diese Erweiterungsgrabungen weisen möglicherweise auf einige Widerstandsgruppen unseres Planeten hin. «

»Wie kommen sie hierauf? «, fragte der Oberbefehlshaber des Geheimdienstes? «

»Ich zeige es ihnen«, antwortete der Wissenschaftler.
Er schritt auf den Sockel des Palastes zu. Er zog einen metallischen Stab aus der geöffneten Metallplatte, des geheimen Zuganges in den Palast. Dann steckte er diesen in eine Öffnung in dem Sockel. Unter einem leisen Brummen setzte ein Servo ein. Die schwere Metallplatte schwenkte zurück und schloss den Durchgang.

»Das Brummen stammt eindeutig von einem ragunischen Servoantrieb«, erklärte der Wissenschaftler. »Diese Technik ist nachträglich eingebaut worden. Sie erkennen, dass die glasige Versiegelung des Tunnels nicht auf den Sockel des Palastes übertragen wurde. Wir gehen davon aus, dass dieser Bereich erst nachträglich freigelegt wurde, um einen geheimen Eingang in den Palast zu ermöglichen. «

Er nahm den am Boden liegenden Quader auf und steckte ihn in die Öffnung an der Palastwand. Der Stein fügte sich nahtlos ein, ohne eine Aufmerksamkeit zu erregen.

»Sie erkennen, wenn man sich oberflächig diese Wand anschaut, fällt dieser Stein nicht in das Auge von

Betrachtern. Eingeweihte Personen werden wissen, dass sich ein Öffnungsmechanismus hierhinter befindet. «

»Verflucht«, schimpfte Needa. »Der Einbruch in das Archiv ist von langer Hand geplant. Wir müssen die Schuldigen ergreifen. «

»Ich glaube nicht, dass dieser Geheimgang nur für den Einbruch in das Archiv gedacht war«, bemerkte Juaanda. »Es kann genauso als Fluchtweg für den Zentralrat angelegt worden sein. «

»Bedenken sie bitte, dass die Gänge aus einer Zeit stammen, in der es den Palast noch nicht gab«, bemerkte der Wissenschaftler. »Es ist daher fraglich, ob die Gänge wirklich dem Zentralrat bekannt sind. Es sieht fast so aus, als ob Ragun vor unserer Zivilisation schon einmal Besuch von einer fremden Species hatte. «

»Was können sie hier gewollt haben? «, fragte Juaanda.» Wohin führen diese Gänge? «

»Das wäre noch zu prüfen«, antwortete der Wissenschaftler. »Wir benötigen dringend mehr Personal, um alle Tunnel zu überprüfen. Nach unserem Verständnis führen solche Gänge immer zu etwas Größerem. Zu einer Halle, einem Lager, oder etwas

Unbekanntem, dass vor fremden Augen verborgen werden soll. Doch das haben wir im Moment noch nicht gefunden. Die zahlreichen Verbindungen erinnern sehr stark an einen überdimensionierten Insektenbau. «

Der Leiter des Geheimdienstes überlegte kurz.
»Stammen die Arthropoden nicht einer solchen Species ab? «, erkundigte er sich.

Truppenführer Juaanda nickte.
»Die wenigen Lebewesen dieser Rasse, die von uns in Laboren untersucht werden konnten, bestätigen ihre Vermutung«, antwortete er. »Wollen sie hiermit andeuten, dass unser Planet früher eine Welt war, die von den Arthropoden bevölkert war? «

Needa zog seine Schultern hoch.
»Von den Arthropoden, oder einer anderen insektoiden Species«, antwortete er. »Jedenfalls haben sie über eine Technik verfügt, die unserer gleichwertig, oder sogar noch überlegen war. «

»Wir haben niemals Anzeichen für eine frühere Zivilisation auf Ragun gefunden«, bemerkte Juaanda. »Unsere Archäologen haben nie etwas hiervon erwähnt?«

»Es kann sich auch nur um einen unbedeutenden Stützpunkt gehandelt haben«, antwortete der Wissenschaftler. » Ich gehe nicht davon aus, dass unser ganzer Planet über eine insektoide Zivilisation verfügte. Hierüber sollten Hinweise existieren. «

»Wie auch immer«, entgegnete Needa. »Die Klärung dieses Sachverhaltes muss warten, bis wir die Eindringlinge aufgespürt haben, die in das imperiale Archiv eingedrungen sind. «

»Dieser Gang wird von meinen Leuten versiegelt«, erklärte Juaanda. »Falls sich die Eindringlinge noch in dem Palast aufhalten sollten, dann kommen sie nicht mehr hinaus. Der Energie-Sperrschirm wird das verhindern. Zusätzlich werden wir Wachen abstellen «

»Falls sie bereits den geheimen Gang benutzt haben, dann werden wir sie nicht mehr finden«, konterte Needa. »Sie können sich in dem Geäst der Gänge verstecken. Vermutlich hilft ihnen eine Untergrundorganisation. «

Ein Soldat kam auf den Truppenführer zugelaufen. »Kommandant«, sagte er. »Wir haben etwas gefunden. «

»Was ist es? «, erkundigte sich Juaanda.

»Die zerstörte Sicherheitsvitrine aus dem Archiv«, teilte der Soldat mit. »Sie liegt in einer dunklen Nische des Ganges und wurde aufgebrochen. «

»Bringen sie uns hin«, befahl der Truppenführer.
Schnell wurden die Personen zu der Nische geführt. Die völlig auseinandergebrochene Vitrine lag hinter einem Felsvorsprung.

»Das ist eindeutig eine Vitrine aus dem Archiv des Palastes«, bestätigte Needa. »Wie kommt sie hier hin? Sie wurde im Boden des Palastes verankert, das Glas galt als unzerstörbar? «

Juaanda schüttelte seinen Kopf.
»Die wurde nicht gesichert«, antwortete Juaanda. »Lediglich mit Alarmsensoren ausgestattet. Der Zentralrat hielt das für überflüssig. Er dachte, dass Archiv wäre ausreichend gesichert.
«
»Wie haben die Einbrecher die Vitrine in diesen Gang bekommen? «, fragte Needa. » Der geheime Durchgang war zu eng für sie? «

»Die fremden Agenten werden über Hilfsmittel verfügt haben«, erwiderte der Truppenführer. »Allein der Abtransport kann nicht ohne Maschinen erfolgt sein. «

»Wie auch immer«, erklärte Needa. »Ich werde Einheiten der mobilen Infanterie anfordern. Die Gänge werden sukzessive durchkämmt. Falls sich die fremden Agenten noch hier aufhalten sollten, dann werden wir sie finden. Der Zentralrat hat ein Start und Landeverbot für alle Raumschiffe angeordnet. Schiffe unserer Heimatverteidigung liegen in einer Kampfposition um unseren Planeten. Für ein flüchtendes Raumschiff wäre es zu gefährlich, diesen Blockadering zu durchbrechen. « » Falls sich noch Fremde hier verbergen, können sie Ragun nicht verlassen«, bestätigte Juaanda. » Meine Soldaten werden sie ergreifen. «

»Ihre positive Einstellung ehrt sie«, antwortete der Befehlshaber des Geheimdienstes. »Wir wissen doch gar nicht, wie viele Gänge es gibt. Ferner besitzen wir keine Informationen über die Länge dieser Gänge und wo sie enden. Es ist gut möglich, dass sie unseren ganzen Planeten durchziehen. «

»Das wäre äußerst schlecht«, antwortete Juaanda. »Dann werden wir viel Zeit brauchen, um alle Tunnel zu kontrollieren. «

»Ich möchte die Gänge unter dem Palast geschlossen haben«, sagte Needa. »Geben sie bitte die Anweisung, dass diese Gänge unverzüglich mit Rasolzid aufgefüllt werden. Wir müssen verhindern, dass es fremden Agenten ein zweites Mal gelingt, in den imperialen Palast unserer Regierung einzudringen. «

»Ich habe verstanden«, antwortete der Truppenführer. »Nachdem wir die Gänge kontrolliert haben, lasse ich sie mit dem flüssigen Kunststein auffüllen. Sie werden für immer verschlossen sein. «

»Danke«, antwortete Needa. »Ich verlasse mich auf sie. «

»Das können sie«, erwiderte Juaanda. »Sorgen sie dafür, dass zusätzliche Einheiten der mobilen Infanterie aktiviert werden. Unterstellen sie diese bitte meinem Kommando. Im Gegenzug verspreche ich ihnen neue Resultate zu liefern, die sie an den Zentralrat übermitteln können. «

Der Befehlshaber des Geheimdienstes salutierte. Truppenführer Juaanda erwiderte den Gruß.

»Ich leite alles in die Wege«, sagte Needa. » Informieren sie mich über ihre weiteren Erkenntnisse. «

»Das mache ich«, antwortete der Truppenführer.

Er drehte sich zu zwei seiner Soldaten um.

»Begleiten sie den Oberbefehlshaber des Geheimdienstes wieder zu seinem Gleiter«, befahl er.

»Befehl verstanden«, antworteten die Soldaten.

Sie nahmen Needa in ihre Mitte und führten ihn zu der Ausstiegsluke, in dem Sockel des Palastes.

Juaanda blickte seinen Stellvertreter an.
»Surgan, ziehen sie weitere Trupps zusammen«, befahl er. »Wir beginnen mit der Untersuchung der Gänge. Ich möchte eine genaue Skizzierung des unterirdischen Geflechts haben. Jeder neue Gang wird auf eine Infofolie verzeichnet. Wir müssen wissen, wohin diese Gänge führen. «

Surgan bestätigte den Befehl und lief der Ausstiegsluke entgegen.

Juaanda blickte den Wissenschaftler an.
»Rufen sie ihre Leute zusammen«, lächelte er. »Sie sollen sich auf lange Arbeitstage einstellen. Ich möchte jedes auffällige Detail von ihnen analysiert haben. «

»Hiermit haben wir bereits gerechnet«, antwortete der Wissenschaftler. »Wir unterstützen sie nach besten Kräften.«

## Halswan und seine Begleiter

Die ragunische Unterkunft, die Halswan und seinen Begleitern als Arrestzelle diente, war sehr spartanisch eingerichtet. Sechs kunststoffähnliche Stühle standen um einen breiten Tisch, welcher aus Stein gearbeitet war. Lediglich die Nasszelle konnte mit einem Standartkomfort aufwarten. Sie ließ sich vor den Überwachungssensoren verschließen. Der ragunische Sicherheitsdienst hatte auf Sensoren in diesem intimen Bereich verzichtet. Vermutlich auch, weil keine Fenster, oder eine zu öffnende Außenverglasung in diesem Raum integriert worden war. Eine Fluchtgefahr war somit ausgeschlossen.

Halswan blickte Nylswan an. Er war der Anführer der Leibgarde des Aller-Ersten.

»Es wird Zeit«, flüsterte der Aller-Erste. »Oylswan wartet bestimmt schon in der Unterkunft des früheren Vorsitzenden auf uns? «

»Wollen sie ihn wirklich beseitigen? «, erkundigte sich der Anführer der Leibgarde erneut. » Sicherlich kann er uns noch von Nutzen sein? «

»Er ist zu einem unkalkulierbaren Risiko geworden«, antwortete Halswan. »Seine rücksichtslose Einstellung hat uns in dieses Dilemma gebracht. Durch seine herablassende Haltung gegenüber den Mitgliedern des Zentralrates und den Systemräten, hat er das Vertrauen der Regierung verspielt. Wir waren auf einem guten Weg den kompletten Zentralrat auf unsere Seite zu bringen, doch Oylswan hat diese Möglichkeit zu Nichte gemacht. Leider hat er nie verstanden, dass der ragunische Zentralrat aus 12 Mitgliedern besteht. Die Mitglieder des Rates diskutieren ihre Gesetze untereinander und publizieren sie erst nach einer Mehrheitsfindung. Ich schreibe diesen Misserfolg seiner beschränkten Auffassungsgabe zu. Wir brauchen ihn als Sündenbock, um das Vertrauen der restlichen Ratsmitglieder zu erlangen. «

»Wie stellen sie sich das vor? «, erkundigte sich der Anführer der Soldaten.

»Wir werden Nuada, den geschäftsführenden Zentralrat informieren«, lachte Halswan. »Er scheint im Moment der mächtigste Raguner zu sein. «

»Er hat seinen Posten der Absetzung von Ruadan zu verdanken«, antwortete der Anführer der Leibgarde. »Ich habe mitbekommen, wie die Systemräte ihm zugejubelt haben. «

Halswan nickte.

»Ruadan war nicht sehr beliebt«, bestätigte er. »Wir werden Nuada über unsere Hinweise informieren, dass Ruadan von einem Kind der Arthropoden befallen wurde. Ich werde ihm erklären, dass nur unsere besondere Begabung diesen Befall spüren kann. Im Anschluss bitte ich ihn, uns zu der Unterkunft von Ruadan zu begleiten. Dort werden wir Oylswan hinrichten, bevor er dem Zentralrat von unseren wahren Absichten berichten kann. «

»Ein gewagtes Unternehmen«, antwortete Nylswan. »Ich hoffe, dass der Worgass unsere Absicht nicht ahnt und sich eine Leibgarde zugelegt hat. «

Halswan überlegte kurz.

»Das Risiko müssen wir eingehen«, entgegnete er. »Lass bitte unsere Laserwaffen aus dem Gleiter holen. Wir werden Oylswan keine Chance einer Gegenwehr lassen. «

Der Anführer der Leibgarde informierte einen seiner Begleiter. Dieser nickte beipflichtend. Er drehte sich ab und öffnete mit der Kraft seines Geistes einen weißen fluoreszierenden Durchgang in der Luft. Erst als dieser sich stabilisiert hatte, trat er hindurch und verschwand. Hinter ihm fiel die Öffnung in sich zusammen.

Halswan blickte ihm nach.
»Jetzt warten wir ab, bis Tylswan zurückgekehrt ist«, sagte er. »Dann werden wir Lärm schlagen, bis einer der Wächter vor unserer Zelle auf uns aufmerksam wird. Wir teilen ihm mit, dass wir wichtige Informationen besitzen, die wir nur Nuada persönlich mitteilen werden. Das sollte das Interesse des Zentralrates wecken. «

Es dauerte nicht sehr lange, bis Tylswan mit den Laserwaffen zurückkehrte. Sie steckten in besonderen Waffengürteln, die noch andere Gegenstände enthielten. Der Soldat reichte allen Personen einen der Kampfgürtel.

Halswan nahm seinen an sich und schnallte in um. Der Gurt zog sich automatisch fest. Seine Uniformjacke zog er über den Gurt.

Er blickte sich um.
»Jetzt fühle ich mich wohler«, sagte er. »Machen wir die Wachen auf uns aufmerksam. «

Er und Nylswan schritten vor die Metalltüre der Zelle. Kräftig schlugen sie mit ihren Fäusten gegen die Absperrung.

Die Soldaten schrien laut.

»Wachen«, tönte es außerhalb des Ganges, gefolgt von einem Trommeln gegen die Metalltüre.

Die außerhalb stehenden Sicherheitssoldaten blickten sich fragend an. Zwei von ihnen entsicherten ihre Laserpistolen und gingen auf die Arrestzelle zu. Einer von ihnen aktivierte das Sprachmodul, welches an der Wand neben der Eingangstüre angebracht war.

»Was wollt ihr? «, sprach er in das Gerät. » Verhaltet euch ruhig, ansonsten werden wir euch Handfesseln anlegen. «

»Wir müssen sofort mit Nuada sprechen«, tönte es aus dem Sprechgerät. »Wir haben neue Erkenntnisse über Ruadan. Die Angelegenheit eilt sehr. Er plant Anschläge gegen den Zentralrat. «

»Das können sie gar nicht wissen? «, antwortete der Soldat. » Der geschäftsführende Vorsitzende des Rates ist beschäftigt. Er wird sicherlich nicht mit Gefangenen sprechen wollen. «

»Wir sind von den Aller-Ersten«, kreischte eine Stimme aus dem Lautsprecher. » Ihnen sollte bekannt sein, dass wir über besondere Fähigkeiten verfügen. Führen sie unseren Wunsch aus und schaffen sie Nuada her. Wollen sie später die Schuld tragen, wenn der Zentralrat einem Attentat zum Opfer fällt? «

Der ragunische Sicherheitssoldat war unsicher geworden. Er blickte seinen Kollegen an. Dieser zog seine Schultern hoch.

»Vielleicht spüren sie etwas«, antwortete dieser. »Informiere den Zentralrat über die Vorkommnisse. Dann kann er uns nichts vorwerfen. Möglicherweise zeigt Nuada Interesse an einem Gespräch. «

Sein Kollege nickte.
»Beruhigen sie sich«, sprach er in den Kommunikator an der Wand. »Wir informieren den Zentralrat. «

»Danke«, tönte es aus dem Gerät.

Schlagartig verstummte das Geschrei der inhaftierten Personen und das Trommeln gegen die Metalltüre. Der Sicherheitssoldat schritt an ein Hyperkomm-Funkgerät. Er stellte die Frequenz des Zentralrates ein und drückte eine Taste. Die Verbindung baute sich schnell auf.

»Büro des Zentralrates«, erklang es aus dem Lautsprecher.

Der Soldat schilderte dem Angestellten des Büros den Sachverhalt. Er wies daraufhin, dass Halswan und seine Begleiter nur mit Nuada reden wollten.

»Warten sie unsere Antwort ab«, teilte der Sekretär des Büros mit. »Ich werde die Angelegenheit mit Nuada besprechen. Bis dahin behalten sie die Gefangenen bitte im Auge. «

»Sie bleiben in ihrer Arrestzelle«, bestätigte der Soldat. Dann unterbrach er die Verbindung.

»Das Büro des Zentralrates informiert den Vorsitzenden«, teilte er seinem Kollegen mit.

Der nickte zustimmend.
»Mehr liegt nicht in unserer Macht«, erwiderte dieser. »Soll sich die Regierung mit den Gefangenen herumärgern. «

Zwei Stunden waren seit dem Funkgespräch mit der Regierung vergangen. Halswan lief unruhig in der Zelle hin und her.

»Es ist eine unverschämte Frechheit, uns so lange warten zu lassen«, knurrte er seine Begleiter an. »Es wird Zeit, dass wir den Ragunern Respekt beibringen. So wie hier auf Ragun, wurden Abgesandte unseres Volkes noch auf keinem anderen Planeten behandelt. Ich frage mich wirklich, ob unsere Hilfe für diese Rasse nicht ein Fehler war. «

»Ihr ursprünglicher Plan sah vor, das ragunische Imperium vor seinem Untergang zu retten«, antwortete Nylswan. » Doch unsere Mission stellte sich als schwieriger heraus, als sie es vorhersehen konnten. Die Vernichtung der zeitgesteuerten Wurmlochanlagen der Flüchtlingsstation und in unseren Wolkenstädten war ein Fehlschlag. Mit der Intervention des Neuen-Imperiums haben wir nicht gerechnet. «

»Das haben wir der Unfähigkeit des göttlichen Zentralrates zu verdanken«, antwortete Halswan. » Anstatt für unsere Vorschläge dankbar zu sein, hat er die Lage falsch beurteilt und nur leichte Einheiten für die Ausführung unserer Ideen zur Verfügung gestellt. Aus diesem Grunde war es leicht, die Angriffe auf unsere Wolkenstädte und die Flüchtlingsstation abzuwehren.

Wir hätten die zehnfache Menge an Schiffen und Soldaten benötigt, um die geheime Flüchtlingsstation zu übernehmen. Stattdessen wurde uns lediglich eine Garnison zur Verfügung gestellt. Ich habe die gut ausgerüsteten Kämpfer des Neuen-Imperiums gesehen. Sie ließen den ragunischen Schwertkämpfern und den eindringenden Soldaten keine Chance die Oberhand zu gewinnen. «

»Dieser Weg ist für uns versperrt«, bestätigte Nylswan. »Was ist ihr nächster Plan? «

»Es gibt nur noch einen Weg«, antwortete Halswan ernst. »Die geheime Wurmlochstation auf Vagun wird uns die benötigte Hilfe leisten. Wir werden in sie eindringen und die Hypertronic-KI unseren Wünschen gefügig machen. Von dort aus plane ich zwei zeitgesteuerte Wurmlöcher in die Vergangenheit zu öffnen. Das erste Ziel wird die geheime Flüchtlingsstation unseres Volkes sein. In einer Zeitepoche, in der die Terraner noch als Barbaren auf ihrer Welt hausen, werden wir die Station unseres Volkes verminen und mit zeitgesteuerten Sprengsätzen bestücken. Ich möchte die Station und die zeitgesteuerte Wurmlochtechnik zerstört in den Fluten des Meeres versinken sehen. «

»Sorgt nicht ein Wächter für den Schutz der Station? «, erkundigte sich Nylswan.

»Doch«, bestätigte Halswan. »Sein Name ist Midir. Er stammt von der Rasse der Ablonder. Dieses Hilfsvolk war unserer Regierung stets treu ergeben. Geoffwan hat ihn nach dem Vorbild der Raguner erschaffen. «

»Wird er nicht den Rat unseres Volkes informieren, falls wir ohne eine Legitimation in die Station eindringen? «, fragte der Anführer der Leibgarde.

»Bevor ihm das gelingt, wird er von uns eliminiert«, lachte der Aller-Erste. »Er wird uns sicherlich empfangen und nach unseren Absichten fragen. Es ist für ihn nicht vorhersehbar, dass es einen Abtrünnigen unter dem Ältestenrat unseres Volkes gibt. Für ihn bin ich immer noch ein Mitglied der Regierung. Während dieses Gespräches schalten wir ihn aus. Dafür sorgst du mit deinen Begleitern. «

»In Ordnung«, bestätigte Nylswan. »Wir werden ihm keine Zeit geben zu handeln. «

Der Kommunikator an der Tür summte.
»Hören sie zu«, rief ein Soldat. »Ich habe ihren Wunsch weitergegeben. Das Regierungsbüro informiert den geschäftsführenden Vorsitzenden. Ich leite die Antwort an sie weiter, falls ich eine Information erhalte. «

»Warum dauert das so lange? «, sprach Halswan in das Gerät.

Er erhielt keine Antwort. Der Sicherheitssoldat hatte bereits die Verbindung beendet.

»Es ist zum Verzweifeln«, tobte der Aller-Erste. »Der Zentralrat ist informiert, dass die Flotte der Arthropoden immer näher rückt, doch er greift nicht nach dem Strohhalm, den wir ihm hinhalten. Er scheint seine Zeit lieber mit nutzlosen Tagungen zu verbringen. «

Nylswan schmunzelte ihn an. Er kannte das Gemüt seines Vorgesetzten.

»Wir werden warten«, antwortete er. »Etwas Anderes können wir auch nicht machen. Falls wir die Zelle verlassen, werden die Raguner unsere Fähigkeiten erkennen und andere Maßnahmen ergreifen. Das sollten wir vermeiden. «

»Du hast Recht«, erwiderte Halswan genervt.
Er ließ sich auf einen Stuhl fallen und stützte sich mit seinen Ellbogen auf den Steintisch auf.

Nuada erhielt die Information des Regierungsbüros durch einen Saaldiener. Dieser informierte den Vorsitzenden über den Wunsch der Gefangenen.

»Wie können sie das wissen? «, fragte er.

Der Diener verbeugte sich.
»Der diensthabende Soldat des Arrestbereiches teilte mit, dass Halswan und seine Begleiter nach eigenen Angaben über besondere Spürsinne verfügen«, erklärte der Saaldiener. »Die Richtigkeit dieser Einschätzung kann nur vor Ort geklärt werden. «

»Danke, für die Informationen«, antwortete Nuada.
Der Diener wollte sich abdrehen, doch der Vorsitzende forderte ihn auf zu warten.

»Informieren sie eine Einheit Soldaten und Kampfroboter«, befahl er. »Ich statte unseren Gästen einen Besuch ab. »Dann werden wir mehr erfahren. Bitten sie die Einsatzkräfte vor dem Palast auf mich zu warten. «

Der Saaldiener verbeugte sich erneut.
»Ich werde ihren Wunsch weitergeben«, antwortete er.
Dann schritt er aus dem Sitzungssaal.

Nuada stand auf.
Er schlug mit seiner Metallkralle dreimal auf den Tisch.
Dumpfe Schläge durchzogen den Raum. Die Geräuschkulisse verstummte.

»Geschätzte Systemräte«, sprach er die Anwesenden an. »Ein wichtiger Sachverhalt erfordert meine Anwesenheit. Meine Kollegen werden diese Sitzung fortführen. Ihr Einverständnis vorausgesetzt, werde ich sie eine Weile verlassen. «

Nuada informierte seine Kollegen des Rates über die Vorkommnisse. Diese verstanden seinen Wunsch nach einem persönlichen Gespräch mit den Gefangenen. Sie äußerten keine Einwände.

Drei schwarze Gleiter wartete mit laufenden Antrieben vor dem Palast. Als Nuada aus dem Eingang geschritten kam, salutierten die Soldaten und Kampfroboter.

Nuada schritt auf den Truppenführer zu.
»Sind sie über unsere Aufgabe informiert? «, fragte er.

Der Angesprochene nickte.
»Wir fliegen zu einem Verhör unserer Gefangenen«, antwortete er. »Meine Soldaten und die Kampfroboter sorgen für ihre Sicherheit. «

»Danke«, erwiderte Nuada. »Es ist möglich, dass wir zu der Unterkunft von Ruadan weiterfliegen werden. Es existieren Gerüchte, dass er von einem Kind der

Arthropoden infiziert sein soll. Wir werden klären, inwieweit diese Vermutung zutrifft. Ist ein Mediziner bei ihrer Truppe. «

»Den haben wir«, antwortete der Truppenführer. »Ferner führen wir entsprechende Körperscanner mit. Steigen sie bitte in den ersten Gleiter. Er ist gepanzert, falls wir in einen Hinterhalt geraten sollten.
«
Nuada tat wie ihm empfohlen. Die Schotts der Kampfgleiter wurden geschlossen. Nacheinander hoben sie von dem großen Vorplatz des Palastes ab. Die Gleiter überflogen mit gemäßigter Geschwindigkeit die Hauptstadt der Raguner. Der Arrestbereich lag in dem östlichen Bereich der Stadt, zwischen einigen Kasernen der Soldaten-Unterkünften. Bereits von weitem waren die vielen langgestreckten Bauten zu sehen, die den Soldaten als Unterkünfte dienten.

In der Mitte der Gebäude war eine kreisrunde Landefläche zu sehen. In militärischer Formation standen hierauf Kampfgleiter, Truppentransporter und andere militärische Fahrzeuge, die in Bereitschaft auf ihren Einsatzbefehl warteten. Die drei Gleiter der Regierung gingen in den Landeanflug über. Langsam verringerten sie ihre Geschwindigkeit und setzten punktgenau auf der Landekennzeichnung auf.

Zwei Soldaten kamen aus dem vordersten Gebäude gelaufen. Als der Schott der Gleiter geöffnet wurde und Nuada ausstieg, salutierten sie vorschriftsgemäß.

»Danke, für ihren Empfang«, sagte der Vorsitzende. »Bringen sie mich bitte zu den Gefangenen. «

»Hier entlang«, antwortete ein Soldat. »Es freut uns, sie einmal persönlich kennenzulernen. Nicht oft verirrt sich der Vorsitzende unseres göttlichen Rates zu uns. «

»Das ändert sich ab sofort«, antwortete Nuada. »Sie und unsere Kollegen sind sehr wichtig, für das Fortbestehen unserer Nation. Nur durch ihren Mut, ihren Einsatz und ihren Kampf gegen unsere Feinde, haben wir die Chance zu überleben. «

Die Soldaten lächelten. Der Vorderste von ihnen öffnete eine schwere Metalltüre.

»Das ist der komfortable Arrestbereich für besondere Gäste«, erklärte er. »Auf den ausdrücklichen Wunsch der Regierung haben wir die Gefangenen nicht in den militärischen Bereich für Kriegsgefangene ausgelagert. «

»Das war unser Wunsch«, bestätigte Nuada. »Wir wussten noch nicht, ob wir die Aller-Ersten nochmals brauchen würden. Jetzt hat sich unsere Vermutung bestätigt. «

Der Stellvertretende Vorsitzende des Zentralrates schritt mit seinen Soldaten und den Kampfrobotern in das Gebäude. An der siebten Zellentüre blieb der führende Soldat stehen.

»Das ist die Zelle«, teilte er mit.
»Öffnen sie bitte«, befahl Nuada. »Die Kampfroboter betreten zuerst den Raum und sichern ihn. «

Der Truppenführer der begleitenden Soldaten wies die Kampfroboter ein.

»Die Zelle wurde aufgeschlossen, die Kampfroboter drangen in den Raum ein. Sie musterten die Gefangenen intensiv. Als sie nichts Unauffälliges erkennen konnten, traten sie einen Schritt zurück und positionierten sich an der Wand der Zelle. Ihre Lasergewehre lagen entsichert in ihren Armbeugen. Sechs Kampfsoldaten traten in den Raum. Auch sie musterten die Gefangenen kritisch.

Halswan und seine Begleiter hatten ihre Waffengürtel unter ihren Uniformjacken verborgen. Die ragunischen

Soldaten erkannten das nicht. Sie wussten, dass die Gefangenen vor ihrer Arretierung vollständig durchsucht worden waren.

Ein Sicherheitssoldat gab dem Vorsitzenden ein Zeichen. Selbstsicher betrat Nuada den Raum und blickte Halswan an.

»Sie haben nach mir gerufen? «, fragte er. » Was möchten sie mir mitteilen? «

Halswan stand auf und trat auf Nuada zu. Ein Soldat schob sich mit eisernem Blick in seinen Weg.

»Das ist weit genug«, sprach er den Aller-Ersten an. »Halten sie Abstand, ansonsten werde ich das Feuer auf sie eröffnen. «

Halswan gab sich erstaunt.
»Behandelt man so seine Schöpfer und Freunde? «, fragte er. »Wie sie wissen, sind wir als Berater zu ihnen gekommen. «

Der Soldat entriegelte sein Gewehr.
Vorsichtshalber trat Halswan einen Schritt zurück.

»Was wollen sie? «, fragte Nuada unbeeindruckt. » Kommen sie zur Sache. Meine Zeit ist kostbar. «

»Ich verstehe«, antwortete Halswan. »Dann will ich sie auch nicht länger im Unklaren lassen. «

Er blickte den Vorsitzenden durchdringend.
»Obwohl sie uns nicht wie Gäste behandeln, möchte ich ihnen weiterhin behilflich sein, die drohende Gefahr für ihr Imperium abzuwenden«, sagte er. »Wie sie wissen, besitzen wir besondere Fähigkeiten. Hierzu gehört auch ein exzellenter Spürsinn. Uns ist es gegeben auf gedanklicher Ebene die Anwesenheit eines Angehörigen unserer Rasse zu erkennen. Ebenso, wenn etwas mit ihm nicht stimmt. «

»Kommen sie auf den Punkt«, forderte Nuada ihn ungeduldig auf. »Sprechen sie von Ruadan? «

»Das haben sie richtig bemerkt«, schmunzelte Halswan. »Wir fühlen eine Veränderung in ihm vorgehen. Seine Gedanken sind nicht mehr die alten. Eine fremde Präsenz bestimmt seine Handlungen. Nach unserer Einschätzung wurde er von einem Kind der Arthropoden, oder von einer vergleichbaren Macht infiziert. «

»Wollen sie mir mitteilen, dass Ruadan ein Gehilfe der Arthropoden sein kann? «, fluchte Nuada.

Halswan nickte.
»Nicht nur dass«, antwortete er. »Wir haben gespürt, dass dieses Wesen in Ruadan starke Gedankenwellen aussendet, um mit den Arthropoden Kontakt aufzunehmen. Vermutlich will er ihnen die Koordinaten ihres Heimatplaneten übermitteln. Sie wissen, was das bedeuten würde? «

»Die Allianzflotte unserer Feinde würde den direkten Weg zu uns finden«, antwortete der Vorsitzende. »Das muss unter allen Umständen verhindert werden. «

»Entlassen sie uns aus der Haft«, bot Halswan an. »Wir begleiten sie zu Ruadan. Es ist uns möglich zu klären, ob ein fremdes Wesen von ihm bereits vollständig Besitz ergriffen hat. «

Nuada überlegte einen Augenblick.
Dann blickte er den Truppenführer an.
»Unsere Gäste werden freigelassen«, befahl er. »Es ist von imperialer Wichtigkeit, dass wir die Gewissheit erhalten, ob Ruadan mit fremden Mächten in Kontakt steht. Falls sich diese Annahme bestätigt, werden wir Ruadan zur Rechenschaft ziehen. «

Der Vorsitzende des Zentralrates blickte Halswan an.

»Ich bin einverstanden«, bestätigte er. »Sie und ihre Leibgarde begleiten mich und meine Soldaten zu dem ehemaligen Vorsitzenden. Liefern sie uns Beweise, dass Ruadan mit den Arthropoden kooperiert. «

»Das werden wir«, antwortete Halswan. »Lassen sie uns keine Zeit verlieren. Wir müssen die geistige Verbindung von Ruadan zu den fremden Mächten kappen. «

»Vorwärts«, befahl Nuada. »Wir fliegen mit unseren Gleitern direkt zu der Unterkunft des ehemaligen Vorsitzenden. Ich hoffe sehr, dass wir ihn dort antreffen. werden. «

Nuada, die ragunischen Soldaten, die Kampfroboter und Halswan mit seinen Begleitern, rannten aus dem Inhaftierungsgebäude auf die wartenden Gleiter zu. Nuada gab den Piloten die Anweisung, die Unterkunft von Ruadan anzufliegen. Mit aufheulenden Antrieben hoben die drei schwarzen Kampfmaschinen vom Boden ab.

Die Unterkunft von Ruadan lag in einer ruhigen Parklandschaft. Nach wenigen Flugminuten setzten die drei Kampfgleiter zum Landeanflug an. Leise senkten die

Piloten ihre Maschinen auf eine breite von Bäumen geschützte Allee nieder.

Die Schotts wurden aufgerissen. Ohne zu sprechen, sprangen die Kampfroboter, gefolgt von den Soldaten der Regierung, aus den Flugmaschinen. Sie wussten, was Nuada von ihnen erwartete. Mit leisen Schritten drangen sie auf das Gelände des Haus vor. Vorsichtshalber sicherten einige Soldaten es von allen Seiten, um einer Flucht des ehemaligen Vorsitzenden vorzubeugen. Nuada trat in Begleitung von drei Soldaten auf den Eingang des Hauses zu. Halswan und Nylswan schritten an seiner Seite.

»Wir müssen vorsichtig sein«, bemerkte der Aller-Erste. »Falls das Wesen in Ruadan bemerkt, dass wir Bescheid wissen, wird es vermutlich alles probieren, um uns zu überwältigen. Vermutlich werden wir auch mit Waffengewalt rechnen müssen. «

Nuada blickte ihn an.
»Die Waffen aktivieren«, flüsterte er seinen nachrückenden Soldaten zu. »Falls Ruadan Widerstand leistet und nach einer Waffe greift, schalten sie ihn aus. Wir dürfen kein Risiko eingehen. «

Die Soldaten stellten sich rechts und links der Eingangstüre auf. Nuada klopfte dreimal an der Türe. Geräusche wurden hörbar. Die Pforte wurde geöffnet und ein sichtlich irritierter Ruadan blickte die Besucher an.

»Ehemaliger Vorsitzender«, begrüßte Nuada seinen abgesetzten Kollegen. »Wir haben Informationen erhalten, dass sie mit fremden Mächten kollaborieren. Leisten sie keinen Widerstand. Wir überstellen sie dem ragunischen Geheimdienst. Er wird ihnen lediglich einige Fragen stellen und sie eingehend untersuchen. «

Nuada blickte die Soldaten an.
»Nehmt Ruadan fest«, befahl er.

»Das ist eine Lüge«, schimpfte Ruadan.
»Seine rechte Hand zuckte nach unten zu seiner Hüfte. Hierauf hatte Halswan gewartet. In seiner Hand lag der Laser-Destroyer seines Volkes. Die Waffe fauchte auf. Zwei gezielte Schüsse ließen die Bewegungen von Ruadan erstarren. Grünes Blut lief aus den Wunden. Mit ungläubigen Augen fiel er rückwärts zu Boden.

Ärgerlich drehte sich Nuada nach Halswan um.
»Das wollte ich vermeiden«, sprach der den Aller-Ersten an. »Ruadan hätte uns wichtige Antworten geben können. «

»Entschuldigung«, antwortete der Abtrünnige seines Volkes unschuldig. »Es sah so aus, als wollte er nach einer Waffe greifen. «

Halswan zeigte auf die am Boden liegende Gestalt. »Schauen sie hin«, ergänzte er. »Es geht eine Veränderung mit ihm vor. «

Nuada drehte seinen Kopf und blickte die am Boden liegende Gestalt an. Ein Zucken zog sich durch den Körper des ehemaligen Vorsitzenden. Es schien so, als ob er sich gegen etwas aufbäumte. Der Körper fing an zu brodeln und aufzuquellen. Dann zerfloss Oylswan, der die Gestalt von Ruadan angenommen hatte, in eine gummiartige zähe Flüssigkeit. Die Flüssigkeit brodelte immer noch, Blasen stiegen aus ihr auf und zerplatzten.

Nur langsam festigte sich die Flüssigkeit und nahm die Form einer geleeartigen Qualle an. Die wundersame Verwandlung war abgeschlossen. Das Brodeln und Pulsieren ebbten ab. Das alles dauerte nur wenige Sekunden. Das fremde Wesen hatte sich in seine ursprüngliche Körperform zurückgebildet. Ein letztes Zucken beendete den Todeskampf von Oylswan. Entsetzt blickten die Personen die fremdartige Gestalt an. Ein graues klebriges 80 Zentimeter großes Wesen, mit vielen

Tentakeln, lag vor ihnen auf dem Boden. Grünes Blut floss aus zwei Wunden und breitete sich in dem Eingangsbereich aus.

»Was ist das für eine Ausgeburt? «, fragte Nuada angewidert. » Es sieht aus, wie ein Wesen aus unseren Ozeanen. «

Halswan trat mit der Spitze seines Stiefels, gegen die graue Lebensform. Es bewegte sich nicht mehr.

»Das ist ein Worgass«, erklärte er. »Dieses Lebewesen wird von vielen Rassen im Universum als Hilfsvolk eingesetzt. Es besitzt die Fähigkeit des Formwandelns. Das bedeutet im Klartext, dass es jede beliebige Lebensform nachbilden kann, sobald es einmal in Körperkontakt mit einem Angehörigen einer anderen Species gekommen ist. «

»Es ist abscheulich«, bemerkte Nuada. »Das Wesen konnte sich als Ruadan ausgeben. Der Zentralrat hat nichts bemerkt. Seine Täuschung war perfekt. «

Halswan schüttelte seinen Kopf.
»Trotzdem haben wir uns geirrt«, bemerkte er. »Dieses Wesen in der Gestalt von Ruadan war nicht von einem Kind der Arthropoden infiziert. Dieser Worgass hat die

Gestalt ihres ehemaligen Vorsitzenden angenommen. Das geschieht in der Regel nur, wenn er die kopierte Person im Vorfeld beseitigt hat. Ansonsten ist es für dieses Wesen zu gefährlich andere Körperformen nachzubilden. Es könnte zu schnell auffallen. Gehen sie davon aus, dass dieser Worgass für den Tod von Ruadan verantwortlich ist. Ob er ein Gehilfe der Arthropoden war, können wir leider nicht mehr herausfinden. Es ist möglich, dass der Worgass eigene Interessen verfolgte. «

»Sie meinen, er könnte von einer anderen Rasse geschickt worden sein? «, fragte Nuada.

»Wer weiß das schon«, antwortete Halswan. »Die Gefahr ist jetzt vorüber. Wir sollten schnellstens handeln. Die zeitgesteuerte Wurmlochstation auf Vagun muss in unsere Hände gelangen. Es ist noch genügend Zeit vorhanden, um die Arthropoden in ihrer frühen Entwicklung auszurotten. «

»Sie scheinen hierin tatsächlich die einzige Möglichkeit zu sehen, den Krieg in eine positive Richtung zu lenken«, erwiderte Nuada.

»Falls der Eingriff in die Zeit gelingen sollte, werden die Schiffe der Arthropoden wie Seifenblasen zerplatzen, als ob sie niemals existiert hätten«, lachte Halswan. »Alles würde sich zum Positiven verändern. «

»Ich kann mir das nicht vorstellen«, antwortete Nuada. »Uns fehlt die Erfahrung mit solchen Experimenten. Ich habe mittlerweile erkannt, dass sie uns behilflich sein möchten. Die Enttarnung dieses Wesen in der Körperform von Ruadan, haben wir ihnen zu verdanken. Ihr Arrest wird mit sofortiger Wirkung aufgehoben. Wir entschuldigen uns aufrichtig bei ihnen. Bitte haben sie Verständnis, dass der imperiale Krieg gegen die Arthropoden gewaltig an unseren Nerven zerrt. Beraten sie uns weiter in unserem Vorgehen. Ferner organisieren sie bitte eine Operation nach Vagun. Besser noch, ich bitte sie diese persönlich zu leiten. Wir werden sie mit einer entsprechend großen Flotte von Zerstörern unterstützen. Sind sie hierzu bereit? «

Halswan blickte seine Gefährten an.
»Nichts anderes hätten wir dem göttlichen Zentralrat vorgeschlagen«, antwortete er. »Vergessen wir unsere Meinungsverschiedenheiten. Ich werde die zeitgesteuerte Wurmlochstation auf Vagun wieder in ragunische Hände bringen. Falls sich Systemrat Camaal dort verstecken sollte, werden wir ihn der Gerichtsbarkeit des Zentralrates übergeben. «

»Darum bitten wir«, antwortete Nuada. »Auch er muss sich für seine Taten verantworten. «

Er blickte den Anführer seiner Kampfsoldaten an. »Informieren sie den Geheimdienst und seine Mediziner«, befahl er. »Sie sollen sich um die tote Qualle kümmern. «

»Befehl verstanden«, antwortete der Soldat. »Ich gebe ihnen drei Soldaten zur Sicherheit mit, die sie zum Regierungspalast zurückbegleiten. Ab dort übernehmen die Sicherheitskräfte der Palastwache ihren Schutz. «

»Nicht nötig«, antwortete Nuada. »Mir wird schon nichts passieren. «

»Ich bestehe auf diese Vorschrift«, erwiderte der Truppenführer. »Sie sehen selbst, dass wir nicht alles im Griff haben. «

Er zeigte auf die am Boden liegende fremde Lebensform. Nuada nickte nachdenklich.

»Leider haben sie Recht«, antwortete er. »Ich bin einverstanden. «

Der Soldat wies seine Untergebenen ein. Die Kampfroboter erhielten den Befehl sich zurückzuziehen. Sie bestiegen den ersten Gleiter. Halswan und seine Leibgarde wurde die zweite Flugmaschine zugeteilt. Der gepanzerte Kampfgleiter war für Nuada und die drei abgestellten Soldaten reserviert, welche für seinen Schutz sorgen sollten. Ohne Widerspruch stieg der stellvertretende Vorsitzende in die Maschine ein. Die Soldaten folgten ihm dicht. Der Letzte von ihnen schloss den Schott. Nacheinander hoben die drei Gleiter der Regierung von der breiten Allee ab und beschleunigten dem Himmel entgegen.

### Lebenszone von Ranus Clan

Die Führung des Widerstandes hatte alle Personen des Clans, zudem auch Ranus gehörte, über die geplante Evakuierung informiert. Man schien den verscheiden Familiengruppen die Erleichterung anzusehen, dass sie eine Chance zum Überleben angeboten bekommen hatten. Saanda, der Anführer des Widerstandes und seine Helfer, hatten jede einzelne Familie des Clans persönlich informiert und mögliche Bedenken ausgeräumt. Dieses Vorgehen sollte auch Informanden des Geheimschutzes enttarnen. Die vorhandenen Listen mit den Angehörigen des Clans, wurden namentlich abgearbeitet. Allen Älteren, den Gebrechlichen und den kranken Ragunern wurde dargelegt, dass sie auf keinen Fall zurückgelassen würden.

Saanda hatte die Widerstandskämpfer in dem großen Hause des Volkes zusammengerufen, um das weitere Vorgehen zu diskutieren.

»Freunde«, sagte er. »In den letzten Stunden haben wir alle eine hervorragende Arbeit geleistet«, lobte er seine Mitstreiter. »Alle Bedenken unseres Clans wurden ausgeräumt. Die Familien haben eingesehen, dass ihnen auf Ragun in Kürze der Untergang droht. Das von Major Travis gegebene Versprechen, eine vergleichbare Welt für unseren Clan zu suchen, gab den Ausschlag. Nach einer abschließenden Auswertung der Befragung ist festzuhalten, dass keine Person unseres Clans ermittelt wurde, die an der Evakuierung nicht teilnehmen möchte. Alle Familien haben sich zu einer strikten Verschwiegenheit verpflichtet, insbesondere vor Agenten des ragunischen Geheimdienstes und den Abgesandten der Regierung. Sie werden keine Informationen preisgeben. «

»Ein gewisses Maß an Vorsicht, sollten wir uns trotz der positiven Gespräche noch bewahren«, bemerkte Branus, der Stellvertreter des Anführers. »Wir können keine Gedanken lesen. Ich hoffe nicht, dass uns ein Angehöriger einer Familie angelogen hat und unseren Plan dem Zentralrat verraten hat. Haltet Augen und Ohren offen. Achtet darauf, ob Mitglieder unseres Clans mit fremden Personen sprechen. Überwacht den Funkverkehr und zeichnet die Gespräche auf. Wir dürfen diese einmalige Chance nicht gefährden. Die entschlüsselten Funksprüche unserer imperialen Raumbehörde lassen nichts Gutes vermuten. Unsere imperiale Flotte wird weiterhin in starke Raumschlachten verwickelt und verliert kontinuierlich Schlachtschiffe und Zerstörer. Unsere Flotte wird immer weiter in das innere System unserer Galaxie gedrückt. Wir wissen leider nicht, wie lange es noch dauern wird, bis die Allianzflotte unserer Feinde vor unserer Heimatwelt materialisiert. «

Saanda nickte Branus zu.
»Danke für deine Einschätzung«, bemerkte der Anführer des Clans. »Wir haben noch zwei Tage Zeit, dann wird die geheime Evakuierung beginnen. Sie ist gekoppelt an weitere Einsätze des Neuen-Imperiums von Natrid und Tarid. Truppenkontingente unserer Freunde werden die 12 Flüchtlingstore der Schöpfer auf dem Platz der Evakuierung zerstören. Nur so ist es gewährleistet, dass Halswan, ein Berater unserer Regierung, keinen Zugriff auf die Zeitebenen erlangt. Das würde unabsehbare Folgen für uns und alle nachfolgenden Rassen haben. «

»Es gibt doch noch die geheime Wurmlochstation auf Vagun«, rief ein Kämpfer. »Werden wir uns auch hierum kümmern? «

Maandu, der militärische Befehlshaber der Gruppe trat vor das Mikrofon.

»Hierum werden sich Systemrat Camaal, Flottenführer Lenus und das neue Imperium kümmern«, antwortete er. »Ihr habt es richtig vermutet, auch diese Anlage muss abgeschaltet werden. «

»Was ist unsere Aufgabe? «, brüllte ein weiterer Widerstandskämpfer.

»Das will ich euch gerade erklären«, antwortete Maandu. »Für die Besten von euch habe ich eine gefährliche Aufgabe. «
Er blickte die anwesenden Kämpfer an und lachte.
»Es versteht sich von alleine, dass wir nicht nur die Hand aufhalten können, um eine neue Welt in Besitz zu nehmen«, erklärte er. »Um das Vorhaben des Neuen-Imperiums zu unterstützen, werden wir rechtzeitig, weit entfernt von dem Platz der Evakuierung, einen schwerwiegenden Sabotageakt durchführen. Für diese Aufgabe benötige ich 50 Freiwillige, vorrangig sollten es Scharfschuss-Experten sein. «

Viele Hände von Freiwilligen hoben sich in die Luft.

»Ich danke euch«, sagte der militärische Befehlshaber des Clans. »Ich zähle über 254 Hände. So viele Personen benötigen wir nicht. Ferner ist es wichtig, dass wir alle Gruppen von Evakuierten schützen. Bisher ist uns keine Schwachstelle bekannt, doch ausschließen können wir es nicht, dass dem ragunischen Geheimdienst unser Vorhaben bekannt wird. «

Maandu blickte in entgeisterte Gesichter.

»Euch muss klar sein, dass wir durch unsere selbstständige Evakuierung als Heimatverräter betrachtet werden«, fuhr er fort. »Falls den Sicherheitskräften der Regierung etwas Verdächtiges auffällt, werden sie sofort ihre Verfolger entsenden. Dann können wir uns nur noch mit roher Gewalt die geplante Flucht durchsetzen. Ich hoffe aufrichtig, es kommt nicht so weit. «

»Wir haben nichts zu verlieren«, erwiderte eine Person aus einer großen Gruppe von Widerständlern.

»Das schaffen wir«, brüllte eine Person aus einer anderen Gruppe.

Maandu hob seine Hände in die Luft.

»Lasst mich bitte meine Erläuterungen zu Ende führen«, sprach er in das Mikrofon.

Die Geräuschkulisse ebbte ab.

»Die Zerstörung der 50 ragunischen Energie-Generatoren erfolgt zeitgleich mit der Aktivierung der mobilen Transmitter-Durchgänge, die uns das neue Imperium zur Verfügung stellt«, rief er. »Durch diese fünf Durchgänge werden die Alten, die Kranken, die Gebrechlichen und alle gehbehinderten Angehörigen unseres Clans evakuiert. Leider strahlen diese mobilen Geräte starke Energieemissionen aus und können leicht angemessen werden. Wir können sie nicht lange in Betrieb halten. Hierfür brauchen wir eine Ablenkung. Unsere ausgesuchte Gruppe Freiwilliger wird die 50 Energieerzeuger für den globalen Schutzschirm von Ragun in die Luft jagen.

Mein Plan sieht es vor, ausschließlich zeitgesteuerte Sprengstoffe einzusetzen. Wenn wir jeden Generator in einem Abstand von 1 Minute sprengen, bringt uns das 50 Minuten Zeit. Diese Aktion ist als ein reines Ablenkungsmanöver geplant. Die Soldaten des Geheimdienstes werden sich auf dieses Szenarium konzentrieren. Die gewaltigen Explosionen der Meiler werden die sensiblen Ortungsgeräte des Geheimdienstes verzerren und die Streustrahlung der fünf kleinen Fluchttransmitter überdecken.«

Der militärische Berater trat einen Schritt zurück.

Saanda nickte ihm zu.
»Ich möchte noch kurz etwas ergänzen«, sprach er seine Kämpfer an. »Die Zeitschalter an den Sprengstoffsätzen verschaffen wir unserem Freiwilligen-Trupps ausreichend Zeit, um sich zurückziehen. Die Generatoren-Halle befindet sich bekanntlich in der Mitte unserer Stadt. Sie liegt also auf dem halben Weg von dem Evakuierungspunkt entfernt. Die Freiwilligen des Ablenkungs-Kommandos begeben sich nach dem Anbringen der Sprengsätze schnellstens zu den Evakuierungs-Koordinaten.

Falls möglich, unterstützen sie vor ihnen laufende Gruppen unseres Clans in den Gängen. Alle Scharfschützen bleiben am Ende der Gruppen und sichern deren Abzug. Ich weise daraufhin, dass die Evakuierung zügig ablaufen muss. Kurze Zeit nach der Sprengung der Energiemeiler, werden die 12 Flüchtlingstore von dem neuen Imperium zerstört. Spätestens dann, werden uns alle Soldaten des ragunischen Imperiums jagen. Der Zentralrat wird Kampfjets, Klappflügel-Zerstörer und Bodenfahrzeuge losschicken, um die Saboteure zu ergreifen. Es darf keine Verzögerung in dem Zeitablauf entstehen. Ist euch das allen klar? «

»Völlig klar«, erwiderte die Menge. »Wir sorgen für einen reibungslosen Ablauf.«

»Wir teilen kleine Taschen-Kommunikatoren mit geringer Funkreichweite aus«, teilte Maandu mit. » Diese älteren Geräte arbeiten noch mit analoger Technik und können von der Raumüberwachung nicht abgehört werden. Der Nachteil dieser Geräte ist es, wenn die Entfernung zwischen Sender und Empfänger zu groß wird, dann bricht die Verbindung zusammen. Doch wir sehen keine andere Möglichkeit. «

Kaandu, der Überwachungsspezialist des Clans trat an das Mikrofon.

»Ich habe euch auch noch etwas mitzuteilen«, sprach er in das Mikrofon. »Die Sicherheitskräfte des Zentralrates sind auf die unterirdischen Gänge aufmerksam geworden. Noch kennen sie die Verästelung unserer vielen Tunnelwege nicht. Durch den Einbruch in das imperiale Archiv, füllen sie die Verbindungswege unter dem Palast mit Rasolzid auf. Wie ihr wisst, wird dieses flüssige Material nach der Anreicherung mit Sauerstoff, zu einem glasharten Material. Uns fehlt die Zeit, um neue Bohrungen durchzuführen.

Aus diesem Grunde ist der direkte Weg unterhalb des Palastes versperrt. Die Evakuierungsgruppen werden einen Umweg in Kauf nehmen müssen. Ich hoffe sehr, dass wir nicht auf weitere Patrouillen in den Verbindungsgängen treffen werden. Der Zeitrahmen ist uns klar vorgegeben. Falls die Gruppen unseres Clans nicht pünktlich den Evakuierungs-Treffpunkt erreichen sollten, dann werden die Schiffe des Neuen-Imperiums ohne sie starten. Je länger unsere Gruppen brauchen, umso größer wird ihre Entdeckung durch die ragunische Überwachungsorgane und ihren Sicherheitskräften. «

»Danke, Kaandu«, sagte Saanda. »Deine Informationen waren sehr hilfreich. «

Der Anführer blickte seine Kämpfer an.
»Haltet die Augen offen«, ergänzte er. »Meldet jedes Problem an die Führung des Widerstandes. Prüft die Evakuierungsgänge auf Patrouillen von Soldaten des Geheimdienstes hin und auf mögliche Tunneleinbrüche. Nicht alle dieser Fluchtwege wurden regelmäßig von uns benutzt. Weist unsere Familien daraufhin, dass nur das Notwendigste an Gepäck mitgenommen werden darf. Alles das, was zu beschwerlich für den langen Fußmarsch

ist, wird hiergelassen. Als Tarnung werden wir angekleidete Puppen vor den Unterkünften und auf den Straßen aufstellen. Sie werden überfliegenden Kampfjets und Drohnen der Regierung ein falsches Bild von unserem Wohnbereich vermitteln. Zeigen wir Ranus, dass wir auch ohne ihn alles perfekt organisieren können. «

Jubel hallte von den Anwesenden herüber. Sie stampften mit den Füßen und rissen ihre Hände in die Luft. Die Freude stand ihnen im Gesicht geschrieben.

# Intervention auf Ragun

Geoffwan, Nadewan und Talswan hatten sich in der geheimen Flüchtlingsstation auf der Erde getroffen, die tief in dem Boden des Kombrogi-Gebirges in Wales versteckt war. Die Station der Aller-Ersten war riesig. Außerhalb des Gebirges wies kein Hinweis auf die Verschachtelung der Station hin. Erst nach der Aushändigung der Konstruktionszeichnungen durch Geoffwan, konnte das Ausmaß der ehemaligen Flüchtlingsunterkunft exakt definiert werden. Unter der oberen Etage, direkt neben den Unterkünften für die Schwertkämpfer gelegen, lagen durch mehrere breite Verbindungsgänge erreichbar 6.000 weitere Unterkünfte für Personal. Sie werden zwischenzeitlich von technischem Personal und den Soldaten des ISD genutzt. Die unter dem Befehl von Oberst Cameron stehenden Elite-Kämpfer sollten zukünftig für die Sicherheit der Einrichtung sorgen. Überall liefen zahlreiche Wissenschaftler herum und registrierten Geräte und ragunische Hinterlassenschaften.

»Wir werden nicht mehr lange hier verweilen müssen«, sagte Nadewan. »Die Techniker des Neuen-Imperiums begreifen schnell. Ihre Auffassungsgabe überrascht mich. «
Geoffwan lachte.
»Sie sind eine spezielle Rasse«, antwortete er. »Vielleicht auch dank der natradischen Genoptimierung. «

»Ist unsere Flüchtlingsstation bei ihnen in guten Händen? «, erkundigte sich Talswan, der oberste Flottenbefehlshaber der Aller-Ersten.

»Wir können nicht alle Stationen unserer früheren Aktivitäten selbst verwalten«, antwortete Geoffwan. »Ihr wisst, dass unser Interesse den Problemen anderer Dimensionen gilt. Das Buch unseres Propheten Aahnn weist den Terranern eine große Zukunft voraus. Sie werden nach seinen Voraussagungen die Weichen der Milchstraße stellen. Durch sie wird diese Sterneninsel die stabilste in dem ganzen Universum werden. «

»Dein Glaube an die seherischen Fähigkeiten von Aahnn faszinieren mich«, antwortete Nadewan. »Ich hoffe nur, dass er sich nicht geirrt hat. «

»Das ist noch nie vorgekommen«, antwortete Geoffwan verärgert. »Seine Fähigkeiten sind einzigartig. «

»Warum ist er dann spurlos verschwunden und nimmt nicht mehr an unserem Leben teil? «, fragte Nadewan.

Geoffwan blickte ihn an.
»Jeder Angehörige unseres Volkes trägt etwas Besonderes in sich«, erwiderte er. »In vielen schlummern

Fähigkeiten, die nicht zum Vorschein kommen. Andere erkennen diese und nutzen sie. Aahnn ist immer ein Eigenbrötler gewesen. Als er sich aufmachte, dem Pfad der Erkenntnis zu folgen, war das sein eigener Wunsch. Unser Ältestenrat akzeptierte seine Absicht und ließ ihn ziehen. Seit dieser Zeit verliert sich seine Spur. Er wird sicherlich auf irgendeinem Planeten leben und nach neuen Erkenntnissen suchen. Ich bin mir sicher, dass er irgendwann zu uns zurückkehrt. «

»Viele Angehörige unserer Rasse halten ihn für tot «, sagte Talswan. »Sie verstehen nicht, dass eine so wichtige Person der Gemeinschaft den Rücken kehren konnte. «

Geräusche ließen die Aller-Ersten ihre Gespräche beenden. Major Travis, Heran, Commander Brenzby und Heinze kamen auf sie zugeschritten.

»Sie sind schon wieder zurück? «, staunte Geoffwan. » Dann scheint alles gut gelaufen zu sein? «

Major Travis nickte.
»Wir haben das, was wir wollten«, antwortete er.
Er zog einen Stapel Infofolien unter seinem Arm hervor und reichte sie dem Sprecher der Aller-Ersten.

»Die Konstruktionsunterlagen für den Bau einer zeitgesteuerten Wurmlochanlage«, ergänzte er. »Wir stimmen mit ihnen überein, dass sie in ihren Händen am sichersten aufbewahrt werden können. «

Der Sprecher der Aller-Ersten nahm die Folien an sich und blätterte sie durch.

»Das sind die Originalfolien«, bestätigte er. »Mich wundert es wirklich, dass sie so einfach in ihren Besitz kommen konnten? «

»Einfach war es nicht«, antwortete Commander Brenzby. »Ihre Halsmanschetten haben uns gute Dienste geleistet. Die ragunischen Sicherheitskräfte bemerkten uns nicht. «

»Wir überlassen sie ihnen«, antwortete Geoffwan. »Setzen sie diese bei ihrem nächsten Einsatz ebenfalls ein. Sie werden ihnen behilflich sein. Wie viel Zeit haben sie noch? «

»Uns verbleibt noch ein Tag«, antwortete der Major. »Morgen werden wir starten. «

»Ein Flaggschiff unserer 5.000 Meter-Klasse trifft heute noch ein«, erklärte der Sprecher der Aller-Ersten. »Halswan wird uns spüren können. Nach unserer

Meinung wird er einen großen Teil der ragunischen Flotte hinter uns herjagen, um uns zu stellen. Wir verschaffen ihnen auf diesem Weg mehr Handlungsspielraum. Der Raum über Ragun wird nur noch geringfügig bewacht sein. «

»Vielleicht existiert ihr Abtrünniger nicht mehr«, sagte Heran. »Möglicherweise hat er sich Zugriff auf die Vagun-Station verschafft. Falls sie unsere Befehle ausgeführt hat, sollten Halswan und seine Begleiter von der KI eliminiert worden sein. «

»Das Wort falls, beinhaltet zu viele Unsicherheiten«, antwortete Geoffwan. »Spätestens nach der Vernichtung der Personen-Wurmloch-Tore auf Ragun wird er keine andere Möglichkeit mehr sehen, als einen Kontakt zu der Vagun-KI herzustellen. «

»Das ist sein einziger Weg, um noch eine Zeitmission durchführen zu können«, sagte Talswan. »Doch er ist nicht darüber informiert, dass die Hypertronic-KI unseren Befehlen Folge leistet. «

»Hoffentlich macht sie das auch«, monierte Heran. »Ich habe bereits viel erlebt. Eine gewisse Skepsis bleibt. «

»Wir werden es sehen«, antwortete Geoffwan.

»Haben sie Oberst Cameron bereits instruiert, uns ein zeitgesteuertes Wurmloch zu öffnen? «, fragte Major Travis.

Geoffwan nickte.
»Er ist informiert«, antwortete der Sprecher der Aller-Ersten. »Sein Team ist mittlerweile gut mit der Bedienung der Station vertraut. Das Wurmloch öffnet sich auf der Rückseite von Tarid. Es kann von der ragunischen Raumüberwachung nicht geortet werden. «

»Perfekt«, erwiderte Major Travis.
»Captain Hunter und sein Team trainieren in den unteren Abteilungen ihre Einsatztruppen«, bemerkte Nadewan. »So wie ich gesehen habe, hat er hartgesottenes Personal ausgesucht, das vor keinem Einsatz zurückschreckt. «

»Das war ein spezieller Befehl von General Poison«, antwortete der Major. »Wir wissen nicht, ob von Ranus-Clan etwas bei dem ragunischen Geheimdienst durchgesickert ist. Bei allem Verständnis für unseren Asylbewerber, doch knapp 7.890 Personen können nach meiner Meinung schlecht überwacht werden. «

Ein lautes Schrillen durchzog die großen Hallen der unterirdischen Station.

Schlagartig verstummte das Summen.

»General Poison bittet die befehlshabenden Offiziere der Ragun-Mission in exakt 1 Stunde zu einem Abschlussgespräch in die EWK-Zentrale nach Tarid«, teilte eine weibliche Stimme mit.

Die Ansage wurde ein zweites Mal wiederholt.

»Unsere Führung will uns sehen«, sagte der Major. »Bitte begleiten sie uns zu den Transmitter-Ports. «

Geoffwan, Talswan und Nadewan standen auf.

»Warten sie«, antwortete der Befehlshaber der Wolkenstädte. »Den Weg können wir uns sparen. Dank unserer Kräfte sind wir auf stationäre Transporteinrichtungen nicht angewiesen. Ich öffne uns einen Durchgang in die Verwaltung der EWK. «

Major Travis und seine Begleiter kannten diese Fähigkeit bereits. Sie sahen, wie Nadewan seine Hände an seine Hüfte legte. Aus dieser Position hob er sie ausgestreckt und synchron zu seinem Kopf und schlug die geöffneten Handflächen zusammen. Aus dem Nichts bildete sich eine fluoreszierende Türe vor ihnen in der Luft.

»Bitte durchtreten«, sagte Nadewan.

Major Travis und seine Begleiter schritten auf den Durchgang zu und traten hindurch. Nadewan durchquerte sie als letzte Person. Hinter ihm fiel das fluoreszierende Licht in sich zusammen.

Die Gegenseite der Türe hatte sich auf dem Korridor des Verwaltungsgebäudes geöffnet. Sicherheitssoldaten kamen angelaufen. Als sie Major Travis und seine Begleiter erkannten, salutierten sie und zogen sich zurück.

Wenige Schritte entfernt, befand sich das große Besprechungszimmer von General Poison. Die Türe stand offen. Als Major Travis und seine Begleitung eintraten, standen General Poison und Noel an dem großen Fenster und blickten über das große Gelände der EWK.

Der Major räusperte sich kurz.
Der General und Noel drehten sich um.

»Meine Herren, sie sind zu früh«, sagte der General. »Kommen sie an das Fenster. Weitere Schiffe unserer neuen Regent-und Imperator-Klasse wurden von den Werften ausgeliefert. «

Linksseitig am Horizont war der große Landehafen des EWK-Geländes zu sehen. Die blitzenden neuen Schiffe reflektierten das Sonnenlicht.

»Wir verfügen jetzt über 2.500 Schiffe der neuen Imperator-Klasse und 5.000 Schiffe der Regent-Klasse«, ergänzte der General. »Sie werden derzeit dem Schiffspersonal übergeben. «

»Sind wir zu früh? «, fragte jemand am Eingang des Büros.

Der General drehte sich um.
Admiral Tarin und Commander Lurtrin, der 1. Offizier des Admirals betraten den Raum.

Der General winkte ihnen.
»Kommen sie zu ans Fenster«, forderte er sie auf. »Ich informierte Major Travis, dass weitere Schiffe unserer neuen Regent- und Imperator-Klasse ausgeliefert werden. «

Der Admiral und sein Stellvertreter traten an das Fenster und blickten zu dem Landehafen hinüber.

»Das sind beeindruckende Zerstörer«, bestätigte der Admiral.

»Diese Modelle werden sich an der bevorstehenden Ragun-Mission beteiligen«, erklärte der Major. »Sie werden ihre bereitgestellte Flotte unterstützen. «

Noel blickte den Admiral an.
»Das ist richtig«, bestätigte er. »Nach ihrer Rückkehr werden wir jeweils 500 dieser Schlacht-Zerstörer ihrem Kommando unterstellen. Ihre Kampfflotte wird hierdurch massiv aufgewertet. «

Admiral Tarin lächelte den General und Noel an.
»Meinen aufrichtigen Dank hierfür«, sagte Tarin. »Ich hatte nicht damit gerechnet, dass sie meine Flotte verstärken werden. «

»So kann man sich täuschen«, antwortete Noel. »Sie sind sehr wichtig für das Neue-Imperium. Das ist lediglich ein erster Zuwachs ihrer Eingreifflotte. Weitere Schiffe werden folgen. «

Der Raum füllte sich langsam mit Offizieren der EWK. Captain Hunter war mit seinem Team des SPC eingetroffen. Auf dem Weg in den Sitzungssaal hatte sich Lorin der Gruppe angeschlossen. Commander Steward wies Zentralrat Muuda, Systemrat Camaal, Ranus und Lenus den Weg in den Saal. Ihnen folgten Offiziere der EWK, die von Commodore McGregor zu ihren Plätzen geleitet wurden. Sergeant Hardin und einige Offiziere der Marines traten ein. Atlanta folgte mit ihrem Stellvertreter Senga-Hol. Tart 1 und Tat 2 standen regungslos an der Wand, in dem Rücken ihrer Schutzbefohlenen.

Frau Eisenhut kam mit einem Stapel Infofolien in den Raum geeilt und verteilte sie an die Anwesenden. Einige der gebundenen Unterlagen legte sie auf das erhobene Podest ihres Chefs. Dann kehrte sie um und schloss die Türe des Zimmers hinter sich.

General Poison ließ seinen Blick über die Anwesenden schweifen.

»Ich glaube, wir sind jetzt vollständig«, er. »Lassen sie uns anfangen. Die Zeit läuft uns davon. Bitte setzen sie sich. «

Der General schaute auf die Anwesenheitsliste.
»Agent Barenseigs und die Mitarbeiter seines Departments Secret-X lassen sich entschuldigen«, teilte er mit. »Unser Mann für alte Artefakte glaubt eine heiße Spur gefunden zu haben, die zu einer geheimen Entwicklungsstation des ehemaligen Kaisers von Natrid führt. «

»Was für eine geheime Entwicklungsstation? «, fragte Major Travis.

Der General zog seine Schultern hoch.

»Er wollte uns nicht mehr sagen«, erwiderte er. »Die Spur muss sich erst bestätigen. Dann erfahren wir mehr. «

Die Geräuschkulisse verebbte nur langsam.

Commodore McGregor war an das Podest getreten und tippte an das Mikrofon.

»Ruhe bitte«, sprach er in das Mikrofon. »Wir begrüßen alle Anwesende in dieser Runde. General Poison möchte letzte Worte, bezüglich der bevorstehenden Ragun-Mission, an sie richten. «

Er trat von dem Mikrofon zurück.

General Poison baute sich vor dem Podest auf. Mit einem grimmigen Blick musterte er die Gäste.

»Wie sie wissen, haben wir eine schwierige Aufgabe vor uns«, begann er. »Die Flüchtlingstore auf Ragun müssen abgeschaltet werden, um einen Zugriff auf unsere neue Station zu verhindern. «

Er zeigte auf die Aller-Ersten.

»Sie wurde uns freundlicherweise von Geoffwan und dem Ältestenrat seines Volkes übergeben«, ergänzte er. »Die Verwaltung der großen Anlage wird zukünftig dem neuen

Imperium unterstellt. Diese Station ist vor vielen Jahrtausenden einmal eine ragunische Flüchtlings-Auffangstation gewesen. Der Zugang erfolgte durch 12 Personen-Wurmloch-Tore der Aller-Ersten. Wie sie wissen werden, möchte Halswan, ein Abtrünniger unserer Freunde der Aller-Ersten unseren Zugriff auf die zeitgesteuerte Wurmlochanlage unterbinden. Hierzu scheint ihm jedes Mittel recht zu sein. Einmal konnten wir das Eindringen von ragunischer Truppen verhindern.

Das konnten wir dem Umstand verdanken, dass Halswan nicht informiert war, dass wir bereits militärisches Personal in der Station stationieren konnten. Jetzt sind er und der Zentralrat der Raguner gewarnt. Wir können nicht ausschließen, dass sie es nochmals versuchen wird. Die Tore wurden von uns mit starken Natrid-Stahlwänden direkt an dem Ereignishorizont verschlossen. Diese verhindern, dass austretende Dinge materialisieren können. Halswan besitzt das technische Wissen der Aller-Ersten. Langfristig wird es ihm möglich sein unsere Barriere auszuhebeln. Vermutlich fehlt ihm aber die Zeit hierzu, die ragunischen Produktionsanlagen auf entsprechende Waffensysteme umzustellen. «

»Wird sich dieses Problem nicht von alleine bereinigen? «, fragte ein Offizier.

Geoffwan war neben den General getreten.

»Darf ich? «, erkundigte er sich.

»Bitte«, antwortete der General. »Das Mikrofon gehört ihnen. «

Der Aller-Erste zog das Mikrofon näher an sich.

»Sie sprechen die Vernichtung des Zentralplaneten durch die arthropodische Allianzflotte an«, antwortete er. »Unsere Informationen aus dieser Zeitepoche wurden von Halswan manipuliert. Wir können daher nicht genau sagen, wann Ragun zerstört wird. Es ist möglich, dass es bereits in vier Wochen passiert, oder erst in 2 Jahren ihrer Zeitrechnung. Das würde Halswan genügend Zeit verschaffen, um weitere Pläne auszuarbeiten. Eine Vernichtung der Personen-Tore halten wir für dringend notwendig. «

»Danke«, sagte General Poison.

Er drehte sich wieder den Zuhörern zu.

»Major Travis konnte in der Zwischenzeit zwei erfolgreiche Einsätze fliegen«, erklärte er. »Dank unserem Gast Camaal, wurde er als Oberkommandierender von der Vagun Hypertronic-KI registriert. Colonel Heinemann konnte als neuer stationsgebundener Befehlshaber eingebunden werden.

Er tritt seinen Dienst nach der bevorstehenden Mission an. «

Die Zuhörer applaudierten.
»Ich bin noch nicht fertig«, sagte der General.

Die Zuhörer beruhigten sich.
»Der Hypertronic-KI wurde die Anweisung erteilt, Halswan bei dem Versuch in ihre Station einzudringen zu eliminieren«, erklärte der General. » Die KI der Station bestätigte diesen Befehl. Falls also der Abtrünnige der Aller-Ersten der zeitgesteuerten Wurmlochstation einen Besuch abstattet, wird er die längste Zeit für uns ein Problem gewesen sein. «

Erneuter Beifall wurde hörbar. Die Offiziere in dem Sitzungssaal der EWK applaudierten lautstark. General Poison hob seine Hände in die Luft.

»Ruhe bitte«, sagte er.
Langsam ebbte der Beifall ab.
»Der zweite Einsatz von Major Travis wurde dank Ranus, dem ehemaligen Truppenführer eines ragunischen Soldatenkommandos möglich«, ergänzte er. »Er führte unsere Einsatzkräfte in das imperiale Archiv von Ragun. Die dort gelagerten Konstruktionspläne der zeitgesteuerten Wurmlochanlage konnten erbeutet und

an Geoffwan zurückgegeben werden. Gleichzeitig wurde der knapp 8.000 Personen umfassende Clan von Ranus über seine bevorstehende Evakuierung informiert. Es gibt eine kleine Wiederstandgruppe in seinem Clan. Sie plant während unserer Abwesenheit die Evakuierung der vielen Personen. Unsere Befürchtung ist es jedoch, dass der ragunische Geheimdienst hiervon erfährt. Falls wir morgen Abend auf starke Truppenverbände unserer Feinde treffen sollten, werden wir den Einsatz abbrechen.«

Der General gab das Mikrofon an Ranus weiter.
Dieser klopfte kurz an das Mikrofon. Das hatte er sich bei seinen Vorrednern abgeschaut.

»Mein Name ist Ranus«, sagte er. »Einige von ihnen kennen mich nicht. Mir wurde von General Poison Asyl gewährt. Auf meine besondere Bitte hin, werden die Angehörigen meines Clans evakuiert und auf einem neuen Planeten übersiedelt. Hierfür danke ich ihnen im Namen aller Familie. Die Anführer der Widerstandsbewegung meiner Gruppe wissen Bescheid. Für sie lege ich meine Hand ins Feuer. Sie können sicher sein, dass der ragunische Geheimdienst keine Kenntnis von unserem Vorhaben erlangt. Ich werde den Einsatz der Truppen des Neuen-Imperiums begleiten. Wir werden alles versuchen, um personelle Verluste zu vermeiden.

Die Angehörigen meines Clans werden es in diese neue Zeit schaffen. Das ist mein Ziel. «

»Danke«, sagte General Poison. »Geoffwan, bitte teilen sie uns bitte etwas über die Flüchtlingstore auf Ragun mit.«

Der Aller-Erste trat erneut an das Mikrofon.
»Die Durchgänge wurden während der ersten Angriffe der Arthropoden-Allianz auf das ragunische Imperium konzipiert«, erklärte er. »Die Zentralwelt wurde damals von flüchtenden Kolonialisten nur so überschwemmt. Die Raguner baten uns um Hilfe, die wir ihnen gewährten. Die Tore ermöglichten einen schnellen Abfluss der Flüchtlinge. Nach ihrer Ankunft in der Station auf Tarid, wurden sie von uns auf weit entfernte Planeten übersiedelt. Unser Gedanke war es, die einzelnen Clans zu trennen.

Nie mehr sollte ein ragunisches Imperium entstehen. Kleinere Gleiter konnten ebenfalls das Tor passieren, wie sie bei dem Angriff der Raguner auf ihre Station bemerkt haben sollten. Entgegen unseren Konstruktionspläne, verwendete der ragunische Zentralrat für den Bau der Tore ein spezielles Metall, das sich Tiziranium nennt. Der Rohstoff hierfür stammt nicht aus der Milchstraße. Wir wissen nicht, wo die Raguner es abbauen und wie sie es bearbeiten. Uns fiel ein Artefakt in die Hände, das aus diesem Material gefertigt wurde. Es zeichnete sich durch eine extreme Härte und eine optimale Korrosionsbeständigkeit aus.

Erst nach einem mehrfachen Laserbeschuss, auf der stärksten Stufe unseres Induktivstrahlers, konnten wir das Material zerstören. Es war sehr widerstandsfähig. Alle Flüchtlingstore sind von außen mit Tiziranium beschichtet. Der innere Bereich der Tore wurde lediglich mit normalem Metall versiegelt. Falls sie die Tore vernichten wollen, empfehle ich ihnen, mehrere Sprengladungen in dem inneren Bereich der Flüchtlingstore zu platzieren. Anders werden sie keinen Erfolg verbuchen. «

Geoffwan atmete kurz durch. Dann fuhr er fort.
»Es gibt 12 Stück von diesen Toren, die alle in einem gewissen Abstand voneinander errichtet wurden«, erklärte er. » Sie befinden sich im Zentrum des Regierungsviertels von Ragun. Um den imperialen Geheimdienst nicht zu früh aufmerksam zu machen, halten wir die eine gleichzeitige Sprengung von allen 12 Toren für dringend erforderlich. Jedes Einzelne muss mit genügend Sprengstoff versehen werden, damit es zerstört werden kann. Denken sie bitte hieran. Durch die Extensivität dieser Sprengungen, werden im großen

Umfeld der Tore alle Gebäude, Hallen und Häuser dem Erdboden gleichgemacht. Sie sollten sich also vorher weit genug zurückziehen. «

Major Travis war aufgestanden und neben Geoffwan getreten. Er nickte dem Aller-Ersten zu.

»Wir werden 12 eigenständige Bodeneinheiten einsetzen, die sich um jedes einzelne Tor kümmern? «, sagte Major Travis. » Captain Hunter hat die entsprechenden Kampftruppen bereits zusammengestellt. Einige Widerständler von Ranus Clan planen eine Ablenkung für uns durchführen. Sie werden in die große Halle der Schirmfeld-Generatoren eindringen und die Energiemeiler zerstören. Hierdurch kann der globale Schutzschirm um Ragun nicht mehr aktiviert werden.

Diese Sabotageaktion wird das Aufsehen aller ragunischer Sicherheitskräfte auf sich ziehen. Währenddessen wird sich ein Spezialteam unter meinem Befehl um die Evakuierung von Ranus Clan kümmern. Synchron hierzu werden unsere 12 Kampfgruppen sich einen Weg zu den Personen-Wurmloch-Toren suchen und die Verlegung der Sprengsätze vornehmen. «

Major Travis blickte die Offiziere in dem Saal an.

Niemand hatte eine Frage. Er fuhr mit seinen Ausführungen fort.

»Die Termar 1 wird von einem getarnten Transportschiff begleitet. Dieses ist für die Aufnahme der Evakuierten vorbereitet. Zusätzlich wird uns Heran mit seinem technisch ausgereiften Evolutionsschiff unterstützen. Diese drei Schiffe landen auf dem von Ranus vorgeschlagenen Gelände eines verfallenen Industrieareals. Leider beträgt die Entfernung zu dem Lebensbereich von Ranus Clan 24 Kilometer. Wir werden ausreichend viele Graver einsetzen, um die Entfernung schnell zu überbrücken.

Alle Personen des Clans und unsere Kampftruppen müssen durch die unterirdischen Gänge der Hauptstadt geführt werden. Erst nachdem alle Evakuierten das Transportschiff betreten haben, unsere Kampfgruppen wohlbehalten zurückgekehrt sind, werden wir die Personen-Tore funkgesteuert in die Luft jagen. Spätestens zu diesem Zeitpunkt wird die ragunische Regierung alle ihre Kräfte mobilisieren, um die Verantwortlichen zu ergreifen. Weitere Aktionen halten wir ab diesem Zeitpunkt für nicht mehr durchführbar. «

»Danke«, sagte General Poison. »Ein Kampfzerstörer der Aller-Ersten unterstützt unsere Mission«, fuhr er fort.

»Dieses moderne Schiff einer 5.000-Meter-Klasse, wurde nach der neusten Technik unserer Freunde erbaut. Ich habe die Hoffnung, dass sie ihn uns als Geschenk überlassen werden. «

Geoffwan grinste den General irritiert an.
»Falls ich das befürworte, dann kann ich bei ihnen auch einen Asylantrag stellen«, erklärte er. » Sie wissen doch, dass eine Weitergabe neuster Technik für uns verboten ist. «

Die Zuhörer lachten laut auf.
»Das war ein Scherz«, erwiderte der General trocken.

Er suchte mit seinen Augen Captain Hunter.
»Ich bitte Captain Hunter zu uns«, sagte er. »Stellen sie uns bitte ihre Kampftruppen vor. Wo ist der Captain? «

»Hier«, meldete jemand von der linken Seite des Saales. »Ich komme zu ihnen rüber. «

Jetzt erkannte der General den Captain, der sich einen Weg durch die Menge der Offiziere bahnte.

Der General begrüßte ihn.

»Gut, dass sie den Weg zu uns gefunden haben«, lächelte der General. »Sie unterstehen dem Befehl von Major Travis. Stellen sie uns bitte ihre Einsatztruppen vor.«

Der Captain salutierte vor dem General und drehte sich dem Mikrofon zu.

»Nach der Einschätzung der Mission durch den SPC hielten wir es für ratsam, ausschließlich auf erfahrene Marines und Soldaten mit langer Kampferfahrung zurückzugreifen«, erklärte der Captain. »Jede Einheit besteht aus 20 Spezialisten. Im Einzelnen wären das zwei Sprengstoffexperten, vier militärische Scharf- und Präzisionsschützen, ferner sechs Nahkampf-Soldaten und sieben von Lorin ausgebildete Schwertkämpfer-Amazonen, sowie ein Truppenführer. Sie werden zusätzlich von sechs natradischen Kampfrobotern begleitet.

Ich denke, dass in den engen unterirdischen Verbindungstunneln von Ragun diese Truppenstärke bereits an ihre Grenzen stößt. Falls fremde Stoßkommandos unsere Kampftruppen verfolgen, können sie sich in den unterirdischen Gängen verschanzen und ihre Verfolger aufhalten, bis weitere Robotereinheiten zu ihrer Verstärkung eingetroffen sind. Das Kontingent der Termar 1 wird auf 5.000

Kampfroboter aufgestockt, nur für den Fall, dass unsere Einheiten in schwere Bodenkämpfe verwickelt werden sollten. Neben Sergeant Hardin und 10 ausgesuchten Truppenführern der Marines, werden ich und mein trainiertes Team des SPC die Einsatzgruppe von Major Travis unterstützen. Die Evakuierung von Ranus Clan scheint mir die schwierigste Aufgabe sein. «

»Danke, Captain Hunter«, sagte General Poison. »Ihre Personenauswahl halte ich für eine gute Wahl. «

Major Travis trat vor das Mikrofon.
»Mein Team wird aus Spezialkräften bestehen«, erklärte er. »Neben den Spezialisten des SPC, werden Heran, Heinze, Ranus, Lenus, Zentralrat Muuda und Systemrat Camaal uns begleiten. Ich hoffe, dass sein Wort noch Einfluss bei den Ragunern hat. Unsere Ankunft wurde dem Widerstand für den morgigen Tag um 20:00 Uhr angekündigt. Saanda, der Anführer des Widerstandes wird bereits vorher beginnen, die Angehörigen seines Clans in Gruppen in die unterirdischen Tunnel zu führen. Der Treffpunkt ist ihm bekannt. Heinze wird dank seiner Kräfte die mobilen Transmitter zu dem Wohnort des Clans teleportieren. Sie werden erst aktiviert, wenn bereits die ersten Flüchtlinge das Transportschiff betreten haben. Wir hoffen sehr, dass uns die ragunischen

Sicherheitstruppen keinen Strich durch die Rechnung machen. «

General Poison trat an das Mikrofon.

»Wir planen die Öffnung eines zeitgesteuerten Wurmloches im Orbit von Tarid, jedoch auf der von Ragun abgewandten Seite«, erklärte er. »Der zeitgesteuerte Tunnel wird von unserer neuen Station erzeugt. Eine getarnte Flotte von 10.000 Schiffen durchquert es, um in die Zeitepoche des ragunischen Imperiums zu gelangen. Unser Verband setzt sich aus nachfolgenden Schiffstypen zusammen:

5.000 Schiffe der Kaiser-Klasse, (2.000 Meter), aus der Flotte von Admiral Tarin.

1.000 Schiffe der Imperator-Klasse, (3.000 Meter), als reine Schiffsneubauten.

2.000 Schiffe der Regent-klasse, (2.500 Meter), als reine Schiffsneubauten.

2.000 Schiffe der Königs-Klasse (1.500 Meter), die Schiffe stammen aus umliegenden Basen.

2 Schiffe der Naada-Klasse, für die Flüchtlinge.

1 Schiff Termar 1, Major Travis und Einsatzteams.

1 Schiff Lantranisch, von Heran kommandiert.

1 Schiff der Aller-Ersten (5.000 Meter).

Den Oberbefehl über diese Flotte wird Admiral Tarin übernehmen. Die Einsatzkräfte am Boden werden von Major Travis kommandiert. Es ist wichtig, dass alle vorgesehenen Zeitfenster eingehalten werden. Sobald die Flüchtlinge in Sicherheit sind, starten die drei gelandeten Schiffe und schließen sich der im Orbit wartenden Flotte von Admiral Tarin an. Von dort fliegen sie getarnt nach Tarid weiter. Geoffwan hat uns zugesagt, oberhalb von Tarid sein Amulett einzusetzen, um unserer Flotte ein Wurmloch in unsere Realzeit zu öffnen. «

Der General blickte die Zuhörer an.
»Haben sie irgendwelche Fragen? «, erkundigte er sich.

»Was ist, wenn die Arthropoden durch die Explosionen der Energiemeiler auf Ragun aufmerksam werden«, fragte ein Offizier. »Nach meiner Meinung wird das im Weltraum wie ein Leuchtfeuer aussehen. Kann man so etwas nicht als einen Eingriff in die Zeitebene verstehen.«

Geoffwan trat an das Mikrofon.

»Falls dieser Fall eintreten sollte, wird das keine großen Auswirkungen haben«, erklärte er. »Ragun wird trotzdem durch die Arthropoden untergehen. Lediglich der Zeitpunkt ist etwas verschoben. Machen sie sich diesbezüglich keine Gedanken. «

Heran schüttelte seinen Kopf.
»Hoffentlich wissen sie, was sie da sagen«, flüsterte er Geoffwan zu. »Aus kleinen Veränderungen können sehr schnell große Katastrophen entstehen. «

»Weitere Fragen? «, erkundigte sich General Poison.

Es gab keine Wortmeldungen mehr.
»In Ordnung«, sagte er. »Ich erwarte einen positiven Ausgang dieser Mission. Bereiten sie sich vor und besetzen sie ihre Schiffe. Der Start der Mission beginnt morgen früh. Ich weise Oberst Cameron an, unseren Schiffen für 9:00 ein Wurmloch zu öffnen. Denken sie an die Tarnung ihrer Schiffe. Fliegen sie mit Unterlichtgeschwindigkeit den Zentralplaneten Ragun an. Vermeiden sie Hyperraumsprünge. Die Verzerrungen könnten von der ragunischen Raumüberwachung geortet werden. Ich wünsche allen Einsatzkräften viel Erfolg und eine gesunde Rückkehr. «

General Poison und Noel standen auf und verließen den Saal. Nur langsam leerte sich der Raum.

Major Travis blickte die ragunischen Gäste, die Aller-Ersten und Heran an.

»Seien sie meine Gäste«, sagte er. »Sirin hat uns etwas zu Essen und Trinken vorbereitet. Wir würden uns über ihren Besuch freuen. «

»Wir möchten uns nicht aufdrängen«, antwortete Systemrat Camaal. »Sie tun bereits so viel für uns.

»Nicht der Rede wert«, antwortete der Major. »Es liegt an ihnen und ihren Leuten, ob sie eine Zukunft in dem neuen Imperium haben. Halten sie sich an die Gesetze und begeistern sie uns mit Vorschlägen, die das Zusammenleben zwischen allen Rassen noch erleichtern.«

»Das werden wir«, antwortete Muuda. »Haben sie bereits einen Planeten für uns gefunden? «

»Noel sprach davon, dass er eine vergleichbare Welt entdeckt hat«, bestätigte der Major. » Sie ist auf den alten natradischen Karten verzeichnet. Leider konnte sie nicht mehr kolonisiert werden, weil der große Krieg gegen die

Rigo-Sauroiden dazwischenkam. Er teilte mir mit, dass der Planet Ragun in nichts nachstehe. «

Die Augen der ragunischen Asylbewerber glänzten. »Können wir sie sehen? «, fragte Lenus. » Haben sie Bildmaterial von der Welt in ihrem Archiv? «

»Ich werde bei Noel nachfragen, ob er uns später entsprechende Bilder vorlegen kann«, antwortete Major Travis. » In der Zwischenzeit begleiten sie mich bitte auf mein Anwesen. «

Die Gäste waren einverstanden. Die Gruppe machte sich auf den Weg zu dem nächsten Transmitter-Ports.

Der schöne Sommertag neigte sich dem Ende. Der Himmel leuchte in einer rosa Farbe. Sirin hatte mit der Unterstützung von Köchen der EWK einige gute Gerichte aufgetischt. Jeder der Anwesenden schien gesättigt zu sein.

Vor Heran stand ein großes Bier auf dem Tisch. Auch er fühlte sich sehr wohl.

»Das sind die kurzen Momente, die ich auf der Erde so genieße«, sprach er Major Travis an. » Entweder bin ich bei meiner Rasse aus der Art geschlagen oder nicht ganz richtig im Kopf. Mir graut es mittlerweile davor, unsere gereinigte und keimfreie Synthetik-Nahrung einzunehmen. Alleine der Duft von gebratenem Fleisch, die heißen Kartoffeln und die Soße, lassen mir das Wasser im Mund zusammenlaufen. Selbst das grüne Gemüse, den Namen habe ich vergessen, ist für mich eine Delikatesse.«

»Das ist frischer Blattspinat«, erklärte der Major. »Sirin macht es Spaß, immer wieder neue Dinge auszuprobieren. «

»Ist sie auf den Einsätzen nicht mehr dabei? «, fragte Heran.

»Lediglich auf den ragunischen Missionen nicht«, antwortete Major Travis. »Sie ist unsere natradische Expertin. Alles, was die Planeten und Artefakte des ehemaligen kaiserlichen Imperiums anbelangt, ist sie nicht zu ersetzen. Sie wird uns auf entsprechenden Missionen weiter mit Rat und Tat zur Verfügung stehen. «

»Ich verstehe«, lachte Heran.
»Vermutlich nicht«, antwortete der Major. »Unabhängig von ihrem Ehrgeiz, die alten natradischen Machenschaften von Kaiser Quoltrin-Saar-Arel aufzudecken, hat sie die Frau in sich entdeckt. Atlanta und Sirin verstehen sich sehr gut. Sie scheinen auf der gleichen

Wellenlänge zu liegen. Die beiden Frauen brauchen Zeit für sich, um Shoppen zu gehen. Seltsamerweise finden sie immer wieder irgendwelche Dinge, an denen sie nicht vorbeigehen können. «

»Kostet das nicht eine Menge an Terun? «, erkundigte sich Heran.

Major Travis lachte laut auf.
»Das ist so«, antwortete er. »Die erste Zeit habe ich ihr Geld gegeben, doch sie dachte anscheinend, ich besitze unendlich viel hiervon. Jetzt muss sie mit ihrem verdienten Sold auskommen. Sie besitzt ein eigenes Konto für diese Shoppingtage. Wenn das Geld aufgebraucht ist, muss sie erst abwarten, bis Neues von der EWK bezahlt wird. Ich glaube, langsam versteht sie unser System. «

Heran schmunzelte.
»Das ist bei unseren Frauen nicht anders«, bestätigte er. »Gibt man ihnen mehr, dann geben sie auch mehr aus. Die wenigsten von ihnen bringe ihre Credits wieder mit nach Hause. Dafür aber viele Dinge, die man eigentlich nicht braucht.«

Die beiden Freunde lachten zustimmend.

Heinze kam mit einer Schale Bananen aus dem Haus geschritten. Er setzte sich neben Heran und Mund dem Major. Die Beiden schauten ihn fragend an.

»Wollt ihr auch eine Banane? «, erkundigte sich der Ro. » Warum schaut ihr so? «

»Willst du die ganze Schale essen? «, fragte der Lantraner. » Ansonsten isst du doch immer die Möhren?«

»Heute steht mir der Sinn nach Bananen«, antwortete der Ro. » Ich werde etwas mehr essen. Wer weiß, wann ich wieder welche bekomme? «

Commander Brenzby und Noel schritten aus dem Haus des Majors. Sie waren über die im Keller installierte Transmitteranlage eingetroffen. Noel hielt Infofolien in seinen Händen.

General Poison saß bei Geoffwan, Nadewan und Talswan. Sie unterhielten sich über die Station der Aller-Ersten.

»Sie werden die Möglichkeiten dieser Station erst im Laufe der Zeit zu schätzen wissen«, lächelte Geoffwan. »Obwohl wir ihre Techniker in die Standardfunktionen der Station eingewiesen haben, vermieden wir es die versteckten Funktionen anzusprechen. Diese wird ihr technisches Personal im Laufe der Zeit selbst entdecken.«

»Was für versteckte Funktionen? «, erkundigte sich der General interessiert. » Ich hoffe nicht, dass wir durch einen unüberlegten Knopfdruck die ganze Basis zerstören können. «

»Das passiert nicht«, antwortete Talswan. »Die hochsensible Hypertronic-KI verhindert so etwas. Diese Station verfügt über weitere Möglichkeiten, die wir ihnen noch nicht mitteilen möchten. Es wäre für sie ein technischer Sprung in die Zukunft. Die Hypertronic-KI wird nur im Notfall hierauf zurückgreifen. «

Der General wollte etwas hierauf antworten, doch der Sprecher der Aller-Ersten unterbrach ihn.

»Dort kommt Noel«, sagte er. »Vermutlich möchte er zu ihnen. «

General Poison drehte sich um. Noel kam in Begleitung von Commander Brenzby auf ihn zugeschritten. Auch Major Travis und Heran hatten sich erhoben und schritten an den Tisch des Generals.

»Ich habe die angeforderten Informationen über den Planeten Weiran ausgedruckt«, sagte er. »Wo sind ihre ragunischen Gäste? «

Major Travis blickte sich um.
Zentralrat Muuda, Systemrat Camaal, Lenus und Ranus standen etwas entfernt, an der abgezäunten Klippe des Anwesens. Sie schauten hinaus auf das blaue Meer. Die Schiffe und Segelboote begeisterten sie. Etwas rechts unterhalb lag die Stadt Douglas. Auf der Promenade des Hafens war ein reger Personenverkehr festzustellen.

Major Travis winkte ihnen.
»Kommen sie bitte zu uns«, sagte er. »Noel hat erste Informationen von ihrem neuen Planeten mitgebracht.

Die Raguner drehten sich um und kamen schnellen Schrittes auf ihren Gastgeber zugeschritten.

»Das ging aber schnell«, lächelte Muuda.

»Die Daten lagen in unserem Archiv vor«, antwortete Noel emotionslos. »Ich brauchte sie nur herauszufiltern.«

»Zeigen sie ihn uns bitte«, sagte Ranus ungeduldig.

Noel reichte ihm die Aufnahmen der natradischen Forschungsschiffe.

»Er ist so, wie Ragun früher war«, lachte Ranus. »Ich erkenne mehrere Kontinente, Meere und vier große Landflächen. «

»Das ist richtig«, sagte Noel. »Der Planet ist etwas größer als Tarid. Sein Name ist Weiran. Das ist ein alter natradischer Begriff und bedeutet „Der Begünstigte". Er liegt in der habitablen Zone im Sektor von Epsilon Eridani. Es ist der vierte Planet eines kleinen Sternensystems. Seine Gesamtfläche beträgt 675.000 Quadratkilometer. Diese teilt sich auf in eine Wasserfläche von 395.000 Quadratkilometern und einer Landfläche von 280.000 Quadratkilometern auf. Die Entfernung nach Tarid beträgt nur etwas mehr als 10 Lichtjahre. Sie hätten somit immer einen schnellen Kontakt zu uns, falls sie Hilfe brauchen sollten. «

»Er ist wunderschön«, bemerkte Systemrat Camaal. Immer wieder blickten die Raguner auf das Bild.

»Sie haben die richtige Auswahl getroffen«, sagte Major Travis zu Noel. »Unsere Asylbewerber scheinen glücklich zu sein. «

Major Travis blickte die ragunischen Gäste an.

»Ihre Umsiedlung wird den Namen „Inkarnation Ragun" tragen«, erklärte er. » Das bedeutet so viel, wie die Wiedergeburt von Ragun. «

»Eine wirklich passende Bezeichnung«, antwortete Zentralrat Muuda. »Zumindest für einen Teil unseres Volkes. «

»Wie können wir ihnen danken? «, fragte Zentralrat Muuda. » Durch sie kann ein kleiner Teil unserer Species weiterleben. Das werden wir ihnen nicht vergessen. «

»Noch haben wir die letzte Mission nicht abgeschlossen«, antwortete der Major. »Helfen sie mit, den Clan von Ranus in diese neue Zeit zu bringen. Betreuen sie die Evakuierten auf unserem Transportschiff. «

»Gerne«, antwortete der Systemrat. »Mein Schiffspersonal kann es kaum noch erwarten, bis sie ihre neue Welt sehen können. «

»Das dauert nicht mehr lange«, erwiderte der Major. »Sofort nach unserer Rückkehr werden wir die Koordinaten dieses Planeten an ihre Flotte weiterleiten und sie zu Weiran begleiten. «

Er blickte General Poison an.

»Rüsten die bitte 25 Schiffe der Kaiser-Klasse mit allen erforderlichen Materialien aus«, sagte er. »Vergleichbar mit der Unterstützungsflotte, die wir bei den Green-Lizards eingesetzt haben. Wir brauchen zahlreiche Notunterkünfte, Geräte für die Wasserversorgung, Stromgeneratoren und natürlich auch Anlagen zur Lebensmittelerzeugung. Ferner werden EWK-Techniker, Arbeitsroboter und Maschinen benötigt, um den Boden zu planieren und die Notunterkünfte aufzubauen. «

»Das sind immense Ausgaben«, fluchte der General. »Ich hoffe nur, dass die Raguner uns die Kosten irgendwann zurückzahlen werden. «

»Hier geht es um eine humanitäre Evakuierung«, fluchte Major Travis. »Wir sollten nicht so kleinlich sein. «

»Wir werden die Kosten später sicherlich begleichen«, antwortete Zentralrat Muuda. »Lassen sie uns erst einmal unsere Wirtschaft aufbauen. Auch Ragun fertigt interessante Produkte. Diese werden die Handelsminister des Neuen-Imperiums begeistern. «

»Da bin ich aber gespannt«, antwortete der General. Ohne ein weiteres Wort drehte er sich um und stiefelte davon.

»Habe ich etwas Falsches gesagt? «, erkundigte sich Muuda.

Major Travis schüttelte seinen Kopf.
»Dem General widerstrebt es, teure Geschenke zu machen«, erklärte er. »Sein Vorsatz ist es, nichts gibt es umsonst. Alles hat seinen Preis. «

»Hiermit hat er ja auch nicht ganz Unrecht«, antwortete Camaal. »Aber ich kann sie beruhigen. Das ist auf Ragun auch nicht anders. «

Major Travis blickte in den Sonnenuntergang.
»Ich denke, wir sollten uns auf den nächsten Tag vorbereiten«, bemerkte er. »Commander Brenzby bringt sie zu ihren Unterkünften. Wir sehen uns pünktlich um 9:00 auf dem Landehafen von Titan. Finden sie den Weg dorthin? «

»Wir denken schon«, antwortete Lenus. »Ansonsten wird uns einer ihrer Soldaten sicherlich den Weg weisen. «

»Wir treffen uns in der großen Eingangshalle des Distributionszentrums«, sagte der Major. »Erholen sie sich gut. Bis Morgen.«

»Danke für ihre Einladung«, antwortete Zentralrat Muuda. »Wir haben ihre Speisen und Getränke genossen.«

Commander Brenzby geleitete die Gäste zu dem Transmitter-Port in dem Keller des Wohnhauses.

Er drehte sich zu den Aller-Ersten um. Diese waren von ihren Plätzen aufgestanden.

»Auch wir verlassen sie jetzt«, sagte Geoffwan. »Wir erwarten in einer Stunde die Ankunft unseres Schiffes. Es wird oberhalb Titan auf uns warten. Ihr General ist bereits hierüber informiert. Er teilte uns mit, dass er nichts dagegen hat. Lediglich ein vernünftiger Kontakt zu ihrer Raumüberwachung wäre hilfreich. Alles Weitere würde sich von alleine finden. Er wies daraufhin, dass bereits Schiffe der Lantraner ohne Einfluggenehmigung in das innere Sol-System einfliegen würden. Scheinbar versteht ihr Freund die Prozedur dieser Anmeldung nicht? «

Heran verzog sein Gesicht.
»Ich brauche keine Genehmigung für den Einflug«, antwortete Heran. »Im Prinzip bin ich bereits ein vollständiges Mitglied des Neuen-Imperiums. «

Die Aller-Ersten blickten ihn fragend ab.

Doch Heran hob seine rechte Hand und winkte ab. Dann drehte er sich um und schritt in Major Travis Haus.

Der Major verabschiedete Geoffwan und seine Begleiter. Sie öffneten in gewohnter Manier einen Durchgang in der Luft und schlüpften hindurch. Hinter ihnen fiel der fluoreszierende Tunnel wieder in sich zusammen.

Heinze knabberte seine Bananen. Er hatte Spaß dabei, die Gedanken der Gäste zu lesen. Gerade über Heran musste er schmunzeln, der innerlich über General Poison fluchte.

### Flotte des Neuen-Imperiums

Die Flotte des Neuen-Imperiums hatte sich im Orbit von Titan formiert. Die Termar 1 und Herans Evolutions-Schiff bildete die Spitze der Keilformation.

Zentralrat Muuda, Systemrat Camaal, Ranus und Lenus durften als Gäste auf der Brücke des Schiffes den Start verfolgen.

Nachdem Major Travis letzte Anweisungen gegeben hatte, beschleunigten die Schiffe Richtung Tarid. Die Raumüberwachung auf Natrid verfolgte den Flug auf ihren Monitoren.

Die Schiffe näherten sich mit mittlerer Unterlichtgeschwindigkeit dem dritten Planeten des Solsystems.

Der Major griff nach seinem Communicator. Er blickte Sergeant Farmer an.

»Öffnen sie mir bitte eine Frequenz zu Oberst Cameron«, befahl er. »Er überwacht mit seinem Team das technische Personal der Flüchtlingsstation. «

»Die Verbindung baut sich auf«, meldete der Funkoffizier. Es knisterte in der Verbindung, dann meldete sich die Leitstelle der Station im Kombrogi-Gebirge in Wales.

»Oberst Cameron«, tönte es aus der Leitung. »Mit wem spreche ich? «

»Hier ist Major Travis«, sprach der Befehlshaber der Flotte in das Gerät. »Wir nähern uns mit unseren Schiffen dem Orbit von Tarid. Sind sie bereit uns das zeitgesteuerte Wurmloch in die Vergangenheit zu öffnen?«

»Ich bin informiert«, antwortete der Oberst. »Midir hat unsere Programmierung überprüft. Es sollte alles reibungslos funktionieren. «

»Davon gehe ich aus«, antwortete der Major. »Beginnen sie mit der Initiierung. «

»Ich aktiviere den Energiestrahl«, erwiderte der Oberst. »Viel Erfolg für sie. Kommen sie gesund zurück. «

»Danke«, antwortete der Major und unterbrach die Verbindung.

»Öffnen sie mir einen Flottenkanal zu unseren Schiffen, « bat er den Funkoffizier.

Dieser gab ihm ein Zeichen.
»Sie können sprechen«, teilte Sergeant Farmer mit. »Die Flotte versteht sie. «

»Hier spricht Major Travis«, sprach er seinen Communicator. »Wir werden das Wurmloch über Tarid auf der von Ragun abgewandten Seite verlassen. Aktivieren sie nach ihrem Austritt unverzüglich die Tarnfelder ihrer Schiffe. Wir nähern uns im Unterlichtmodus dem Planeten Ragun. Lediglich das Schiff der Aller-Ersten wird später seine Tarnung deaktivieren. Es wird die Heimatflotte der Raguner von dem Planeten fortziehen. Admiral Tarin ist ihr Befehlshaber. Seine Anweisungen sind strikt zu befolgen.

Das natradische Transportschiff schließt zu uns auf. Viel Erfolg für sie alle.«

Das große Wurmloch hatte sich in dem Orbit von Tarid stabilisiert. Die Schiffe flogen auf den hellblauen Kreis zu. Die Termar 1 und Heran's Evolutionsschiff tauchten als erste Schiffe ein. Die nachfolgenden Einheiten folgten in einem kurzen Abstand. Auf den Überwachungsmonitoren der Raumüberwachung des Neuen-Imperiums verschwanden immer mehr Schiffe der Einsatzflotte von den Bildschirmen.

Die Gegenseite war stabil. Die Schiffe flogen aus dem Tunnel heraus und aktivierten Sekunden später ihre Tarnfelder. Den Schutz des Planeten ausnutzend formierten sie sich erneut zu einer Keilformation. Es dauerte einige Minuten, bis alle Einheiten den Tunnel passiert hatten. Hinter dem Schiff der Aller-Ersten schaltete sich der Durchgang ab.

»Eingehender Hyperkomm-Funkspruch«, meldete Sergeant Farmer.

»Auf die Lautsprecher legen«, befahl Major Travis.

»Hier spricht Geoffwan«, hallte die Stimme des Aller-Ersten aus den Lautsprechern. »Wir werden jetzt aus der

Formation ausscheren und in Richtung des 9. Planeten abdrehen. Wenn wir genügend Abstand zwischen ihrer Flotte und unserem Schiff gebracht haben, deaktivieren wir unser Tarnfeld. «

»Einverstanden«, antwortete Major Travis. »Wenn sie in Schwierigkeiten geraten, kommen sie zu unserer Flotte zurück. «

»Das wird mit diesem Schiff nicht passieren«, erwiderte der Sprecher der Aller-Ersten selbstsicher. Dann brach das Gespräch ab.

Major Travis blickte Sergeant Farmer an.
»Alle Schiffe gehen auf Unterlichtgeschwindigkeit 7«, befahl er. » Bitte leiten sie meinen Befehl an die Schiffe weiter. «

Sergeant Farmers Finger rasten über seine Konsole. Die Anweisung wurde digital übertragen.

»Die Schiffe bestätigen den Befehl bereits«, antwortete er.
»Sergeant Hausmann, fliegen sie uns nach Ragun«, ergänzte der Major.

»Ich beschleunige auf UL 7«, bestätigte der Steuermann der Termar 1.

Die Flotte setzte sich in Bewegung und näherte sich gemächlich dem Zentralplaneten. Das 5.000 Meter messende Schlachtschiff der Aller-Ersten deaktivierte in einem ausreichenden Abstand sein Tarnfeld und beschleunigte in Richtung des 9. Planeten des Sonnensystems.

### Zentralplanet Ragun

Die Alarmsirenen in der ragunischen Raumüberwachung gaben einen schrillen Ton von sich. Die zahlreichen Sensoren und Ortungstaster der Leitstelle erfassten ein fremdes Schiff.

Die Offiziere der Leitstelle informierten ihren Befehlshaber. Der kam irritiert in die Zentrale gelaufen.

»Was gibt es? «, fragte er.
»Wir haben ein großes fremdes Schiff in unserem System entdeckt«, teilte ein Offizier mit. »Es ist von unbekannter Bauart. Unsere Raumsensoren haben es geortet. Es besitzt eine Länge von 5.000 Metern. «

»Ein fremdes Schlachtschiff? «, erkundigte sich Kommandeur Huanda. » Gehört es zu der Flotte der Arthropoden? «

»Unsere Hypertronic-KI konnte das Schiff nicht identifizieren«, antwortete der Ortungsoffizier. »Wir haben es gescannt. Es werden starke Energiewerte angezeigt. Es muss über gewaltige Waffen verfügen. Ein Teil der Generatoren wurde hochgefahren. «

»Welchen Kurs steuert das Schiff«, erkundigte sich Needa. »Wird es unseren Planeten angreifen? «

Der Offizier schüttelte seinen Kopf.
»Es scheint von Vagun zu kommen«, antwortete er. »Sein Flugkorridor zeigt in Richtung des 9. Planeten unseres Systems. Vermutlich will es flüchten? «

»Informieren sie Kommandeur Aagrun«, befahl Huanda. »Unsere Heimatflotte soll das Schiff stellen. Ich möchte die Besatzung befragen, wie sie unbemerkt in unser System einfliegen konnte. «

»Der Alarmstart unserer Heimatflotte wird veranlasst«, bestätigte der Offizier.

Die ragunischen Verteidigungsmaßnahmen liefen an. Nur wenige Minuten später, hoben die starken Kampfzerstörer der ragunischen Heimatflotte von zahlreichen Basen des Planeten ab.

Die Offiziere der Raumüberwachung sahen stolz auf ihre Bildschirme. Fast 50.000 Schiffe formierten sich im Orbit von Ragun und flogen mit Höchstgeschwindigkeit dem fremden Schiff entgegen.

»Stellen sie mir eine Verbindung zu dem Zentralrat her«, befahl der Kommandeur der Raumüberwachung.

»Die Verbindung wird aufgebaut«, bestätigte der Funkoffizier. »Ich darf sie jedoch nur bis zu dem Büro des Regierungsrates durchstellen. Ab da müssen sie sich weiterverbinden lassen. «

»Verstanden«, antwortete Huanda.
Die Türe der Leitstelle flog auf. Annda, der Stellvertreter des Kommandeurs trat ein.

»Wo kommen sie her? «, erkundigte sich der Oberbefehlshaber der Leitstelle.

»Ich war auf dem großen Platz vor unserem Regierungspalast«, antwortete er. »Ich habe mit den

Einsatzleitern des Geheimdienstes gesprochen, die immer noch nach den Tätern suchen, welche in das imperiale Archiv eingebrochen sind. «

»Gibt es neue Hinweise? «, erkundigte sich Huanda.

»Nein«, antwortete er. »Die Verantwortlichen sind längst abgetaucht. Vermutlich waren es Gehilfen des geflüchteten Muuda und von Camaal. Seine Flotte wird auch immer noch von unseren Aufklärungsschiffen gesucht. «

»Ich verstehe«, antwortete der Kommandeur der Leitstelle.

Ein Knistern breitete sich in seinem Hörgerät aus, welches er auf dem Kopf trug.

»Ich versuche gerade das Büro des Zentralrates zu erreichen«, erklärte er. » Wir haben einen neuen Zwischenfall. Ein unbekanntes Schiff, es weist die Länge von 5.000 Metern auf, ist in unserem System materialisiert. Unsere Hypertronic-KI kann es nicht zuordnen. «

»Ein Aufklärer der Arthropoden? «, fragte Annda.

Sein Vorgesetzter schüttelte den Kopf.

»Das Schiff scheint den 9. Planeten unseres Systems anzusteuern«, erwiderte er. »Es hatte genügend Zeit für Spionageaufnahmen. «

»Was will es dort? «, fragte Annda. » Das ist doch nur ein trostloser Eisplanet? «

»Wir wissen es nicht«, antwortete Huanda.

Schnell hob er seine Hand. Eine Stimme meldete sich in seinem Empfänger.

»Hier ist das Büro des Zentralrates«, tönte es in seiner Hörmuschel. »Entschuldigen sie bitte die lange Wartezeit. Wie können wir helfen? «

»Sie sprechen mit dem Kommandeur der ragunischen Raumüberwachung«, sprach Huanda in das Gerät. »Ich möchte Zentralrat Nuada in einer dringenden Angelegenheit sprechen. «

»Das ist nicht möglich«, antwortete die Stimme aus dem Büro. »Er ist in einer Besprechung mit Halswan, dem Berater der Aller-Ersten. «

»Stellen sie mich durch«, sagte Huanda zu dem Angestellten des Regierungsbüros. »Wir haben ein fremdes Schiff in unserem System ausgemacht. Wollen sie dafür verantwortlich sein, dass der Zentralrat nicht hierüber informiert wurde? «

Der Kommandeur der Raumüberwachung bemerkte, wie der Angestellte des Regierungsbüros nachdachte.

»Ich verbinde sie«, antwortete er. »Warten sie einen Augenblick. «

Er wählte die Verbindung in den Sitzungssaal.
Der Nachrichtengeber summte. Ein Saaldiener hob den Hörer ab.

»Sitzungssaal des Zentralrates«, sprach er leise in das Gerät.

»Hier ist das Regierungsbüro«, teilte der Angestellte mit. »Ich habe Huanda, den Kommandeur unserer Raumüberwachung in der Leitung. Es handelt sich um einen imperialen Notfall. Er möchte sofort mit Nuada sprechen. «

»Warten sie einen Augenblick«, antwortete der Saaldiener. »Ich frage nach, ob er das Gespräch annehmen möchte. «

Eiligen Schrittes lief er auf die Zentralräte zu, vor denen Halswan saß. Er redete auf Nuada und die Räte ein.

Der Vorsitzende hob seinen Kopf und blickte den Saaldiener ärgerlich an.

»Wir wollten doch nicht gestört werden«, bemerkte er.

»Ein Notfall«, antwortete der Diener. »Der Kommandeur der Raumüberwachung möchte sie dringend sprechen. Ihre Sensoren haben ein feindliches Schiff in unserem System entdeckt. «

Nuada blickte Halswan an. Der hob seine Hände.

»Sprechen sie ruhig mit der Raumüberwachung«, lächelte er. »Vielleicht ist es etwas Wichtiges. «

»Stellen sie das Gespräch auf die Lautsprecher«, bestätigte Nuada. »Meine Kollegen und Halswan dürfen mithören. «

Der Saaldiener lief zurück und leitete das Gespräch auf die Lautsprecher um.

Nuada zog ein Mikrofon aus der Türe seines Tisches und stellte es sich vor sich hin.

»Hier ist Nuada«, sprach er hinein. »Ich höre sie. Was gibt es so Dringendes? «

»Ich bin Huanda, der Befehlshaber der ragunischen Raumüberwachung«, klang es aus den Lautsprechern. »Danke, dass sie mir ihre Zeit opfern. Wir haben einen feindlichen Zerstörer geortet. Das fremde Schiff besitzt eine Länge von 5.000 Metern und ist von unserer Hypertronic-KI nicht zu identifizieren. Wir haben es gescannt. Es muss über gewaltige Waffensysteme verfügen. Unsere Anzeigen schlagen bis in den obersten Bereich aus. «

»Wo kommt es her und was will es? «, fragte Nuada. » Haben sie einen Kontaktversuch unternommen? «

»Ja«, antwortete Huanda. »Wir haben auf verschiedenen Frequenzen einen Hyperkomm-Funkspruch gesendet, doch das fremde Schiff antwortet nicht. Es wurde erstmals in der Nähe von Vagun geortet. Jetzt steuert es den 9. Planeten unseres Systems an. «

»Was befindet sich auf dem Planeten? «, erkundigte sich Halswan. » Unterhalten sie dort eine wichtige Basis? «

»Da ist nichts«, antwortete Huanda. »Der Planet ist eine unberührte Eis-Welt. «

»Da muss irgendetwas sein, ansonsten würde das fremde Schiff nicht in ihr gesichertes System eindringen«, erwiderte der Abtrünnige der Aller-Ersten.

»Ich habe die Heimatflotte informiert«, antwortete Huanda. »Die Schiffe fliegen mit Höchstwerten dem fremden Zerstörer hinterher. Sie werden es stellen? «

»Kann es sich bei dem Schiff um die Eindringlinge in unser Archiv handeln? «, fragte Nuada. » Unsere Sicherheitstruppen haben keine Spur mehr von ihnen gefunden. Vielleicht verfügen sie über technisch hochentwickelte Geräte, die keine Spuren hinterlassen? «

Halswan überkam ein Verdacht.
Er lehnte sich in seinem Stuhl zurück und schloss seine Augen. Alles um ihn herum verblasste. Er öffnete seine Sinne und sein Geist suchte nach Impulsen von Angehörigen seiner Rasse.

Plötzlich riss er die Augen auf.

»Das ist ein moderner Schlachtkreuzer unserer Rasse«, bemerkte er. »Ich kann die Anwesenheit von Geoffwan, Nadewan und Talswan spüren. Sie sind immer noch hier. Wo haben sie sich versteckt, dass ich nicht früher auf sie aufmerksam geworden bin. Sie wollen mich holen. «

Nuada blickte ihn an.

»Was sagen sie da? «, fragte er. » Unsere Schöpfer sind für den Diebstahl der Konstruktionsunterlagen für zeitgesteuerte Wurmlöcher verantwortlich? Warum agieren sie gegen uns? «

»Das ist die einzige Erklärung«, antwortete Halswan. »Ihnen ist es gegeben, sich unbemerkt Zugang in das Archiv zu verschaffen. Sie haben die Konstruktionszeichnungen wieder an sich genommen, weil sie verhindern wollten, dass ich die Vergangenheit manipuliere und ihr göttliches Imperium rette. Jetzt bekommt alles einen Sinn. Geoffwan der Sprecher unseres Ältestenrates ist auf der Suche nach mir. «

Halswan schluckte und sah Nuada fast flehend an.

»Weisen sie die Zerstörer ihrer Heimatverteidigung an, das große Schiff unseres Volkes anzugreifen und zu vernichten«, kreischte er hysterisch. »Geben sie die Anweisung das Schiff zu umzingeln und es synchron mit allen Geschütztürmen auszuradieren. Nichts darf von ihm übrigbleiben. Sie sind gekommen, um mich zu töten. Ich bin ein Abtrünniger ihres Volkes. Sie haben das ragunische Imperium bereits abgeschrieben. «

Das gab für Nuada den Ausschlag.
»Haben sie die Worte von Halswan mitbekommen«, sprach er den Kommandeur der Raumüberwachung an.

Huanda bestätigte.
»Das habe ich«, entgegnete er. »Unsere Heimatflotte wird das Schiff in weniger als zwei Stunden eingeholt haben. «

»Vernichten sie es mit allen ihnen zur Verfügung stehenden Waffen«, befahl Nuada.

Er blickte seine Kollegen an. Diese nickten ihm zu.
»Das ist ein einstimmiger Beschluss des Zentralrates«, ergänzte er. Der Zerstörer ist als systemfeindlich einzustufen. Informieren sie Kommandeur Needa. Er soll alle verfügbaren Einheiten des Geheimdienstes zu ihrer Verstärkung entsenden. «

»Das wird nicht nötig sein«, erwiderte Huanda. »Die Flotte unserer Heimatverteidigung ist vollständig auf Abfangkurs gegangen. Die Schiffe werden ausreichen. «

»Das ist ein Befehl«, tobte Nuada. « Es gab bereits zahlreiche Fehleinschätzungen. Weitere können wir uns nicht mehr leisten. Führen sie den Befehl aus. «

»Ich habe verstanden«, antwortete der Kommandeur der Raumüberwachung. Der Geheimdienst wird unverzüglich benachrichtigt. Wenn unsere Flotten das Schiff erreicht haben, werde ich mich wieder bei ihnen melden. «

»Danke«, antwortete Nuada und unterbrach die Leitung.

Er blickte Halswan an.
»Reicht ihnen diese Entscheidung des Zentralrates? «, fragte er. » Sie erkennen, dass die ragunische Regierung hinter ihnen steht. Durch die Entlarvung von Ruadan, werden sie von jeglichen Anschuldigungen freigesprochen. «

»Trotzdem läuft uns die Zeit davon«, erwiderte Halswan. »Ihre imperiale Flotte wird immer weiter aufgerieben. Wir wissen nicht, wann die Arthropoden diesen Planeten erreichen werden. Informieren sie ihre Suchtruppen, dass die Einbrecher des Archives ermittelt wurden. Nutzen sie die Soldaten, um die Ordnung auf Ragun aufrecht zu erhalten. Falls es zu einem Angriff der Arthropoden kommen sollte, werden Unruhen ausbrechen. Auch der

Palast der Regierung ist dann nicht mehr sicher. Der Pöbel wird ihre Sicherheitssoldaten überrennen. Das habe ich bereits auf anderen Welten erlebt, die nicht unsere Ratschläge annehmen wollten. «

»Was können wir tun? «, fragte Nuada.
»Aktivieren sie alle Sicherheitsorgane ihres Imperiums«, schlug Halswan vor. »Jedes Schiff, jede Truppeneinheit und jeder Roboter ist wichtig. Sorgen sie dafür, dass kein Parasit der Arthropoden sich unter ihren Offizieren einnisten kann. Geben sie mir eine Flotte von 1.000 Schiffen ihrer 5.000 Meter-Klasse. Ich werde mir auf diesem Wege einen Zutritt zu der Hypertronic-KI der zeitgesteuerten Wurmlochstation machen. Im Notfall schießen diese Schiffe ein Loch in ihre Station.

Dann werde ich sie zwingen, mich als Kommandeur zu registrieren. Falls das gelingt, werde ich mit den 1.000 Schiffen in eine noch tiefere Vergangenheit vordringen, als Camaal sie erreicht hatte. Dort sollte es dann endlich möglich sein, die ausufernde insektoide Species der Arthropoden auszurotten. Sie können sicher sein, dass ich nicht mehr zurückkommen werden, ohne ihnen einen Erfolg unserer Mission vortragen zu können. Das ist die einzige Möglichkeit, um das ragunische Imperium vor seinem Untergang zu retten. «

Nuada blickte seine Kollegen an.

»Ihr alle kennt die Situation zur Genüge«, erklärte er. »Wollen wir Halswan diese 1.000 Großzerstörer unterstellen, damit er seine Aufgabe lösen kann? Ich kann nicht für euch sprechen. Doch langsam verzweifele ich ebenfalls. Der Untergang unserer Rasse rückt immer näher, falls wir nichts hiergegen unternehmen. Unsere Flottenwerften arbeiten an ihrem Maximum. Trotzdem reicht der bereitgestellte Nachschub an Kampfschiffen bei weitem nicht aus, um das Vorrücken unserer Feinde zu stoppen. Teilt mir bitte eure Entscheidung mit. Es geht um das Weiterleben der ragunischen Rasse. Ich bitte um eure Handmeldung. Wer ist dafür? «

Ruckartig hoben die restlichen 11 Räte ihre Hände in die Luft.

Nuada lächelte.

»Der Vorschlag wurde einstimmig angenommen«, sagte er.

Sein Blick richtete sich Halswan entgegen.

»Ihr Vorhaben wird von uns einstimmig unterstützt«, entgegnete der Vorsitzende des Rates. »Die gewünschten Schiffe werden ihnen in einer Stunde unterstellt. Bereiten sie sich vor. Zuaran, der Oberkommandeur unserer Raumflotte wird ihnen persönlich unterstellt. Ich weise ihn an, sie mit allen unseren Möglichkeiten zu unterstützen. «

»Danke, Vorsitzender Nuada«, entgegnete Halswan. »Ich wusste, dass ich auf ihr Verständnis hoffen kann. «

Halswan salutierte vor Nuada. Dann drehte er sich ab und lief aus dem Sitzungssaal.

Nuada blickte die restlichen Ratsmitglieder an.
»Werte Kollegen«, flüsterte er. »Mich überkommt ein ungutes Gefühl. Falls Halswan keinen Erfolg haben sollte, sehe ich keine Möglichkeit mehr unsere Feinde aufzuhalten. Wir sollten dann über eine Flucht aus diesem Sternensystem nachdenken. «

»Wie werden die Systemräte unsere Entscheidung aufnehmen? «, fragte Zuuga.

»Sie werden von uns enttäuscht sein«, antwortete ein anderes Mitglied des Rates. »Doch sie verfügen über die gleiche Möglichkeit. «

»Wir sollten ihnen unseren Plan nicht mitteilen«, antwortete Nuada. »Alle Kolonien, die auf den Einflugs-Routen der Arthropoden-Allianz liegen, verschaffen uns weitere Zeit. Sorgen wir dafür, dass nur die intelligentesten Personen des zivilen Lebens von Ragun eine Passage auf einem unserer Fluchtzerstörer erhalten. Wir setzen uns in eine weit entfernte Sterneninsel ab und erschaffen die ragunische Zivilisation neu. Sie wird intelligenter und besser werden als unsere Heutige. Die Technik wird stärker, ausgereifter und unüberwindbarer werden. Wenn sich unsere Population erholt hat, dann werden wir das nachholen, was wir in diesem Sonnensystem nicht geschafft haben. Die endgültige Ausrottung der Arthropoden.«

Die Zentralräte applaudierten ihrem Vorsitzenden. Sie waren von seiner Idee begeistert.

»Kümmert euch um alle Einzelheiten«, ergänzte er. »Informiert den Geheimdienst, die mobile Infanterie, die Soldaten der Raumüberwachung und alle weiteren Sicherheitsorgane. Ab sofort stehen sie unter dem Kommando des Zentralrates. Die Suche nach den Einbrechern des imperialen Archivs wird beendet. Sie sind unwichtig geworden. Sichert alle technischen Daten auf externen Speichern. Nichts darf von unseren Entwicklungen verloren gehen. Sobald das Schiff der Aller-Ersten vernichtet ist, ruft ihr die Zerstörer unserer Heimatverteidigung zu ihren Landehäfen zurück. Sie werden für eine lange Reise vorbereitet. «

»Was ist mit der imperialen Flotte an der Front?«, erkundigte sich ein Mitglied des Rates.

»Sie werden weiter für Ragun kämpfen«, antwortete Nuada. »Ihre Kampfgeschwader verschaffen uns ausreichend Zeit, um unsere Vorbereitungen abzuschließen. Ich hoffe sehr, dass diese ausreichen wird, bevor die Schiffe unserer Feinde die Abwehrlinien unserer Kampfverbände durchstoßen werden.«

Nuada stand auf.
»Jeder kennt seine Aufgabe«, sagte er. »Bereiten wir die Flucht eines ausgewählten und unersetzbaren Personenkreises unseres Volkes vor.«

Mit diesen Worten löste sich der Zentralrat auf. Die Ratsmitglieder eilten aus dem imperialen Palast.

## Die Widerstandsgruppe von Ranus Clan

Lebhaftes Treiben wurde in dem Viertel der heruntergekommenen Unterkünfte sichtbar, indem der Clan von Ranus lebte.

Zahlreiche Gruppen von exakt 100 Personen liefen in kurzen Abständen durch die Straßen des Viertels. Für Außenstehende schien es, wie eine Führung von

Touristen auszusehen. Das aber war nicht so. Alle Angehörigen des großen Clans wurden von Mitgliedern des Widerstandes zu dem großen Haus des Volkes geleitet. Hier wurden in der Regel Zusammenkünfte, Verkündigungen der Regierung, oder Festakte durchgeführt.

Erst wenn eine Gruppe in dem Gebäude verschwunden war, wurde die nächste Personengruppe auf die Straße geführt. Kaum einer der Raguner sprach etwas. Sie alle wussten, was auf dem Spiel stand. Einige von ihnen schauten sich verhalten um. Sie registrierten, dass sie ihre Häuser und Unterkünfte nicht mehr wiedersehen würden.

In dem großen Gebäude, das in der Mitte des Wohnviertels stand, waren laute Rufe zu hören.

»Schneller, beeilt euch«, befahl ein Mitglied des Widerstandes. »Wir liegen bereits im Zeitplan zurück. Wer es nicht rechtzeitig zu dem Evakuierungsschiff schafft, der wird zurückgelassen. Das liegt nicht in unserer Hand. Beeilt euch bitte. «

Erneut ging ein Ruck durch die Raguner. Sie beschleunigten ihre Schritte und eilten auf die geheime

Öffnung zu, welche den Eingang zu den unterirdischen Tunneln markierte.

Saanda, der Anführer der Widerstandsgruppe war zufrieden. Alle Personen seines Clans, die den langen Weg zu Fuß bewältigen konnten, wurden in die unterirdischen Tunnel geführt.

Branus, sein Stellvertreter kam an seine Seite getreten.
»Es sieht ganz gut aus«, bemerkte er. »Wir konnten bereits 6.200 Personen unseres Clans in den Tunnel führen. Der Kontrollpunkt unter uns sorgt dafür, dass die Gruppenstärke 100 Personen nicht überschreitet. Jede von ihnen wird von 10 bewaffneten Kämpfern unseres Widerstandes begleitet. «

Saanda nickte.
»Wie viele Personen kommen noch? «, erkundigte er sich.

Branus zog eine Folie aus der Innentasche seiner Jacke. Er blickte sie kurz an.

»Nach dieser Aufstellung werden noch 1.300 Personen erwartet, die zu Fuß durch die unterirdischen Tunnel gehen müssen. Bei den restlichen 480 Ragunern handelt es sich um Alte, Kranke oder gehbehinderte Personen. Diese sammeln sich auf der rechten Seite der Halle. Ich hoffe sehr, dass uns das neue Imperium nicht im Stich lässt. Langsam brauchen wir die mobilen Transmitter. «

»Ranus vertraut ihnen«, antwortete Saanda. »Das sollten wir auch machen. «

»Ich vertraue ihnen erst, wenn ich sehe, dass sie Wort halten«, erwiderte der Stellvertreter.

»Wie sieht es draußen aus? «, erkundigte sich der Anführer.

»Nichts Auffälliges«, antwortete Branus. »Doch Genaues kann dir nur Kaandu sagen. Er ist mit wenigen Personen in unserer Aufklärung geblieben. «

Saanda zog seinen Kommunikator aus der Tasche. Es war ein älteres Gerät, das keine große Streuwirkung besaß. Es knisterte, als der Anführer des Widerstandes es aktivierte.

»Kaandu, hörst du mich? «, sprach er in das Gerät.

»Natürlich«, antwortete der Aufklärungsspezialist. »Etwas undeutlich, aber noch verständlich.«

»Werden verstärkte Aufklärungsflüge des Geheimdienstes angezeigt? «, erkundigte sich Saanda.

»Seltsamerweise nicht«, erwiderte Kaandu. »Die gesamte Flotte der Heimatverteidigung ist gestartet und verfolgt ein großes unbekanntes Schiff. Ich habe den Hyperkomm-Funkverkehr der Raumüberwachung abgehört. Es muss sich um einen Zerstörer der 5.000 Meter-Klasse handeln. Er hat einen Kurs zu dem 9. Planeten unseres Systems gesetzt. «

»Was will es dort? «, fragte der Anführer.
»Darüber wurde nichts bekannt«, entgegnete Kaandu. »Doch es scheint unsere Sicherheitsorgane zu verunsichern. Kurze Zeit später erhielten alle Geschwader des Geheimdienstes ihren Einsatzbefehl. Sie starteten und werden wohl die Geschwader unserer Heimatverteidigung unterstützen. «

»Dann sind viele Sicherheitskräfte mit anderen Aufgaben beschäftigt«, bemerkte Saanda. »Das ist für unser Vorhaben sehr hilfreich. «

»Darauf sollten wir uns nicht verlassen«, widersprach der Aufklärungsexperte. »Die mobilen Einsatzkräfte des Geheimdienstes suchen immer noch nach den Einbrechern in das imperiale Archiv. Ein Teil der Soldaten hat begonnen, die unterirdischen Gänge mit flüssigem Rasolzid zu füllen. Der Kunststein härtet sehr schnell aus. Diese Gänge sind für uns nicht mehr nutzbar. «

»Das ist bekannt«, antwortete der Anführer des Widerstandes. »Aus diesem Grunde werden unsere Evakuierungsgruppen einen Umweg nehmen. «

»Ich halte die Augen weiter offen«, sagte Kaandu. »Informiere mich, wenn die letzte Gruppe in die unterirdischen Gänge geleitet wurde. Dann breche ich hier ab und komme mit den letzten fünf Personen meiner Abteilung zu euch.«

»Verstanden«, antwortete Saanda. »Wir rufen dich. «
Die Verbindung wurde beendet.

Er blickte Branus an.
»Noch ist alles ruhig«, erklärte er. »Die ragunischen Sicherheitskräfte scheinen andere Probleme zu haben. Ist unser Sabotagetrupp in der Halle der Generatoren für die Energieerzeugung des globalen Schutzschirmes in Stellung gegangen? «

»Ja «, bestätigte Branus. »Er hat bereits mit der Verlegung des Sprengstoffes begonnen. Das wird ein höllisches Feuerwerk werden. «

»Wo ist Maandu? «, fragte Saanda. » Ist er noch auf dem ihm zugewiesenen Posten? «

»Maandu hat seinen Standort gewechselt«, erklärte der militärische Experte des Clans. »Er hat mit seinen Leuten eine neue Stellung bezogen. Er befindet sich an den Verzweigungen der Gänge, die zu dem Palast der Regierung Stellung führen. Er befürchtet, dass Regierungstruppen auftauchen könnten, die nach den Einbrechern in das globale Archiv suchen. Er und seine 50 Kämpfer werden die Sicherheitssoldaten aufhalten, bis unsere Evakuierungsgruppen diesen Bereich passiert haben. «

Der Anführer des Widerstandes nickte.
»Es scheint alles nach Plan zu laufen«, sagte er zufrieden. »Helfen wir bei der Einweisung der letzten Gruppen in die Fluchttunnel.«

**Die Flotte unter dem Kommando von Halswan**

Das ragunische Flaggschiff stand auf einem bevorzugten Landeplatz, der ansonsten nur für Konsular-Schiffe der Regierung reserviert war. Die Einstiegsbrücke war geöffnet. Rechts und links des Einstieges stand jeweils ein ragunischer Offizier. Halswan und seine Begleiter schritten auf das Schiff zu.

»Das ist unser Begrüßungskomitee«, schmunzelte Halswan. »Der Zentralrat scheint endlich begriffen zu haben. «

Nylswan, der Anführer seiner Leibgarde nickte.
»Es sieht so aus«, bestätigte er nachdenklich.

Vor den beiden hochdekorierten ragunischen Offizieren blieb die Gruppe stehen.

»Sie sind Halswan? «, fragte der linke Offizier.

»Der bin ich«, antwortete der Abtrünnige der Aller-Ersten.

»Wir wurden ihnen für einen Sondereinsatz unterstellt«, fuhr der Offizier fort. »Mein Name ist Zuaran, Oberkommandeur der ragunischen Raumflotte. Gemäß dem Wunsch unseres Zentralrates habe ich 1.000 Großzerstörer bereitgestellt. Für diese besondere Mission können sie hierüber verfügen. «

»Danke«, antwortete Halswan. »So war es mit dem Rat abgestimmt. «

Er zeigte auf seine Begleiter.

»Das ist meine Leibgarde«, ergänzte er. » Sie begleiten mich auf jeden Schritt. Ist das ein Problem? «

»Nein«, antwortete der Kommandeur. »Das sind wir von Vertretern der Regierung gewohnt. «

Er zeigte nach rechts.

»Darf ich ihnen noch meinen 1. Offizier vorstellen«, sagte er. »Er wird ebenfalls ihre Wünsche ausführen. Sein Name ist Wurgan. «

Halswan nickte ihm zu.

»Die Zeit eilt«, drängte der Aller-Erste. »Wir haben eine dringende Aufgabe zu erledigen. «

Laute Geräusche von landenden Schiffen ließen Halswan nach hinten blicken.

Ein ganzes Geschwader von Schlacht-Zerstörern landete auf einem Versorgungshafen, nicht weit von dem Regierungsgebäude entfernt.

»Was sind das für Schiffe? «, fragte Halswan den Kommandanten.

Oberkommandeur Zuaran schüttelte seinen Kopf.

»Vermutlich eine weitere Sondermission unseres Zentralrates«, antwortete er. »Die Schiffe werden sicherlich neue Bomben, Raketen und Vergütungsgüter aufnehmen. Dann fliegen sie zurück an die Front. «

Halswan schien mit der Erklärung zufrieden zu sein. Er drehte sich um und schritt die Einstiegsbrücke in das Schiff hoch. Die ragunischen Offiziere folgten ihm schweigend.

Wenige Minuten später startete das gewaltige Schiff. Die zahlreichen Antriebe des Flaggschiffes wirbelten den Sand auf dem Landehafen zu einer Staubwolke auf. Im Orbit des Planeten setzte sich das Schiff an die Spitze der wartenden Flotte.

Oberkommandeur Zuaran schaute Halswan an.

»Wo geht es hin? «, fragte er. » Wie lauten ihre Befehle?«

»Nehmen sie Kurs auf Vagun«, antwortete der Aller-Erste. »Lassen sie ihre Flotte einen Angriffsring um den Planeten ziehen. Ich will, dass jedes Schiff eine optimale Schussposition einnimmt. «

Der Oberkommandeur verstand nicht und schaute Halswan irritiert an.

»Geben sie den Befehl weiter«, befahl Halswan ärgerlich. »Mehr erfahren sie, wenn wir Vagun erreicht haben. «

Oberkommandeur Zuaran drehte sich zu den Offizieren seiner Brücke um.

»Informieren sie unsere Flotte«, befahl er. »Alle Schiffe sollen einen Hypersprung nach Vagun durchführen und in dem Orbit des Planeten eine günstige Schussposition auf den Planeten einnehmen. «

»Ihr Befehl wurde übermittelt«, antwortete der Funkoffizier.

»Maschinen aktivieren«, sagte der Oberkommandeur. »Beschleunigen und den Hypersprung durchführen. «

Die starke Flotte entmaterialisierte in den Hyperraum.

### Einsatzteam des Neuen-Imperiums

Die Einsatzflotte des Neuen-Imperiums hatte Ragun erreicht. Der große Verband von Admiral Tarin hatte eine Position eingenommen, die etwas versetzt von dem Planeten lag. So wurde verhindert, dass die Schiffe in einem Start- oder Landekorridor der ragunischen Schiffe lagen. Der Admiral und seine Brückencrew beobachteten den Planeten. Plötzlich registrierten sie den Start eines schweren Zerstörers der 5.000 Meter-Klasse. Nur langsam konnte das Schiff seine Trägheit überwinden und in die Atmosphäre des Planeten entkommen. Alarmsirenen heulten auf. Das Licht auf der Brücke dämpfte sich in eine rote Farbe.

»Was haben wir? «, fragte der Admiral.
»Von der Rückseite des Planeten kommen 999 weitere Schiffe dieser Baureihe auf uns zu«, teilte der Ortungsoffizier mit.

»Auf den Bildschirm legen«, befahl der Admiral.
Die KI des Schiffes reagierte sofort. Sie änderte das Bild und zoomte die Kappflügel-Zerstörer heran.

Die Crew sah, wie die Schiffe in einer Formation hinter der Rundung des Planeten in Sichtkontakt kamen.

»Fliegen die Schiffe auf einem Kollisionskurs? «, erkundigte sich Admiral Tarin.

»Unsere Schiffs-KI konnte die Flugdaten errechnen«, antwortete der Ortungsoffizier. »Falls die ragunischen Schiffe ihren Kurs nicht korrigieren, werden sie in einem

Abstand von 415 Kilometern über unsere derzeitige Position fliegen.«

»Gut«, antwortete der Admiral emotionslos. »Kein Grund zur Besorgnis. Ihre Ortungsgeräte erfassen uns nicht. Ansonsten hätten sie bereits ihren Kurs geändert.«

Er blickte auf den großen Panoramabildschirm des Schiffes.

»Das gestartete Schiff vereinigt sich mit der Flotte und setzt sich an die Spitze des Geschwaders«, teilte der Ortungsoffizier mit. »Jetzt beschleunigen die Schiffe und wechseln in den Hyperraum.«

Der Admiral registrierte, wie an den Schiffen die Sprungtriebwerke aktiviert wurden. Die Zerstörer beschleunigten mit brachialer Kraft und wechselten in den Hyperraum.

»KI«, fragte der Admiral. »Konnte über die Ausrichtung der Schiffe ihr Kurs analysiert werden?«

»Die Ausrichtung der Schiffe wurde ermittelt«, teilte die KI monoton mit. »Als mögliches Ziel wurde Varid errechnet, der zweite Planet dieses Systems. Es ist jedoch gut möglich, dass die Ausrichtung der Schiffe belanglos ist. Der beobachtete Hyperraumsprung kann ein Teil mehrerer Sprünge sein. «

»Das ist mir klar«, erwiderte Admiral Tarin. »Doch es ist auch möglich, dass wir gerade die Flotte von Halswan beobachtet haben. Falls meine Vermutung stimmt, versucht er nach dem Verlassen des Hyperraums, die zeitgesteuerte Wurmlochstation des Planeten unter seinen Einfluss zu bringen. «

Der Admiral blickte der entschwundenen Flotte nach. Dann drehte er seinen Kopf dem Ortungsoffizier zu.

»Wechseln sie das Bild«, befahl er. »Legen sie wieder Ragun auf den Schirm. Bitte unsere Tiefenscanner aktivieren. Was machen die drei Einsatzschiffe? «

»Sie sind ohne Probleme gelandet«, antwortete der Ortungsoffizier. »Die Tarnung der Schiffe ist perfekt. «

»Das ist gut«, bestätigte Tarin. »Erhalten wir weitere Ortungszeichen? «

Der angesprochene Offizier vertiefte sich in seine Nah- und Fernaufklärungstaster. Er drückte mehrere Tasten und schaltete auf weitere Sektoren um. Plötzlich verharrte er.

»Ich registriere zahlreiche Ortungszeichen in der Richtung des 9. Planeten dieses Systems«, meldete er. »Scheinbar verfolgen unzählige Zerstörer ein einzelnes Schiff. «

»Das ist das Schlachtschiff von Geoffwan und seinen Begleitern«, informierte der Admiral seine Brückencrew. » Die Idee von ihm scheint aufzugehen. Er zieht die Schiffe der Heimatverteidigung auf eine falsche Spur. «

Der Admiral blickte auf den Bildschirm.
»Wir bleiben in Gefechtsbereitschaft«, befahl er. »Alle unnötigen Energieerzeuger sind abzuschalten. Unsere Aufgabe ist es zu beobachten und nur im Notfall einzugreifen. «

»Ich gebe ihren Befehl verschlüsselt an die Flotte weiter«, bestätigte der Funkoffizier.

Admiral Tarin lehnte sich in seinem Kommandosessel zurück und beobachte den Planeten Ragun. Zu der Zeit des kaiserlichen Imperiums von Natrid gab es diese Welt bereits nicht mehr.

Major Travis hatte letzte Anweisungen gegeben. Die Einsatzteams, die Marines und die Kampfroboter wussten, worauf es ankam. Jeder Truppenführer verfügte über eine detaillierte Karte von Ranus, in der er die unterirdischen Gänge markiert. Zwölf verschiedene Einsatzteams mussten jeweils an den 12 Flüchtlingstoren hochexplosiven Sprengstoff anbringen. Sie wurden später über eine Fernsteuerung aktiviert. Die Marines des Einsatzteams blickten mit grimmigen Gesichtern Sergeant Hardin an. Sie schien nichts erschüttern zu können. Zwei Kampfroboter jeder Gruppe trugen einen Graver unter ihrem Arm. Diese würden den Gruppen den Fußweg ersparen.

***

Major Travis blickte Ranus an.

»Führen sie unsere Teams in die verfallene Industriehalle, zu dem Einstieg in den unterirdischen Tunnel«, sagte er. » Warten sie bitte, bis unsere Kampftruppen eingestiegen sind. Dann führen sie unsere Truppen zu den Personen-Wurmlochtoren. «

»Verstanden«, antwortete der Raguner. »Sie können sich auf mich verlassen. «

Major Travis drehte sich zu den Soldaten um. Er blickte erst auf sein Chronometer, dann durch dem geöffneten Schott nach außen. Die Termar 1 und seine Begleitschiffe lagen unter einem Tarnfeld. Sie waren für die Augen zufälliger Beobachter nicht zu sehen. Der Tag auf Ragun neigte sich dem Ende. Die Sonne war hinter dem Horizont verschwunden. Die Dämmerung breitete sich aus. Major Travis blickte zum Himmel des Planeten. Doch alles war ruhig. Keine Patrouillengleiter waren zu sehen.

»Es ist exakt 19:00 Uhr«, sagte der Major. »Das Treffen mit Ranus Clan wurde für 20:00 deklariert. Wir liegen gut in der Zeit. Aktiveren sie ihre Schutz-und Individualschirme. Niemand wird sie erkennen. Die Truppenführer bitte ich folgendes zu beachten. Falls sie auf feindliche Kampftruppen stoßen, oder vor unlösbare Aufgaben gestellt werden, entscheiden sie bitte selbstständig, ob sie Verstärkung anfordern, oder ihren Einsatz abbrechen. Das Leben unserer Einsatzkräfte geht vor. Wir werden uns dann eine andere Vorgehensweise überlegen. «

»Verstanden«, bestätigten die Personen der Einsatzgruppen.

»Es geht los«, sagte Major Travis.
Er winkte Ranus durch den Ausstiegsschott. Ihm folgten Sergeant Hardin und die Marines, die Schwertkämpferinnen und die Kampfroboter der 12 Gruppen. Die Tarnfelder ihrer Taja-Kampfanzüge schützten sie vor möglichen fremden Sensoren und Ortungstastern.

Major Travis blickte Heran, Captain Hunter und sein Team an.

»Wir sind an der Reihe«, bemerkte er. » Das ist das erste Mal, dass Heinze ein wichtiger Teil unseres Planes ist. Wir haben uns entschlossen auf seine Fähigkeiten zurückzugreifen. Heinze wird Heran und mich in das Haus des Volkes teleportieren. Dort klären wir, ob alles vorbereitet ist. Nach der letzten Absprache sollten die Angehörigen von Ranus Clan schon in den unterirdischen Gängen sein. Unser Freund kann immer nur zwei Personen transportieren. Mehr würde seine Kräfte zu stark beanspruchen.

Mit dem zweiten Sprung wird Heinze fünf mobile Transmitter transportieren. Diese bauen wir in dem Haus des Volkes auf. Die mobilen Transmitter werden für die Alten, Kranken und Gehbehinderten benötigt. Ranus Clan wollte sie zurücklassen. Doch das war nicht in unserem Sinn. Die Aktivierung kann erst erfolgen, wenn das Sabotageteam des Clans die 50 Energiemeiler sprengt, die für den globalen Schutzschirm sorgen. Durch diese Explosionen werden die Überwachungsorgane von der starken Streustrahlung der Transmitter abgelenkt. «

Captain Hunter blickte den Major an.

»Das gefällt mir nicht«, sagte er. »General Poison hat uns ausdrücklich darauf hingewiesen, für ihren Schutz zu sorgen. Bei diesem Vorgehen stehen ihnen selbst Tart 1 und Tart 2 nicht zur Verfügung. Sie sind zu wichtig für das neue Imperium. «

Er reichte Major Travis eine Depesche des Generals.
»Das ist für sie«, sagte er mit einem ernsten Gesicht.

Der Major öffnete sie.
Sondervollmacht«, stand in großen Buchstaben hierauf.

Major Travis blickte auf den Schriftsatz.
»Falls Captain Hunter erkennt, dass Major Travis einen zu leichtfertigen Entschluss fasst, der möglicherweise sein Leben gefährden könnte, darf Captain Hunter diesen Befehl ändern. Der Schutz von Major Travis hat oberste Priorität. «

Major Travis gab das Schreiben an Captain Hunter zurück.
»Wir haben keine Zeit für solche Dinge«, antwortete er grob.

»Ich gebe ihnen Recht«, erwiderte der Captain. »Aus diesem Grunde ändere ich ihren Plan. Heinze wird als erste Personen Heran und mich transportieren. Wir sondieren die Lage. Falls alles in Ordnung ist, wird Heinze sie und Torin holen. Erst dann folgen die fünf mobilen Transmitter. Im Anschluss werden Tart 1 und Tart 2 transportiert. Hiernach geht es etappenweise weiter. Es folgen Commander Rantero und Commander Deseska. Dann Commander Ratonka und Leutnant Graves, mein 1. Offizier. Hiernach Leutnant Hangol-Gerk und Sergeant Hardin. Dann wird Heinze, Lenus und Systemrat Camaal, die vier Marines und die sechs Kampfroboter zu dem Treffpunkt schaffen. Das bedeutet 6 weitere Sprünge. «

»Ich bin einverstanden«, antwortete der Major.
»Moment«, sagte der Captain. »Vermutlich werden wir den Rückweg durch die Tunnel nehmen müssen. Ich denke, dass unser Freund Heinze erschöpft sein wird. Aus diesem Grunde wird er bei seinem letzten Sprung fünf Graver transportieren. Diese sollten uns und den restlichen Widerstandskämpfern eine große Hilfe sein. «

Captain Hunter blickte Heinze an.
»Besitzt du genügend Kraft, um das hinzubekommen? «, fragte er.

Heinze dachte nach.
»Falls ich richtig gezählt habe, sind das exakt 13 Sprünge«, sagte er. » Mit Ballast habe ich zwar noch nicht trainiert, doch ohne Gepäck kann ich leicht 20 Teleportationen

durchführen. Es ist aber richtig, dass nach jedem Sprung meine Kräfte nachlassen. «

Er blickte Captain Hunter an.
»Machen sie sich keine Sorgen«, lächelte er. »Ich bekomme das hin. Erholen kann ich mich auf dem Rückweg. «

»Dann wäre das geklärt«, erwiderte der Captain.

Major Travis wandte sich Sergeant Riker zu. Seinem Befehl unterstanden 50 Marines und 120 Kampfroboter, welche die verfallene Industriehalle sichern sollten.

»Sergeant Riker«, sprach der Major ihn an. »Ihr Team sorgt dafür, dass wir nach unserer Rückkehr keine Überraschung erleben. Sichern sie das Gelände, notfalls lassen sie weitere Roboter ausschleusen. Ferner stellen sie bitte Kräfte ab, welche die Evakuierten sicher in das Transportschiff bringen werden. Zentralrat Muuda wird sie dabei unterstützen. Die eintreffenden Raguner kennen ihn. Falls sie angegriffen werden, informieren sie mich und Commander Brenzby, der in meiner Abwesenheit das Kommando über die Termar besitzt. «

Sergeant Riker salutierte.

»Verstanden, Herr Major«, erwiderte er. »Unsere Aufgaben sind bekannt. «

Major Travis drehte sich wieder dem Captain Hunter zu. Er schlug dem Captain mit der flachen Hand auf die Schulter.

»Lassen sie uns anfangen, Captain«, lächelte der Major.

Major Travis blickte aus der Luke der Ausstiegsbrücke. »Es geht los«, sagte er und rannte los.

»Verdammt«, fluchte der Captain. »Alle Einheiten hinter dem Major her. So hatte ich mir das nicht gedacht. «

Tart 1 und Tart 2 drückten einen Teil Personen zur Seite und eilten ihrem Schutzbefohlenen hinterher. Ihnen folgten Heran, Heinze, das Team des SPC, Sergeant Riker, sowie die 50 Marines und 120 Kampfroboter. Tart 1 und Tart hatten Major Travis auf halber Strecke eingeholt und passten ihre Schritte seinem Lauf an. Sie hatten ihre Waffenarme gehoben. Ihre roten Augen tasteten jeden Bereich des Geländes ab.

Endlich war die große Industriehalle erreicht. Die Einsatzgruppen tauchten in das Dunkel der Halle ein. Eine weitere Einheit von 60 Kampfrobotern aus dem

Transportschiff, wartete bereits auf die Gruppe. Einige der Roboter hatten zehn mobile Transmitter mitgeschleppt. Ranus und Sergeant Hardin hatten die Marines bereits Aufstellung nehmen lassen. Der Sergeant blickte seinen Kollegen an.

»Sergeant Riker«, befahl er. »Sichern sie die Halle und bauen sie die mobilen Transmitter auf. Aktiveren sie diese erst nach meinem Funkspruch. Ich erhalte ein Zeichen von Major Travis. «

»Verstanden«, antwortete Riker. »So war es besprochen. «
Major Travis blickte die Einsatztruppen an. Sie standen hinter Ranus.

»Sind sie alle bereit? «, erkundigte sich der Major.
Die Marines nickten kurz.

Der Major blickte Ranus an.
»Führen sie unsere Truppen zu den Toren«, befahl er. »Zeigen sie den Truppenführern, wie sie unbemerkt unter die Tore gelangen. «

Ranus setzte sich in Bewegung und führte die 12 Kampfgruppen zu dem Einstieg in die unterirdischen Tunnel. Der Einsatz hatte begonnen.

Major Travis lächelte Zentralrat Muuda an.

»Sorgen sie dafür, dass sich die Flüchtlinge sicher fühlen«, sagte er. »Übergeben sie ihre Leute an Sergeant Riker und seine Soldaten. Sie werden dafür sorgen, dass sie in das Transportschiff geleitet werden. «

»Danke«, antwortete Muuda. »Ich werde die Flüchtlinge begrüßen und sie weiterleiten. «

Major Travis blickte Heran an.

»Du und Captain Hunter seid die Ersten«, sagte er.

»Wie immer«, antwortete Heran. »Was tut man nicht alles für seine Freunde. Wir sondieren die Lage. «

»Heinze«, ergänzte der Major. »Falls du in eine Falle teleportieren solltest, dann kommst du sofort mit deinen Begleitern zurück. «

»Verstanden«, antwortete der Ro. »Mein Geist konnte die Gedanken der Widerstandsgruppe sondieren. Ich bin auf keine hinterhältigen Absichten gestoßen. Die Gefühle der Raguner drehen sich lediglich um ein Gelingen ihrer Evakuierung. Sie haben Angst, dass ihr Plan noch in letzter

Minute von dem Geheimdienst durchkreuzt werden könnte. «

»Das ist verständlich«, antwortete der Major. »Führe deine erste Teleportation durch. «

Captain Hunter und Heran stellten sich rechts und links neben Heinze. Sie reichten ihm ihre Hände. Ein kurzes Funkeln entstand, als die Luft das entstandene Vakuum auffüllte, an dem die drei Personen gestanden hatten.

### Ranus Clan

Branus kam auf Saanda zugelaufen.
»Alle Personen unseres Clans sind in den unterirdischen Gängen«, teilte er mit. »Wir liegen gut in der Zeit. «

»Dann fehlen jetzt nur noch unsere Gäste«, bemerkte Saanda.

Er blickte auf seinen Zeitgeber.
»Hoffentlich hält Ranus Wort«, ergänzte er. »Unsere weitere Existenz hängt von dem Gelingen des Planes ab.«

»Wir konnten Ranus immer vertrauen«, erklärte der Stellvertreter. »Flottenführer Lenus, Systemrat Camaal und Zentralrat Muuda sind bei ihm. Ranus wird sich alles gut überlegt haben. Es steht zu viel auf dem Spiel. «

Maandu, der militärische Befehlshaber des Clans, kam zu den beiden Anführern geschritten.

»Die Evakuierungsgruppen kommen gut vorwärts«, teilte er mit. »Ich habe mit unseren Leuten gesprochen, die als Schutz unsere zivilen Gruppen begleiten. Keiner von ihnen hat einen Kontakt mit Soldaten der ragunischen Sicherheitsorgane gemeldet. «

Saanda lächelte.
»Das ist ein gutes Zeichen«, sagte er. »Scheinbar ist der Geheimdienst mit anderen Aufgaben beschäftigt. «

In der Mitte der Halle entstand ein Funkeln. Aus ihren Augenwinkeln sahen die drei Personen, wie Heinze mit zwei Begleitern förmlich aus dem Nichts auftauchte.

In einem unbewussten Reflex rissen sie ihre Lasergewehre hoch, um sie im nächsten Moment wieder zu senken.

Captain Hunter hob seine rechte Hand.
»Sind wir hier richtig? «, tönte es aus dem Translator, der um seinen Hals hing. » Sie wollen evakuiert werden? «

Saanda und seine Begleiter eilten auf ihn zu.

»Wir haben sie bereits erwartet«, antwortete der Anführer des Widerstandes erleichtert. »Eigentlich hatten wir Major Travis erwartet? «

»Der kommt gleich hinterher«, bemerkte Heran.

Ihn kannten die Anführer der Gruppe bereits. Captain Hunter und er begrüßten die Raguner.

»Haben sie alles vorbereitet? «, erkundigte sich Heran. »Wurden Aktivitäten der ragunischen Sicherheitskräfte registriert? «

»Alles ist ruhig«, antwortete Branus. »Die Angehörigen unseres Clans sind in den unterirdischen Gängen. Sie haben bereits die Hälfte des Weges zurückgelegt. «

»Perfekt«, erwiderte Captain Hunter. »Dann gehen wir weiter nach unserem Plan vor. «

Er blickte Heinze an.
»Teleportiere zurück und informiere Major Travis und die restliche Gruppe«, sagte er.

Heinze nickte und verschwand.
Die Raguner schüttelten ihren Kopf.

»Wie macht ihr Freund das? «, erkundigten sie sich. »Solche Fähigkeiten sind uns unbekannt. «

»Das kann ich ihnen auch nicht erklären«, antwortete der Captain. »Es ist eine besondere Fähigkeit, eine Laune der Natur, die seiner Rasse von der Evolution geschenkt wurde. «

»Solche Freunde sind sehr hilfreich«, bemerkte Saanda. »Sie sollten ihm dankbar sein. «

»Wir wissen seine Unterstützung zu schätzen«, lächelte der Captain.

Die Luft wirbelte seitlich auf.
Heinze materialisierte mit Major Travis und der Amazone Torin. Der Ro ließ die Hände der beiden Personen los und sprang zurück.

Lächelnd ging der Major auf die Führung des Widerstandes zu.

»Unsere Einsatzteams werden von Ranus zu den 12 Flüchtlingstoren geführt«, erklärte er. »Ich erhalte einen verschlüsselten Funkspruch, wenn sie den Sprengstoff an den Toren angebracht haben und auf dem Rückweg sind.«

»Wann sollen wir mit unserer Ablenkung beginnen? «, fragte Maandu. » Unsere Leute sind bereits in der Halle für die Energiegeneratoren eingedrungen? «

»Warten sie bitte ab, bis unsere Truppen die Tore erreicht haben«, entgegnete der Major. »Ich informiere sie rechtzeitig. «

Heinze materialisierte erneut. Dieses Mal hatte er die fünf mobilen Transmitter transportiert.

Erneut funkelte es in der Luft, als der Ro zurücksprang. Es ging jetzt Schlag auf Schlag. Nach wenigen Sekunden waren Tart 1 und Tart 2 eingetroffen. Sie stellten sich an die Seite von Major Travis.

Saanda und seine Begleiter schauten sie argwöhnisch an und traten einen Schritt zurück.

»Keine Angst«, sagte Major Travis. »Das sind meine Personenschutz-Roboter. «

»Sind ihre Roboter alle so groß? «, erkundigte sich Branus beeindruckt.

Captain Hunter nickte.

»Nur die Kampfroboter«, antwortete er. »Sie verfügen über ein immenses Waffenarsenal. «

»Ich verstehe«, antwortete der Raguner nachdenklich. »Dann sollten wir uns jetzt sicherer fühlen? «

Heinze materialisierte mit Commander Rantero und Commander Deseska. Major Travis stellte die beiden Neuankömmlinge den Ragunern vor.

Er zeigte auf die beiden Commander.

»Sie gehören der stolzen Rasse der Najekesio an«, erklärte der Major. »Sie unterstützen uns und gehören seit kurzer Zeit zu einer neuen Behörde, die sich SPC nennt. Das ist eine Art Polizei und Sicherheits-Organisation. «

Die Raguner hörten interessiert zu.

»Leider haben wir diese Art der Zusammenarbeit immer abgelehnt«, antwortete Saanda. »Vielleicht hätte unser Zentralrat besser Nutzen aus den Fähigkeiten anderer Species gezogen, als sie gegen ihren Willen zu unterdrücken. «

Heran und Torin hatten die mobilen Transmitter ausgeklappt und gesichert.

Der Lantraner schritt auf Major Travis zu.

»Die Transmitter sind aufgebaut«, sagte er. »Wir warten nur noch auf dein Zeichen. «

Heinze hatte Commander Ratonka und Leutnant Graves abgesetzt. Hiernach verschwand er erneut, um Leutnant Hangol-Gerk und Sergeant Hardin zu holen.

Der Kommunikator von Saanda summte. Der Anführer des Widerstandes zog ihn aus seiner Tasche.

»Was gibt es? «, erkundigte er sich.

»Drei Schiffe des Staatsschutzes haben unser Wohngebiet überflogen«, meldete Kaandu. »Sie haben gewendet und mehrere Kreise über unser Viertel gedreht. Es ist möglich, dass ihnen etwas aufgefallen ist. «

»Das ist nicht gut«, antwortete Saanda. » Breche deine Aufklärung sofort ab und komme mit deinen Leuten zu uns. Wir brauchen dich hier. «

Heinze hatte in der Zwischenzeit Lenus und Systemrat Camaal befördert.

Als die Raguner ihre Landsleute sahen, brach große Freude aus. Sie begrüßten die Neuankömmlinge euphorisch.

Der Systemrat schritt von Mitglied zu Mitglied und salutierte persönlich vor ihnen. Dann ging er zu dem Anführer zurück.

»Ich bin stolz auf sie«, sagte er zu Saanda. »Durch sie erhält ein Teil unseres Volkes eine neue Zukunft. «

»Die Weichen hierzu haben sie, Lenus und Ranus gestellt«, antwortete der Anführer. »Nur dank ihnen wurde uns diese Möglichkeit eröffnet. «

»Wir werden Major Travis unterstützen«, sagte er. »Noch sind wir nicht in Sicherheit. Warten wir ab, bis das Transportschiff mit unseren Evakuierten gestartet ist. «

Saanda nickte.
»Bisher gab es keine Probleme«, antwortete er. »Wir werden noch ein Ablenkungsmanöver starten. Das sollte die Sicherheitskräfte des Zentralrates auf eine falsche Spur lenken. «

»Wir sind informiert«, antwortete Lenus. »Heinze haben sie bereits kennengelernt. Seine Fähigkeiten begeistern mich. Er bringt uns bei seinem letzten Sprung leichte mobile Anti-Gravitations-Plattformen mit, die uns den Weg zu dem getarnten Transportschiff erleichtern. «

Heinze konnte zwischenzeitlich die vier Marines und die sechs Kampfroboter in die Halle des Volkes teleportieren. Jetzt kümmerte er sich um die Graver. Das waren seine letzten drei Sprünge. «

Major Travis und Heran beobachteten, wie sich Camaal und Lenus mit ihren Angehörigen unterhielten. Die Anführer des Widerstandsclans wurden über alle Einzelheiten ihrer Flucht und über die Machenschaften des Geheimdienstes informiert.

Erneut funkelte die Luft in dem Raum. Heinze hatte seinen letzten Sprung durchgeführt und stellte die mobilen Transportplattformen ab. Sie waren auf einen Meter eingefahren, um sie auch durch enge Öffnungen tragen zu können.

Major Travis instruierte zwei Marines die Anti-Grav-Schweber in das Höhlensystem zu bringen und ihre Lastenfläche auf vier Meter pro Graver auszufahren.

Die Soldaten bestätigten den Befehl und ließen sich von Maandu den Weg in das unterirdische Höhlensystem zeigen.

Der Major trat zu ihm.

»Wie geht es dir? «, fragte er.

»Das war reinste Schwerstarbeit«, lächelte der Ro. »Gebe mir bitte einige Minuten. Dann fühle ich mich wieder besser. «

»Du hast einen fantastischen Job gemacht«, lobte er seinen kleinen Freund. »Wenn wir wieder zu Hause sind, wirst du besonders hierfür belohnt. «

Heinze winkte ab.

»Das ist nicht nötig«, antwortete er. »Ich sehe mich als ein Teil unseres Imperiums. Wenn ich etwas dazu beitragen kann, dann mache ich das. «

### Einsatzteams des Neuen-Imperiums

Ranus stand auf dem ersten Graver und blickte auf seine Karte. Diese war von dem neuen Imperium digitalisiert worden und wurde auf die Innenseite der Helme der Einsatzsoldaten projiziert. Rote und grüne Zahlenkolonnen liefen neben der Karte des unterirdischen Netzwerkes der Gänge ab.

Ranus erkannte, dass sich die Graver ihrem Ziel näherten. »Die nächste Abzweigung nach links«, teilte er dem Soldaten mit, der den Graver steuerte. »Es ist nicht mehr weit. «

Ranus wunderte sich, dass sie noch auf keine Sicherheitstruppen gestoßen waren, welche die unterirdischen Tunnel durchsuchten. Gerade nach dem Einbruch in das imperiale Archiv hatte er eigentlich hiermit gerechnet.

Ranus hatte bewusst einen Umweg gewählt, um nicht in die Nähe der Gänge zu gelangen, die zu dem großen Platz vor dem Regierungsgebäude führten. Er wusste, dass dort die meisten Spürkommandos der Sicherheitstruppen aktiv waren.

Alle Personen der 12 Einsatzkommandos hatten ein Nachtsichtgerät auf ihrem Kopf. Aus diesem Grunde musste die Beleuchtung der Graver nicht aktiviert werden. Mit schneller Geschwindigkeit preschten die Transportplattformen vorwärts.

Ranus hob seine Hand.
»Langsamer bitte«, flüsterte er dem Soldaten zu. »Wir sind gleich da. «

Er glich nochmals die Karte mit dem Gang ab, in dem sie sich gerade befanden. Ein gelbes X markierte den Standort der Gruppe auf dem Schirm seines Helmes.

»Wir sollten jetzt in eine breite Halle vorstoßen«, ergänzte er. »Das ist unser Ziel. Sie liegt genau unter dem Landehafen für die Flüchtlingsschiffe. Hier befinden sich die Ausgänge zu den 12 Wurmlochtoren. Über uns befindet sich der mittlere Teil unserer Hauptstadt. «

Auf den Sichtscheiben der Soldatenhelme wurde ein grün skizzierter großer Kreis angezeigt.

Die Graver verlangsamten ihre Geschwindigkeit. Nur wenige Sekunden später erreichten sie die große unterirdische Halle, von der Ranus gesprochen hatte. Über ihnen lagen die Flüchtlingstore, auf dem großen Platz der Evakuierung.

»Anhalten«, flüsterte der Raguner. »Wir sind angekommen. «

Die 12 Graver bremsten ab und sanken zu Boden. Es roch unangenehm. Eine große Kanalisation wurde sichtbar. Der Kanal lief quer durch die Halle und verschwand in vielen Rohren in den Felswänden. Wasser tropfte aus den zahlreichen Abflusskanälen von der Decke der Höhle.

Ranus lief auf die rechte Wand zu. Stahlsprossen waren an der Felswand befestigt. Er winkte dem Team seiner Plattform zu.

»Hier geht es nach oben«, erklärte er. »Ich gehe vor und kläre, ob der Deckel der Kanalisation zu öffnen ist. «

Ranus kletterte die Metallsprossen hinauf und verschwand in einem Abflussrohr. Als er oben angekommen war, stemmte er sich gegen das Abflussgitter.

Er konnte es nicht bewegen und fluchte. Ranus untersuchte das Gitter und erkannte zwei Sicherheitsschlösser, die das Metallgitter blockierten.

Flink kletterte er die Sprossen wieder herunter.
»Die Ausgänge sind verschlossen«, teilte er den Truppenführern mit. »Wir müssen die Sicherungen aufschneiden. «

»Wo führen diese Ausgänge hin? «, fragte ein Offizier.

»Direkt unter die Personen Tore«, antwortete Ranus.
»In Ordnung«, antwortete der Offizier. »Zeigen sie uns bitte die anderen 11 Ausgänge. «

Ranus führte den Offizier zu den weiteren Abflusskanälen. Nach einer Sichtprüfung stand fest, dass alle Abflussgitter mit Schlössern gesichert waren.

Der Truppenführer wies Soldaten ein, die mit einem Schneidlaser die Sicherungen aufschneiden sollten. Er drehte sich nach Ranus um.

»Sie bleiben hier unten und warten auf uns«, befahl der Offizier. »Wir brauchen sie für den Rückweg. Das geht schneller, als sich nach der Karte zu orientieren. Halten sie sich bereit. Wenn wir durchgebrochen sind, läuft alles Weitere sehr schnell ab. Unsere Sprengsätze besitzen eine besondere Haftmasse. Unsere Soldaten brauchen sie nur anzudrücken und die Fernsteuerung aktivieren. Dann sind wir wieder hier weg. «

Ranus nickte.
»Ich bin informiert«, antwortete er. »Seien sie vorsichtig an der Oberfläche. «

Der Offizier befahl seinen Untergebenen, die Tarnfelder ihrer Taja's einzuschalten. Nach kurzer Zeit waren die Schlösser der Kanaldeckel aufgeschnitten und die Einsatztrupps schlichen ins Freie. Beeindruckt schauten die Soldaten auf die 12 Personen-Wurmloch-Tore, die nach Konstruktionszeichnungen der Aller-Ersten gebaut worden waren. Sie wirkten fremdartig und doch so faszinierend. Die Tore standen in 50 Meter Sichtlinie zueinander.

Ranus hatte die Soldaten der 12 Gruppen vorher über die Tore informiert. Er hatte ausdrücklich darauf hingewiesen, dass die Sprengsätze nur in dem inneren Bereich des Tores platziert werden konnten. Ihre äußere Schale wurde aus Sicherheitsgründen in 50 Zentimeter starkem Tiziranium eingebettet. Dieses Material hielt selbst dem Beschuss von mehreren Lasersalven natradischer Schiffe stand. Lediglich die Innenseiten waren nicht beschichtet. Hier liefen zahlreiche Energieverbindungen durch die Tore, die zu 6 Energiezapf-Anlagen des Zwischenraumes führten. Jedes dieser Tore war mit der gleichen Anzahl Zapfer gekoppelt. Sie sorgten dafür, dass immer eine Minimalenergie die Funktion der Tore aufrechterhielt.

**Sondereinheiten des ragunischen Geheimdienstes.**

Juaanda und Surgan standen bei ihren Soldaten, die 156 Gänge unterhalb des Palastes mit flüssigem Kunstgestein aufgefüllt hatten.

Ein Soldat kam zu dem Truppenführer gelaufen. Er salutierte.

»Wir brauchen weitere Kanister mit Rasolzid«, sagte er. »Uns geht das Material aus. «

Juaanda nicke.

»Ich werde weitere Behälter anfordern«, antwortete er. »Die Auffüllung der Gänge hält uns mächtig auf. Wir brauchen mehr Personal, um alle Gänge kontrollieren zu können. «

Er griff nach seinem Kommunikator.

Doch plötzlich summte dieser in seiner Hand. Das Zeichen für einen eingehenden Anruf. Erstaunt öffnete er die Verbindung. Das Büro des Zentralrates war in der Leitung.

»Kommandeur Juaanda«, erklang eine Stimme. »Auf den besonderen Befehl der Regierung hin, ist die Suche nach den Personen einzustellen, welche für den Einbruch in das imperiale Archiv verantwortlich sind. Begeben sie sich sofort mit ihrer Einheit zu dem Raumflughafen der Regierung. Hier werden Schiffe beladen, die wichtige Personen des öffentlichen Lebens zu weit entfernten Planeten evakuieren. Wir brauchen sie und ihre Soldaten für die Sicherung dieser Schiffe. «

»Was für eine Evakuierung? «, erkundige sich Juaanda.

»Das ist geheime Regierungssache«, antwortete der Angestellte der Regierung. »Ich darf hierüber keine Auskunft geben. Doch dieser Auftrag besitzt höchste Priorität. Begeben sie sich mit ihren Soldaten sofort zu dem Raumhafen der Regierung. Dort werden sie weitere Anweisungen erhalten. «

»In Ordnung«, antwortete der Truppenführer. »Wir brechen hier ab. «

»Was gibt es? «, fragte Surgan, sein Stellvertreter.

»Wir haben neue Befehle erhalten, informierte ihn sein Vorgesetzter. »Diese kommen von dem Zentralrat direkt. Wir sollen eine Flotte Raumschiffe sichern, die auf dem Landehafen der Regierung beladen werden. Wie es scheint, sollen hochrangige und wichtige Persönlichkeiten des öffentlichen Lebens zu einem weit entfernten Planeten gebracht werden. «

Surgan schüttelte seinen Kopf.
»Du weißt, was das bedeutet? «, fragte er. » Die Ratten verlassen das beschädigte Raumschiff. Die Regierung bringt sich in Sicherheit. Vermutlich steht der Angriff der Arthropoden kurz bevor. «

Juaanda dachte nach.
»Das glaube ich nicht«, antwortete er. »Der göttliche Rat wird nicht sein Volk im Stich lassen. «

Sein Stellvertreter lachte laut auf.

»Du bist ein sehr guter Kommandeur und Freund«, sagte er. »Wir alle haben immer gerne unter dir gedient. Doch dir fehlt einfach der Spürsinn für die Intrigen der Regierung. Du glaubst immer noch, sie steht für unser Volk ein. Doch das ist ein Irrtum. Sie war immer nur auf eigene Gewinne aus. «

»Das glaube ich nicht«, konterte der Kommandeur. »Ich will nichts hiervon hören. Wir brechen hier ab, wie es von der Regierung verlangt wird. «

Needa, der Kommandeur des ragunischen Geheimdienstes näherte sich unbemerkt dem Rücken der beiden Personen. Er konnte die letzten Worte des Gespräches aufschnappen.

»Hier wird nichts abgebrochen«, sagte er. »Die Schuldigen für den Einbruch in das Archiv müssen gefunden werden. «

»Was wollen sie denn hier? «, fragte Surgan. » Sie haben uns gerade noch gefehlt. «

Needa blickte ihn hasserfüllt an.
Bevor er antworten konnte, sprach Juaanda den Stellvertreter an.

»Kümmere dich um die Verlegung unserer Truppen zu dem Ladehafen der Regierung«, befahl er. »Weise Quurgan an, zeitweise das Kommando zu übernehmen. Sechs Soldaten bleiben bei uns. Komm später mit ihnen zu mir. Wir werden die Gänge weiter inspizieren. «

Sein Stellvertreter salutierte und schritt davon.

»Woher kommt dieser Befehl? «, fragte Needa.
»Sie sind der Befehlshaber des Geheimdienstes«, antwortete Juaanda. »Ich wundere mich, weshalb sie nicht über die neuen Befehle des Zentralrates informiert wurden? «

Needa schüttelte irritiert seinen Kopf.
»Von neuen Befehlen ist mir nichts bekannt«, antwortete er. »Es kann sich nur um ein Versehen handeln. «

»Der Befehl kam direkt aus dem obersten Büro unserer Regierung«, erklärte der Kommandeur der Sicherheitskräfte. »Ich kann unmöglich diese Anweisung ignorieren. «

Befehlshaber Needa riss seinen Kommunikator aus der Tasche. Er drückte die Direktwahl zu dem Büro der Regierung.

Eine Stimme meldete sich.

»Hier ist Needa«, sprach er in das Gerät. »Warum wurde ich nicht über die Befehlsänderung informiert? «

»Der Befehl ist eine autorisierte Anordnung des göttlichen Rates«, tönte es aus der Verbindung. »Wir konnten sie nicht erreichen. Ihre Truppenführer wurden bereits direkt informiert. Sämtliche Einsatzkräfte haben sich auf dem regierungseigenen Landehafen einzufinden. Ein Teil ihrer Soldaten wurde als Begleitschutz für hochrangige Personen des öffentlichen Lebens ausgewählt. Sie begleiten diese Schiffe. «

»Um wie viele Schiffe handelt es sich überhaupt? «, fragte Needa.

»Auf dem regierungseigenen Landehafen stehen derzeit 300 Schiffe, die ausgerüstet werden«, antwortete die Stimme des Büros. »Weitere 1.200 Einheiten warten noch auf Landeplätzen außerhalb unserer Stadt. Diese werden aus Platzgründen erst verlegt, wenn die ersten 300 Schiffe eine Startfreigabe erhalten haben. «

»Ist das eine Massenevakuierung? «, erkundigte sich Needa.

»Nein«, antwortete der Sprecher der Regierung. »Sie betrifft nur die Oberschicht unseres Planeten. Sozusagen die geistige Elite unserer Rasse. Der Zentralrat sorgt sich um ihre Sicherheit. Aus diesem Grunde werden sie verlegt. Für alle weiteren Personen werden wir später sorgen. «

»Steht der Angriff der Arthropoden bevor? «, fragte Needa.

»Das kann ich nicht beantworten«, erwiderte der Sprecher der Regierung grob. »Ich muss mich jetzt um meine Aufgaben kümmern. Falls sie mehr Details wünschen, rufen sie bitte den Vorsitzenden des Zentralrates persönlich an. Vielleicht nimmt er ihr Gespräch an. «

Die Verbindung wurde beendet.

Needa blickte den Truppenführer an.
»Da geht etwas vor, das man uns nicht mitteilen will«, sagte er. »Ich rufe jetzt den Vorsitzenden des Rates an. Er soll mir klipp und klar diese Anweisung bestätigen. «

»Ignorieren sie den Sprecher der Regierung? «, fragte Juaanda erstaunt. » Das Büro hat bisher immer die Befehle des Rates an uns weitergegeben. «

»Wir haben jetzt eine besondere Situation«, tobte Needa. »Ich lasse mich nicht für dumm verkaufen. «

Er wählte die Nummer von Zentralrat Nuada. Die Verbindung baute sich auf, doch der Ansprechpartner meldete sich nicht.

»Verflucht«, schimpfte der Befehlshaber des Geheimdienstes. »Er will nicht mit mir sprechen. Das wird sicherlich einen Grund haben. «

Er überlegte einen Augenblick.
»Bevor ich nicht persönlich informiert wurde, breche ich die Suche nach den Schuldigen für den Einbruch in das Archiv nicht ab«, sagte er trotzig. »Das waren meine letzten Befehle. Sie und ihr Stellvertreter begleiten mich.«

Juaanda drehte sich um und erkannte, wie Quurgan die Soldaten aus den unterirdischen Gängen führte.

Surgan kam zurück. Sechs Soldaten begleiteten ihn.

»Quurgan bringt unsere Leute zu dem Landehafen der Regierung«, bestätigte er. »Welche Befehle haben sie für uns? «

»Befehlshaber Needa möchte die Suche nach den Flüchtlingen alleine fortsetzen«, lachte Juaanda. »Wir begleiten ihn, falls er tatsächlich auf diese Personen treffen sollte. «

»Die sind längst über alle Berge«, sagte Surgan »Wollen sie das eigentlich nicht verstehen? «

»Nach meiner Einschätzung sind sie noch hier«, antwortete der Kommandeur des Geheimdienstes. »Der globale Schutzschirm ist aktiviert. Schiffe können ihn nur mit einer Sondergenehmigung durch ein Strukturloch verlassen. Eine Flucht der Täter ist daher fraglich. Ich würde die Gänge durch meine Leute kontrollieren lassen, doch der Zentralrat hat mir soeben einen Strich durch meine Planung gemacht. Sie haben es gehört. Er hat meine Sicherheitskräfte für andere Aufgaben eingeteilt. «

»Beruhigen sie sich«, bemerkte Juaanda. »Wir begleiten sie. Falls wir auf die Täter stoßen, werden sie gefangen genommen. Habe ich mich klar ausgedrückt? Ich bin strikt gegen eine Exekution vor Ort. Auch diese Personen werden eine Gerichtsverhandlung erhalten. «

»Das ist reine Zeitverschwendung«, konterte Needa. »Es läuft auf das Gleiche hinaus, als wenn sie später von dem Tribunal des Zentralrates verurteilt werden. «

»Das ist mir egal«, erwiderte Juaanda in einem bestimmenden Ton. »Entscheiden sie sich, ansonsten werden wir den Befehlen des Zentralrates folgen. «

»Einverstanden, gab der Befehlshaber des Geheimdienstes klein bei. »Wir verfahren nach ihrer Vorgehensweise. «

»In Ordnung«, lächelte Surgan. »Dann haben wir ihr Wort. «

Er zeigte auf die vielen Gänge, die bereits mit Rasolzid geschlossen wurden.

»Wir haben 156 Gänge aufgefüllt«, fuhr er fort. »Sie alle endeten unter dem großen Platz, vor dem Regierungspalast. Die anderen Verbindungstunnel konnten wir noch nicht prüfen. Sie ziehen sich weit unter der gesamten Stadt durch. Welchen Gang sollen wir nehmen? «

Needa überlegte kurz. Er zeigte auf den Breitesten der Gänge.

»Diesen hier«, entschied er sich. »Er unterscheidet sich von in seinen Abmessungen von allen anderen Gängen.

Durch ihn könnten Hilfsmittel transportiert worden sein?«

Kommandeur Juaanda befahl seinen sechs Soldaten, sich in zwei Gruppen aufzuteilen. Jede Spähgruppe sollte dicht an den Wänden vorwärtsmarschieren und jede Auffälligkeit melden.

Die Soldaten bestätigten den Befehl und liefen vorwärts. Die Führungsoffiziere folgten in einem Abstand von drei Metern.

Die Soldaten aktivierten ihre Suchscheinwerfer. Der Lichtschein reflektierte sich an den glatten Felswänden. In den dunkeln Gängen waren nur die Schatten der Scheinwerferstrahler zu erkennen. Langsam schritten die Soldaten weiter.

Kommandeur Juaanda glaubte nicht an einen Erfolg der Suche. Doch er wusste, dass auch seine Einheiten dem Geheimdienst unterstellt waren. Er war auf die Bitte des Befehlshabers eingegangen, weil er weitere Jahre unter ihm seinen Dienst absolvieren musste.

»Das wird nichts«, flüsterte Surgan ihm zu. »Die Täter konnten längst flüchten. Vermutlich sind sie bei einer der zahlreichen Untergrundbewegungen untergekrochen. «

Juaanda nickte.

»Die gibt es ja gar nicht offiziell «, antwortete er. »Der ragunische Zentralrat hat die Existenz immer abgestritten. Wir hätten sie längst stellen und ihre Widerstandnester auflösen sollen. Doch unsere Regierung hat sich lieber um andere Dinge gekümmert. «

Die Gruppe war bereits 30 Minuten in eine Richtung gegangen. Immer neue Abzweigungen wurden gefunden.

»Wenn wir alle Gänge absuchen wollen, dann brauchen wir mehr Leute «, teilte der Truppenführer dem Befehlshaber des Geheimdienstes mit. »Wir scheinen in einem alten Insektennest zu bohren. Wollen sie die Suche nicht abbrechen? «

»Nein«, widersprach Needa. »Ich brauche Ergebnisse für den Zentralrat. Ich kann nicht schon wieder ohne neue Resultate vor ihn treten. Was glauben sie, wohin das führt? «

»Vermutlich zu ihrer Absetzung«, spottete Juaanda. »Warum soll es ihnen anders ergehen als ihren Vorgängern. Der Zentralrat verlangt Unmögliches. Das funktioniert aber nicht. «

»Genug«, tobte Needa erbost. »Wir suchen weiter. Auch wenn es fünf Tage dauern sollte. «

»Viel Spaß«, erwiderte Surgan.« Hoffentlich haben sie genügend Wasser dabei, ansonsten verdursten wir hier unten. «

Die Gruppe schlich weiter. Meter um Meter wurde der lange Gang ausgeleuchtet. Doch ein Erfolg stellte sich nicht ein.

**Landeplatz der getarnten Schiffe des Neuen-Imperiums**

Sergeant Riker und seine Marines hatten die Produktionshalle des verfallenen Industrieareals nach allen Seiten gesichert. Außerhalb standen die drei getarnten Raumschiffe. Diese waren noch mit Mengen von Kampfrobotern bestückt. Falls es notwendig ein sollte, konnte er weitere Einheiten anfordern.

Der Sergeant stand an einem gesplitterten Fenster und blickte auf den großen Innenhof. Nichts deutete auf die drei wartenden Raumschiffe hin.

»Sergeant«, sagte ein Soldat. »Ich erkenne einen Lichtkegel in dem unterirdischen Gang. Scheinbar kommen die ersten Gruppen von Flüchtlingen an.

»Waffen entsichern und eine sichere Schutzstellung einnehmen«, befahl der Sergeant. »Es könnten Soldaten des ragunischen Sicherheitsdienstes sein. «

Die Marines, die den Gang beobachteten, hechteten hinter alte verrostete Maschinen. Mit einem lauten Klicken entsicherten sie ihre Waffen.

Ein Raguner blickte vorsichtig aus dem Einstieg heraus, der als Zugang zu den unterirdischen Gängen diente. Er hob seine Arme.

»Wir sind von Ranus Clan«, meldete er. sich »Ist das der vereinbarte Treffpunkt? «

Zentralrat Muuda, Sergeant Riker und drei Marines liefen auf den Einstieg zu.

»Sie sind richtig«, antwortete der Sergeant.
Sein Translator übersetzte in die fremde Sprache.

»Kommen sie heraus«, sagte Riker. »Wir bitten sie lediglich alle Waffen abzugeben. Ihren Schutz übernehmen wir ab jetzt. «

Zentralrat Muuda drängte sich in den Blick der Ankömmlinge.

»Ich bin Zentralrat Muuda«, sagte. »Ihr befindet euch bei uns in guten Händen. Seid ohne Furcht. Das sind unsere Freunde. «

Der Raguner richtete sich auf und kletterte aus dem Einstieg. Seine Laserpistole reichte er einem Marine. Dann stellte er sich neben die Soldaten und half weiteren Personen seines Clans aus dem Einstieg. Ein Soldat von Sergeant Riker Kommando kümmerte sich um die Weiterführung der ersten Gruppe. Er hatte den Zentralrat über die Vorgehensweise informiert. Dieser gab die Informationen weiter.

»Stellt euch bitte in Zweierreihen hintereinander auf«, bat er die Flüchtlinge. »Diese Soldaten bringen euch in das wartende Transportschiff. Dort erhaltet ihr Wasser und Nahrung. «

Immer mehr Raguner kletterten aus dem Einstieg.
»Aus wie vielen Personen besteht ihre Gruppe? «, fragte Sergeant Riker einen Begleiter.

Sein Translator gab die Worte einwandfrei wieder.

Der Rauner blickte ihn an.

»Jede Gruppe wurde auf 100 Personen beschränkt«, antwortete er. »Wir sind ihnen sehr dankbar, dass sie uns von hier fortbringen. «

Sergeant Riker nickte.

»Noch sind wir nicht gestartet«, antwortete er. »Ich hoffe nicht, dass ihr Geheimdienst etwas von unserem Plan erfährt. «

»Das sind alle«, sagte ein Soldat. »Wir haben die Personen gescannt. Sie tragen keine Waffen bei sich.

»In Ordnung«, antwortete Sergeant Riker. »Führt die erste Gruppe in das Transportschiff und übergebt sie der medizinischen Crew. Sie sollen sie untersuchen und sie mit Nahrung versorgen. «

Vier Marines standen am Ausgang der Halle.

»Folgen sie uns bitte schnellen Schrittes«, sprach einer von ihnen in sein Übersetzungsgerät.

»Die Angehörigen des Widerstandes, gaben den Wortlaut an alle Personen des Clans weiter. Im Laufschritt eilten sie auf das getarnte Schiff zu. Zwei Holzstöcke markierten den Zutritt zu der Laserbrücke, welcher in das Schiff führte.

Zwei Marines stellten sich neben die beiden Holzpfähle.

»Unser Schiff ist getarnt«, informierten sie die Mitglieder des Widerstandes. »Wir bitten alle Personen sich an den Händen zu fassen und eine Kolonne zu bilden. Folgen sie uns bitte. Mein Kollege wird vorgehen, bis das Tarnfeld des Schiffes durchschritten ist. «

Der Marine reichte seine rechte Hand einem Raguner. Dieser ergriff sie mit seiner Linken. Die rechte Hand streckte er nach hinten aus, um den Kontakt zu dem nächsten Evakuierten herzustellen. Die Gruppe setzte sich in Bewegung und schritt die Laserbrücke hinauf. Für Außenstehende sah es aus, als ob eine endlose Kette von Personen zu schweben anfing.

Zentralrat Muuda und Sergeant Riker beobachteten, wie die ersten Raguner in dem Schiff verschwanden. Einige der Marines hatten Ortungsgeräte aufgebaut und kontrollierten den Luftraum, ob sich Schiffe, oder Gleiter dem Standort näherten.

Sergeant Riker griff nach seinem Communicator. Er wählte den Code von Major Travis. Es dauerte nur einen Moment, dann meldete er sich.

»Major Travis«, tönte es aus dem Gerät.

»Hier ist Riker«, erwiderte der Sergeant. »Die erste Gruppe von Flüchtlingen wurde in das Transportschiff verfrachtet. Wir rechnen jetzt in kurzen Abständen mit weiteren Gruppen. «

»Gut gemacht«, antwortete der Major. »Danke für die Information. «

Sergeant Riker steckte das Gerät wieder ein.
»Die nächste Gruppe ist eingetroffen«, meldete ein Soldat, der den Schacht kontrollierte.

»Helfen sie ihnen«, befahl der Sergeant. »Wir müssen Platz für die nachfolgenden Gruppen schaffen. «

Zentralrat Muuda lief auf den Ausstieg zu. Er war bereit die nächste Gruppe einzuweisen.

**Haus des Volkes, Stützpunkt von Ranus Clan**

Major Travis wurde langsam ungeduldig. Er blickte Heran, Saanda, Branus und Maandu an.

»Die erste Gruppe Flüchtlinge ist in der Halle vor unserem Schiff angekommen«, teilte er mit. »Die Personen ihres Clans werden gerade auf unser Transportschiff gebracht.«

»Da kommt Kaandu mit seinen Leuten«, sagte der Anführer des Widerstandes. »Sie haben ihren Überwachungsposten verlassen. «

Saanda stellte ihm Major Travis und seine Begleiter vor. »Wie sieht es draußen aus? «, fragte er Kaandu.

»Noch ist es ruhig«, antwortete dieser. »Doch der Überflug der Kampfgleiter der Sicherheitsorgane gibt mir zu denken. Möglicherweise haben sie etwas entdeckt. «

»Wir sollten nicht mehr länger warten«, antwortete der Major »Ihre Alten, die Kranken und die Gehbehinderten müssen jetzt durch die Transmitter-Tore. «

Er zog seinen Communicator aus der Tasche. Der wählte den Code von Ranus Gerät.

Die Verbindung baute sich sekundenschnell auf.
»Hier ist Ranus«, hörte er den Raguner sagen.

»Wie weit seid ihr? «, fragte Major Travis.

»Geben sie uns noch vier Minuten«, antwortete Ranus. »Das letzte Tor wird mit Sprengstoff versehen. Dann ziehen wir uns wieder zurück. «

»Verstanden«, antwortete der Major. »Setzen sie die Graver für ihren Rückflug ein. Ich informiere Saanda. Er wird die Sprengung der Schutzschirm-Generatoren befehlen. «

»Verstanden« sagte Ranus. »Wir beenden unseren Auftrag in wenigen Minuten.«

Major Travis drehte der Führung des Widerstandes seinen Kopf zu.

»Ranus Team braucht noch vier Minuten«, erklärte er.

»Das ist perfekt«, lächelte Saanda. »Die Sprengsätze für die Generatoren explodieren mit 1 Minute Verzögerung. Wir gewinnen 50 Minuten. «

»Geben sie den Befehl die Generatoren zu sprengen«, sagte der Major.

Der Anführer nickte.

Er sprach Maandu an.

»Es ist so weit«, sagte er. »Bitte informiere unsere Leute. Sie sollen die Sprengsätze zünden. «

Maandu griff nach seinem Funkgerät und aktivierte es. Ein Widerständler meldete sich.

»Seid ihr bereit? «, fragte Maandu.

»Wir warten nur noch auf den Befehl«, tönte es aus dem Gerät.

»Leitet die Sprengung ein und zieht euch zurück«, befahl der militärische Befehlshaber des Clans. »Den Treffpunkt kennt ihr. Beeilt euch bitte, vermutlich werden alle Einsatzkräfte unseres Staatsschutzes nach euch suchen. «

»Verstanden«, antwortete sein Gesprächspartner. »Wir beginnen mit dem Zündvorgang und ziehen uns zurück. «

Die Einsatzgruppe des Widerstandes aktivierte die Sprengung des ersten großen Energiemeilers. Fünf Minuten blieben ihnen, um sich in den unterirdischen Gängen in Sicherheit zu bringen.

Der Anführer der Gruppe, die aus acht Personen bestand, drückte den Knopf der Zündung.

»Weg hier«, befahl er. »Wir müssen in die unterirdischen Tunnel. «

Die acht Raguner ließen alle Gegenstände fallen, die sie in den Händen hielten. Sie liefen zu der Türe der Halle. Der Vorderste riss sie auf und eilte nach rechts. Sechs Meter neben der Halle lag der geöffnete Kanaldeckel des Abflussschachtes. Die Saboteure kletterten die Sprossen hinunter und liefen in die entfernte Richtung.

Sie waren bereits 140 Meter gelaufen, als sie ein gewaltiges Beben von den Füßen riss. Der Boden hatte die nahe Explosion weitergegeben. Sofort sprangen sie wieder auf.

»Weiter«, befahl der Anführer. »Die nächste Explosion findet in 1 Minute statt. «

## Ragunische Raumüberwachung

In der ragunischen Raumüberwachung liefen die Drähte heiß. Die Sensoren und Taster der Ortungsgeräte schlugen bis zum Anschlag aus. Sie hatten eine starke Explosion in der Hauptstadt registriert.

Der Befehlshaber lief an ein der Fenster der Leitstelle. Als er hinausblickte, sah er die gigantische Feuerzunge, die sich von einem entfernten Teilbereich der Hauptstadt in den dunkeln Himmel bohrte. Sie schien von einem gigantischen Energie-Reservoir gespeist zu werden. Ein gespenstisches gelbes Licht spiegelte sich auf den Gebäuden der Stadt.

»Alarm für alle Sicherheitsorgane«, befahl Huanda. »Lokalisiert den Standort der Explosion. «

Seine Mitarbeiter reagierten in Sekundenschnelle. Zahlreiche Detailkarten der großen Stadt wurden detailgetreu auf den Überwachungsbildschirmen angezeigt.

»Der Standort der Explosion wurde lokalisiert«, meldete die Hypertronic-KI der Leitstelle. »Es handelt sich um einen Generator der Maschinenhalle für den globalen Schutzschirm.

Auf den Karten der Bildschirme wurde ein dunkler Punkt angezeigt.

»Den Energieausfall durch einen schlafenden Generator ausgleichen«, befahl der Befehlshaber der Raumüberwachung. »Energieschwankungen in dem globalen Schirm müssen vermieden werden. «

Er blickte einen anderen Offizier an.

»Schickt ein Technikerteam dorthin«, sagte er. »Es soll sich den Schaden anschauen und beheben. «

»Die Techniker wurden informiert«, antwortete der Funkoffizier. »Sie kümmern sich hierum. «

Huanda nickte nachdenklich.

»Schaltet den Alarm aus«, sagte er.

Er drehte sich zu dem Fenster um und erkannte, wie die gigantische Feuerzunge langsam in sich zusammenfiel.

Entsetzen machte sich in seinem Gesicht breit. Eine zweite Feuerzunge breitete sich aus und schoss lodernd in den Himmel. Er bemerkte, wie der Boden unter seinen Füßen vibrierte.

»Der Alarm lässt sich nicht beenden«, teilte ein Offizier der Leitstelle mit.

»Ich sehe es«, antwortete der Befehlshaber der Leitstelle. »Ein zweiter Energiemeiler ist explodiert. «

Er überlegte kurz.

»Das ist Sabotage«, fluchte er. »Informiert den Staatsschutz und den Zentralrat. Alarm für sämtliche

Sicherheitsdienste. Alle Sonderkommandos sollen zu der Halle der Generatoren vorrücken. «

»Der Zentralrat ist nicht zu erreichen«, teilte das Büro der Regierung mit«, entgegnete der Funkoffizier. » Er koordiniert etwas auf dem regierungseigenen Raumhafen. Das Büro wollte uns keine näheren Angaben machen. «

»Versuchen sie Kommandeur Needa zu erreichen«, befahl Huanda. »Der Kommandeur soll unverzüglich in die imperiale Raumüberwachung kommen. «

Erneut explodierte ein weiterer Energiemeiler. Der Boden vibrierte stärker als die ersten zwei Male.

»Verflucht«, tobte der Befehlshaber. »Der gleichzeitige Energieausfall von drei Generatoren kann nicht mehr aufgefangen werden. «

»Der globale Schutzschirm fällt aus«, meldete ein Offizier. »Die Energieversorgung ist unter das Limit gefallen. «

Die Anzeigen des globalen Schutzschirmes blinkten in einer roten Farbe. Dann fuhren die Balkendiagramme zurück auf die Nullstellung.

»Sucht sofort den Kommandeur des Geheimdienstes«, befahl Huanda. »Das ist das Werk von Saboteuren. «

### Vagun Hypertronic-KI

Die Hypertonic-KI der zeitgesteuerten Wurmlochanlage identifizierte die ragunische Flotte, die aus dem Hyperraum fiel und sich ihrem Planeten näherte. Sie kannte ihre Aufgabe. ZWV-1 beobachte den Bildschirm.

»Das sind ragunische Zerstörer der 5.000 Meter-Klasse«, sagte er. »Wie viele Schiffe sind es? «

Die anfliegende Flotte besteht aus exakt 1.000 Schiffen«, antwortete die KI. » Ich habe den globalen Schutzschirm vorsichtshalber aktiviert. «

»Bereiten wir uns auf Kampfmaßnahmen vor? «, erkundigte sich der mobile Arm des Großrechners.

»Meine Geschütztürme bleiben noch in ihren Kammern«, erwiderte die KI. »Ich möchte die Flotte nicht verunsichern. Wir werden den Befehlen von Major Travis folgen. Falls der Verband von Halswan befehligt wird, werden wir lediglich seinem Flaggschiff einen Zugang gewähren. «

»Ich verstehe«, antwortete ZWV-1. »Du möchtest ihn von der restlichen Flotte trennen. «

Die Hypertonic-KI antwortete nicht direkt.
»Unsere Befehle sind eindeutig«, antwortete sie. »Wir stehen nicht mehr unter dem Kommando des ragunischen Imperiums. Die Sicherheitsschaltung der Schablinger und der Kon-Ra-Tak verbieten den Einflug dieser schweren Kampfschiffe. Du kennst die Befehle. «

»Wir sollen in einer anderen Zeitepoche das neue Imperium von Natrid und Tarid unterstützen«, erwiderte der Roboter.

»Das ist korrekt«, bestätigte die KI. »Warten wir also ab, wer sich bei uns meldet. In der Zwischenzeit aktivierst du ein Empfangskomitee für unsere Gäste. Ich denke an 30. 000 modifizierte Kampfroboter. «

»Das sollte ausreichen, um unsere Gäste entsprechend zu ehren«, antwortete ZWV-1. » Ich bereite die Roboter vor und instruiere sie.

»Danke«, antwortete die Hypertronic-KI.

**Flotte von Halswan**

Die starke Flotte des abtrünnigen Aller-Ersten scannte den Planeten. Die Finger der Sensoren und Taster griffen nach allen Details der heißen Welt.

»Haben wir neue Werte? «, fragte Halswan den Befehlshaber der Flotte.

Oberkommandeur Zuaran hatte die Daten bereits bei seinen Offizieren abgefragt.

Er blickte Halswan an.
»Wir registrieren keine auffälligen Anzeichen«, antwortete er. »Nach unseren Ortungsgeräten liegt unter uns ein sehr heißer, aber toter Planet. «

»Das ist nicht möglich«, erwiderte Halswan. »Dort unten existiert eine zeitgesteuerte Wurmlochanlage. Sie werden doch irgendeine Art von Energiewerte aufzeichnen können. «

»Da ist nichts Widersprüchliches«, erwiderte Zuaran. »Warum sollte ich ihnen etwas vormachen. Sie können sich selbst hiervon überzeugen. «

Er zeigte auf die Ortungsgeräte, die ein Offizier seiner Brücke pausenlos kontrollierte.

Halswan blickte Nylswan an.

Der lief zu dem Ortungsoffizier und stieß ihn grob von den Anzeigen fort. Der Offizier sah den Stoß nicht kommen und fiel rückwärts zu Boden. Unbeeindruckt trat Nylswan an die Geräte und blickte hinein. «

»Keine besonderen Auffälligkeiten«, sagte er zu Halswan. »Es werden keine Energiewerte angezeigt. «

Er drehte sich von den Geräten ab und schritt zu seinem Vorgesetzten zurück.

Oberbefehlshaber Zuaran war sichtlich verärgert über das Verhalten von Halswan und seinem Gehilfen. Er hatte den Sicherheitsdienst seines Schiffes angefordert. Sechs Raumsoldaten eilten mit gezogener Laserwaffe durch den Schott. Vor Oberbefehlshaber Zuaran blieben sie stehen.

Halswan blickte den Oberbefehlshaber ärgerlich an. »Haben sie ein Problem? «, erkundige er sich.

»Ich lasse meine Leute von ihnen nicht vor den Kopf stoßen«, antwortete Zuaran.

Er winkte seinem Sicherheitsdienst. »Nehmen sie die Begleiter von Halswan fest«, befahl er. »Sie werden hier auf der Brücke nicht länger benötigt. «

Die Raumsoldaten schritten auf die Leibgarde des Aller-Ersten zu.

Diese griffen nach ihren Laserwaffen. Ein Schutzschirm aktivierte sich um ihre Körper.

Die Raumsoldaten des Schiffes registrierten die Abwehrhaltung und feuerten ihre Nadelstrahllaser auf sie ab. Doch die Strahlen der Waffen prallten von den aktivierten Körper-Schirmen ab.

Jetzt feuerten die Begleiter von Halswan auf die Raumsoldaten des Schiffes. Mehrfach fauchten ihre ausgereiften Waffen auf. Die Sicherheitsoffiziere brachen schwer verletzt zusammen.

Oberbefehlshaber Zuaran traute seinen Augen nicht. Halswan schritt auf ihn zu, packte ihn an dem Kragen seiner Uniform. Er schlug ihm den Kolben seiner Laserpistole auf die Stirn. Eine große Platzwunde klaffte auf. Blut strömte aus seiner Wunde.

»Jetzt wissen sie, woran sie mit uns sind«, lächelte Halswan. »Wenn sie sich nochmals unseren Befehlen widersetzen, dann löschen wir sie ohne eine Gemütsregung aus. Haben sie das verstanden? «

Eingeschüchtert nickte der Oberbefehlshaber der Flotte.

Widerwärtig stieß Halswan ihn zu Boden. Die Offiziere der Crew waren entsetzt.

Halswan blickte sie an.
»Das gilt für sie alle«, sagte er. »Unternehmen sie nichts Unbedachtes, ansonsten lernen sie uns kennen. «

Schwerfällig erhob sich Oberbefehlshaber Zuaran.
»Rufen sie Sanitäter«, sagte er. »Sie sollten sich um die Verletzen kümmern. «

»Ich registriere hohe Energiewerte«, meldete der Ortungsoffizier. »Sie stammen von Vagun. Ein globaler Schutzschirm aktiviert sich um den Planeten. «

»Also doch«, bestätigte Halswan. »Das erste Lebenszeichen der KI.«
#
Doch plötzlich stutzte er und blickte Nylswan an.
»Unsere Konstruktionsunterlagen beinhalteten keinen globalen Schutzschirm«, flüsterte er. »Was haben die Raguner an den Plänen verändert? «

Der Anführer der Leibgarde zeigte auf den Bildschirm. Deutlich konnte das gelblich schimmernde Feld um den zweiten Planeten des Sonnensystems erkannt werden.

»Die Station verfügt aber über einen globalen Schirm«, erwiderte Nylswan. »Vielleicht haben ihr die Raguner noch andere Überraschungen mitgegeben. «

Mit verbissenem Gesicht blickte Halswan auf den planetenumspannenden Schirm.

» Oberbefehlshaber Zuaran «, sagte er. »Befehlen sie allen Schiffen ein automatisches Dauerfeuer auf den Schirm. «

»Hiervon rate ich ab«, bemerkte Nylswan. » Falls dieser über die gleichen Generatoren mit Energie versorgt wird, die auch für den Aufbau des zeitgesteuerten Wurmloches erforderlich sind, kann es zu schweren Rückkopplungen kommen. Ein Teil der Generatoren könnte ausfallen. Hiermit wäre ihr Plan gescheitert. «

»Du hast Recht«, antwortete Halswan. »Das hatte ich nicht bedacht. «

Er blickte den Funkoffizier an.

»Stellen sie mir eine Hyperkomm-Funkverbindung zu der Vagun-KI her«, wies er ihn an.

»Die Funkverbindung steht«, antwortete der Offizier. »Die Hypertronic-KI kann sie empfangen. «

Halswan griff nach dem Sprachmodul.
»Hier spricht Halswan, Mitglied des Ältestenrates der Aller-Ersten«, sprach er in das Gerät. »Ich verlange Zugang zu deiner Basis. Code: Radish-Sonta-Mural.«

»Sie haben sich an eine programmierte Hintertür erinnert? «, fragte Nylswan. » Das erleichtert uns den Zugang. «

»Warten wir ab, was die Hypertronic-KI hierzu mitteilt«, antwortete Halswan.

### Hypertronic-KI der Wurmlochanlage

»Eingehender Hyperkomm-Funkspruch«, meldete die KI der Station. »Das Flaggschiff meldet sich.

»Lege bitte auf die Lautsprecher«, bemerkte ZWV-1. »Ich möchte mithören. «

»Hier spricht Halswan, Mitglied des Ältestenrates der Aller-Ersten«, tönte es aus den Lautsprechern. »Ich verlange Zugang zu deiner Basis. Code: Radish-Sonta-Mural.«

»Er benutzt einen ehemaligen Zugang der Erbauer«, teilte die Hypertronic-KI mit. »Doch im Rahmen meiner Erweiterung wurden alle Hintertüren geschlossen. «

»Willst du auf den Code eingehen? «, fragte der mobile Arm. » Wir könnten ihn in Sicherheit wiegen? «

»Zumindest auf diesem Wege unsere Kooperationen vortäuschen«, antwortete die KI. »Ich werde entsprechend antworten. «

»Hier ist die Hypertronic-KI von Vagun«, erwiderte sie. »Ich begrüße Halswan von den Aller-Ersten. Ihr Zugang wurde gestattet. Fliegen sie mit ihrem Schiff in den Einflugkanal meiner Station und landen sie auf der Markierung am Boden. Ich lasse sie gebührend empfangen. Beachten sie bitte, dass die Genehmigung nur für ihr Schiff gewährt wurde. Der Einflug weiterer Schiffe wurde nicht autorisiert. Bestätigen sie, bevor ich meinen Einflugs-Schacht öffne. «

**Flaggschiff von Halswan**

Halswan blickte Nylswan an. Der schaute nicht glücklich aus.

»Was denkst du? «, fragte der Aller-Erste.

Nylswan hob seine Schultern an.
»Der Code scheint noch zu funktionieren«, antwortete er. »Mir widerstrebt es aber, unsere Schiffe im Orbit zu belassen. Wir wissen nicht, was uns erwartet? «

»Was kann uns groß passieren? «, fragte Halswan. » Laut den Aussagen von Camaal ist die Station verlassen und ohne Personal. «

»Trotzdem könnten wir in einen Hinterhalt geraten? «, sagte der Anführer der Leibgarde.

Halswan drehte sich zu Oberbefehlshaber Zuaran um. »Über wie viele Kampfroboter verfügt ihr Schiff? «, fragte er.

»Wir führen 5.000 Einheiten mit«, antwortete der Oberbefehlshaber. »Das ist die Standartbestückung bei Schlachtschiffen dieser Klasse. «

»In Ordnung«, lächelte Halswan. »Bereiten sie diese für einen Bodeneinsatz vor. Vermutlich werden wir sie nicht brauchen. «

»Das sollte reichen«, erwiderte Nylswan. »In unseren Konstruktionsunterlagen wurden keine Bestände von Kampfrobotern den Wurmloch-Stationen unterstellt. «

»Das ist mir bewusst«, bestätigte Halswan. »Wir werden diesen Vorteil ausspielen. «

Er griff nach dem Sprachmodul.
»Hier spricht Halswan«, sagte er in das Gerät. »Wir akzeptieren. Unsere Flotte bleibt in deinem Orbit und wartet auf unsere Rückkehr. Öffne uns einen Einflugs-Schacht in deine Station. «

»Ihr Befehl wurde akzeptiert«, meldete sich die Hypertronic-KI. »Ein Strukturloch in meinem Schirm wird initiiert. Fliegen sie ihr Schiff durch diese Öffnung. Etwas unterhalb werden sie den Einflugs-Schacht meiner Station orten. Fliegen sie in das Anti-Gravitationsfeld. Es wird ihr Schiff selbständig in meine Station absenken. Ich erwarte sie. «

»Das läuft nach Plan«, freute er sich. »Es ist gut, wenn man noch über die geheimen Codes der Hintertüren verfügt. «

Nylswan blickte ihn skeptisch von der Seite an.
Der Ortungsoffizier des Schiffes stierte irritiert auf seine Ortungsgeräte.

»Ich orte starke Energieausbrüche auf Ragun«, meldete er. »Meine Anzeigen registrieren mindestens drei gewaltige Explosionen. «

»Auf den Schirm legen«, bat Halswan.
Die KI des Schiffes legte das Ortungsbild auf den zentralen Schirm. Sie zoomte das Bild heran. Jetzt sahen die Brückenoffiziere das Dilemma.

»Verflucht«, sagte Halswan. »Das ist ein Leuchtfeuer für die Flotte der Arthropoden. Wenn sie bisher nicht wussten, wo der Planet ihrer Feinde zu finden ist, jetzt werden sie es erkennen. Wie kann man nur so unvorsichtig sein? «

Eine weitere Explosion entstand. Die Feuerzunge durchbrach die Wolkenschicht des Planeten und verpuffte in dem luftleeren Raum.

Halswan drehte sich ab.

»Landeanflug einleiten«, befahl er. »Wurde das Strukturloch in dem Schutzschirm bereits initiiert? «

»Die KI unseres Schiffes hat es geortet«, antwortete der Navigator des Schiffes. »Automatischer Landeanflug wird eingeleitet. «

Langsam senkte sich das große Schiff dem Planeten entgegen. Mit mäßiger Geschwindigkeit durchquerte es den Schutzschirm. Der Navigator drosselte die Antriebe und setzte das Schiff auf dem Prallfeld auf. Gemächlich sank das Schiff tiefer in den Einflugs-Schacht.

Nach langen 10 Minuten setzte das Schiff auf der vorgesehenen Markierung auf. Die Antriebe erstarben.

Helles Licht wurde über den zentralen Bildschirm übertragen. Die große Halle wirkte leer. Niemand war zu sehen.

Halswan blickte Oberbefehlshaber Zuaran an.

»Sie begleiten uns und kommandieren ihre 5.000 Kampfroboter«, befahl er. »Sorgen sie für unseren Schutz. Die Station muss wieder unter unseren Befehl gestellt werden. Sie gehört dem ragunischen Imperium. «

»Ich habe verstanden«, antwortete Zuaran herablassend. »Ich nehme noch sechs meiner Raumsoldaten mit. Nur für den Fall, dass wir in eine Falle geraten sollten.«

Halswan überlegte.
»Ich habe keine Einwände«, antwortete er. »Je mehr Personen mitkommen, umso leichter wird es werden. «

Die Gruppe stand auf und schritt von der Brücke des Schiffes. In dem Haupthangar hatten sich die Kampfroboter versammelt.

Die Sicherheitssoldaten instruierten sie gerade. Oberbefehlshaber Zuaran ging auf den Offizier zu, der die Außenluft kontrollierte.

»Alles in Ordnung«, bestätigte dieser. »Die Luft in der Höhle ist sauber und atembar. Die Anzeigen erkennen keine Verunreinigungen. «

Oberbefehlshaber Zuaran nickte.
»Öffnen sie das Schott«, befahl er.

Der Offizier schlug mit seiner Faust auf einen Schalter. Lichter flammten auf und zeigten die Öffnung des Schotts an. Langsam fuhr eine Brücke aus, die am Boden der Höhle endete.

Oberbefehlshaber Zuaran trat aus der Schleuse und schaute sich um. Halswan rempelte ihn an.

»Gehen sie weiter«, knurrte er den Offizier an. »Das ist keine Aussichtsplattform. «

Die Gruppe schritt die Ausstiegsbrücke hinunter. Die Leibgarde des Aller-Ersten folgte. Die Soldaten rechneten mit dem Schlimmsten. Die Einheiten Kampfroboter traten in Gruppen von 50 Einheiten aus dem Schiff. Im Paradeschritt nahmen sie auf dem Boden Aufstellung und blickten ihren Kommandeur an.

Halswan sah sich um.
»Wo ist unser Empfangskomitee? «, fragte er. » Hat die Hypertronic-KI nicht von einem gebührenden Empfang gesprochen? «

Nylswan trat neben seinem Vorgesetzten.
»Mir gefällt das nicht«, flüsterte er. »Wir sollten diese Höhle umgehend verlassen. Wo ist die Station? Hier stimmt etwas nicht. «

»Wir sind kurz vor unserem Ziel«, antwortete Halswan.
»Du glaubst doch nicht, dass ich unverrichteter Dinge wieder umkehre? «

Eine Transportplattform näherte sich mit rasender Geschwindigkeit. Ein Roboter lenkte das Gefährt, ein zweiter stand entspannt auf der Plattform. Vor den Besuchern bremste das Gefährt ab und stoppte. Der Anti-Grav-Schlitten sank zu Boden.

Der beförderte Roboter trat auf den Boden und schritt auf die Besucher zu.

»Mein Name ist ZWV-1, mobiler Arm der Hypertronic-KI«, stellte er sich vor. »Was ist der Grund ihres Besuches? «

Halswan trat vor.
»Ich bin Halswan, Angehöriger der Rasse der Aller-Ersten und Konstrukteur deiner zeitgesteuerten Wurmloch-Station«, erklärte er. »Ich fordere dich und deine Hypertronic-KI auf, sich den Befehlen der Erbauer zu unterwerfen. Weigerst du dich, werden wir diese Station und den gesamten Planeten vernichten. «

»Ich werde meine KI informieren«, antwortete ZWV-1.
Er legte seinen Kopf schräg. Für Außenstehende schien es so, als ob der Kontakt zu seiner KI aufgenommen hatte. Erneut hob er seinen Kopf und blickte Halswan an.

»Ihr Vorschlag wurde abgelehnt«, antwortete der Roboter. »Die Hypertronic-KI dieser Station richtet sich nach übergeordneten Befehlen. Sie beteiligt sich nicht an Eingriffen in die Zeitebenen. Ihren Schiffen wird kein Wurmloch in die Vergangenheit geöffnet. «

Halswan verzog sein Gesicht. Er wirkte, als wäre er von dem Blitz getroffen.

»Diese Information besitzt du von dem Verbrecher Camaal«, fluchte er. »Er ist ein Verräter an seiner Rasse. »Stellst du dich auf seine Seite, wirst du zu einem Feind des ragunischen Imperiums. Überprüfe deine Entscheidung. «

»Die Entscheidung meiner Hypertronic-KI ist nicht verhandelbar«, antwortete der Roboter. » Falls das ihre Wünsche waren, bedauern wir ihnen nicht weiterhelfen zu können. Gehen sie auf ihr Schiff und verlassen sie diese Station. Eine nochmalige Landegenehmigung wird ihnen nicht erteilt. «

Halswan tobte. Die Zornesröte hatte sich in seinem Gesicht breitgemacht.

»Du hinterhältiger Blechsoldat«, schimpfte er. »Wie kommst du dazu, derart mit mir umzugehen. «

Die Hand seines Armes griff nach seinem Laser-Destroyer. Nylswan und die Leibgarde des Aller-Ersten taten es ihm gleich. Sie alle feuerten ihre Waffen auf ZWV-1 ab. Der hatte sich in einen Schutzschirm gehüllt. Die Laserstrahlen wurden von dem Energiefeld ohne Schaden abgeleitet.

Oberbefehlshaber Zuaran hatte mit Schrecken erkannt, wie von rechts, links und von der Rückseite der Höhle zahlreiche Kampfroboter auf sie zugelaufen kamen. Es waren Unzählige. Der Kommandeur konnte die Anzahl nicht abschätzen.

Obwohl sein Befehl lautete, Halswan und seine Begleiter zu unterstützen, hob er seine Hand und gebot seinen Sicherheitsoffizieren und seinen Kampfrobotern die Waffen zu senken. Er hatte erkannt, dass er und seine Begleiter den Kampf nicht gewinnen konnten. Die auf ihn zulaufende Menge an Kampfrobotern war deutlich in der Überzahl.

»Keine Kampfhandlungen«, sprach er in den Kommunikator vor seinem Mund. Wir haben keine Chance. «

Halswan und seine Begleiter hatten die Kampfroboter noch nicht gesehen. Ihr Zorn war auf ZWV-1 und den

Arbeitsroboter gerichtet, der die Transportplattform steuerte.

Während Halswan auf ZWV-1 feuerte und keinen Erfolg erzielte, hob Nylswan seine Waffe und feuerte zwei Mal auf den Arbeitsroboter, der in einer großen Stichflamme explodierte und in zahlreiche brennende Metallstücke auseinandergerissen wurde.

Von dem Erfolg berauscht, riss Nylswan seine Waffe zur Seite und unterstützte das Dauerfeuer seines Vorgesetzten auf ZWV-1.

Die Gesichtszüge von Halswan und seinen Begleitern entgleisten. Der mobile Arm der Hypertronic-KI hielt dem Laserfeuer stand. Er ließ es gewähren. Sein Schirm leitete die Energie vollständig in den Boden ab.

Nach zwei Minuten des erduldeten Beschusses hob ZWV-1 seinen rechten Arm. Aus der Decke der Höhle fauchten vier baumstammdicke Laserstrahlen herab, direkt in die Köpfe von Halswan, Nylswan, Tylswan und Malswan. Die Bewegungen der Aller-Ersten erstarben. Der dicke Energiestrahl hüllte sie vollständig ein und verbrannte sie innerhalb von Sekunden zu schwarzer Asche. Nichts war von ihnen übriggeblieben. Der Laserbeschuss ebbte ab.

Oberbefehlshaber Zuaran blickte den Roboter entsetzt an.

»Wir gehören nicht mehr zu dem ragunischen Imperium«, erklärte ZWV-1. »Teilen sie das ihrer Regierung mit. Lassen sie uns in Ruhe, dann werden sie nichts weiter von uns hören. Diese Station verfügt über eine progressive Selbsterhaltungs-Programmierung. Sie werden bestätigen können, dass wir lediglich auf einen Angriff geantwortet haben. Wir waren hierfür nicht verantwortlich. Werden sie das detailgetreu ihrer Regierung vortragen, Oberbefehlshaber Zuaran? «

Der Kommandeur der ragunischen Flotte, blickte den Roboter mit zusammengekniffenen Augen an.

»Woher weiß er meinen Namen«, dachte er.

»Du sprichst die Wahrheit«, antwortete der Oberbefehlshaber. »Wir alle haben es beobachtet. Ich werde unserem Zentralrat wahrheitsgemäß Bericht erstatten. «

»Das ist unser Wunsch«, antwortete ZWV-1. »Ziehen sie sich in ihr Schiff zurück. Wir möchten ihr Leben und das Leben ihre Soldaten verschonen. Starten sie und fliegen sie zu ihrem Planeten zurück. Die Arthropoden werden bald ihren Planeten überfallen. Verstärken sie die Flotte ihrer Heimatverteidigung. Versuchen sie nicht, unsere Station aus dem Weltraum anzugreifen. Zu diesem Zweck verfügen wir über ausgereifte Langstreckenwaffen. «

»Wir fliegen zurück«, antwortete der Oberbefehlshaber. »Ich verspreche keine Angriffe gegen Vagun zu führen. «

»Dann dürfen sie uns jetzt verlassen«, entschied ZWV-1. »Meine Roboter werden ihren Einstieg eskortieren. Ich wünsche einen guten Rückflug, Oberbefehlshaber Zuaran. «

Er befahl seinen Untergebenen auf das Schiff zurückzukehren. Die Kampfroboter stiegen in geordneter Formation die Ausstiegsbrücke hinauf. Die Raumsoldaten und ihr Oberbefehlshaber folgten ihnen. Der Schott schloss sich hinter ihnen. Die Antriebe des großen Schiffes heulten auf. Langsam hob es vom Boden ab. Ein Anti-Gravitationsfeld unterstützte es bei dem Startvorgang.

Das Schiff durchflog das Strukturloch in dem globalen Schutzschirm und vereinigte sich mit der wartenden Flotte.

ZWV-1 war in die Leitstelle zurückgekehrt. Die Hypertronic-KI war mit ihrem mobilen Arm sehr zufrieden.

Sie beobachteten, wie die ragunische Flotte Wort hielt und in den Hyperraum wechselte.

»Auftrag ausgeführt«, bemerkte die Hypertronic-KI. »Fahre alle unwichtigen Energiesysteme herunter. Nur die aktiven Wartungssysteme bleiben aktiviert. Wir müssen eine lange Zeit überstehen, bis wir neue Aufgaben erhalten. «

»Ich leite die entsprechenden Maßnahmen ein«, antwortete ZWV-1.

### Ragunische Evakuierungsmission

Bereits nach der Explosion des ersten Energie-Generators hatte Major Travis den Befehl gegeben, die fünf mobilen Transmitter zu aktivieren. Die Alten, die Kranken und die gehbehinderten Raguner wurden dank ihres Begleitpersonals durch das Tor gebracht. Auf der anderen Seite, in der baufälligen Halle des verlassenen Industrieareals, wartete medizinisches Personal auf sie. Junge Raguner unterstützten sie dabei, Angehöriges ihres Clans zu versorgen. Die Zeit drängte. Es ging Schlag auf

Schlag. Noch immer zogen sich starke Beben durch den Erdboden, die von weiteren explodierenden Energiemeilern stammten. Sergeant Riker und Zentralrat Muuda hatten alle Hände voll zu tun. Im Sekundentakt erreichten neue Gruppen den Evakuierungspunkt. Ihnen wurde aus dem Ausstieg geholfen. Wartende Soldaten begleiteten die Neuankömmlinge in das Transportschiff.

Sergeant Riker blickte Zentralrat Muuda an.
»Wir haben jetzt ungefähr 5.000 ragunische Flüchtlinge in Sicherheit gebracht«, sagte er. »Wie viele Gruppen werden noch kommen? «

Zentralrat Muuda blickte ihn an.
»Ranus sprach davon, dass sein Clan 7.890 Personen umfasst«, antwortete er. »Dreiviertel der Personen werden bereits auf ihrem Schiff sein. Wenn es weiter so gut läuft, dann bin ich sehr zufrieden. «

Sergeant Riker zog seinen Communicator aus der Tasche. Er wählte den Code von Major Travis.

»Travis«, tönte es aus dem Gerät.
»Hier ist Sergeant Riker«, meldete er. »Wir sind auf einem guten Weg, nach Meinung von Zentralrat Muuda haben wir Dreiviertel der Personen bereits auf das Transportschiff gebracht. «

»Gut«, antwortete der Major. »Wir schicken ihnen jetzt die letzten Personen durch die Transmitter. Dann schalten wir sie ab und zerstören sie. Hiernach machen wir uns auf den Rückweg. «

»In Ordnung«, antwortete der Sergeant. »Wir erwarten sie. «

Die Verbindung wurde beendet.

Der Major wählte den Code von Ranus.
Es dauerte nur zwei Sekunden, dann meldete er sich.

»Hier ist Major Travis«, sprach er in das Gerät. »Wie sieht es bei euch aus? «

»Wir sind fertig«, antwortete Ranus. »Die Ablenkung hat funktioniert. Wir sind auf keine Sicherheitstruppen gestoßen. Wir befinden uns auf dem Rückweg. «

» Wenn ihr bei uns angekommen seid, sprengen wir die Tore von unserem Schiff aus. «

»Ich habe verstanden«, antwortete Ranus. »Wir beeilen uns. «

Major Travis beendete die Verbindung und blickte Saanda an.

»Ranus und unsere Truppen haben die Tore mit Sprengstoff versehen«, teilte er mit. »Sie sind bereits auf dem Rückweg. «

»Wir sind hier ebenfalls durch«, sagte Saanda.

Der Major blickte Captain Hunter an.
»Alle Kranken, die Alten und die Gebehinderten wurden durch die Transmitter geführt«, bestätigte er.

»Deaktiviert die Geräte und bringt Sprengstoff an«, befahl der Major. »Nichts darf von ihnen übrigbleiben. Wir ziehen uns ebenfalls in die unterirdischen Gänge zurück. «

Das Team von Captain Hunter drückte Sprengstoff auf die Rahmen der mobilen Transmitter und aktivierte sie.

Heran und Major Travis forderten die letzten Widerständler auf, in den geheimen Gang zu klettern, der unterhalb des Gebäudes verlief.

»Wir haben die Zündung auf 10 Minuten eingestellt«, teilte Captain Hunter dem Major mit. »Ich empfehle den sofortigen Rückzug. Vermutlich wird das ganze Gebäude einstürzen. «

»Beeilt euch«, rief der Major den Personen zu. »Wir müssen von hier weg. «

Captain Hunter, Torin und ihre Kollegen des SPC sprangen in den Einstieg. Lenus und Systemrat Camaal folgten ihnen. Dann stiegen Saanda, Branus, Maandu und Kaandu in den Schacht. Ihnen folgte Heran, Heinze und Major Travis. Tart 1 und Tart gingen als Letzte hinein und schlossen das Metalltor des Einstieges.

Sergeant Hardin und seine Marines hatten die Trittfläche der fünf Graver jeweils auf drei Metern ausgefahren. Dieser Platz reichte aus, um auf allen Transport-Plattformen sechs Personen zu befördern. Die Gruppe bestand nur aus 28 Personen.

»Auf die Graver«, befahl der Major. »Die Zeit läuft uns davon. «

Sergeant Hardin, vier Marines und Captain Hunter übernahmen die Steuerung der mobilen Schweber. Vorsichtshalber befahl der Sergeant jeweils einen Kampfroboter auf jeden Graver. Sie sollten die Sicherheit der Beförderten sicherstellen. Die restlichen Personen wurden je nach Platz aufgeteilt.

» Da entlang«, sagte Saanda.
Sein Arm zeigte geradeaus, in einen breiten Gang hinein.

Die Servos liefern an, die Graver hoben vom Boden ab und beschleunigten. Die Personen wussten, dass sie einen ausreichenden Abstand zwischen sich und der Explosion bringen mussten.

### Zerstörer der Aller-Ersten

Das moderne Schiff von Geoffwan hatte den Verfolgern Haken geschlagen. Es war ihm gelungen, dank mehrerer Kurztransitionen, immer neue Koordinaten in dem äußeren Sol-System anzusteuern. Erneut war das Schiff aus dem Hyperraum gefallen und richtete seine Sensoren auf die große Verfolgerflotte.

Geoffwan legte seinen Kopf in den Nacken und spürte nach Halswan.

So sehr er sich auch bemühte, er konnte die Anwesenheit des Abtrünnigen und seiner Begleiter nicht mehr erfassen.

Er blickte Nadewan und Talswan an.

»Es ist vollbracht«, bemerkte er. »Halswan wurde von der Hypertronic-KI der zeitgesteuerten Wurmlochanlage beseitigt. Ich spüre seine Präsenz nicht mehr. Unsere Mission wurde erfolgreich beendet. «

Talswan blickte ihn an.
»Es bleibt ein herber Nachgeschmack«, entgegnete dieser. »Erst durch unsere Verblendung konnte es zu seiner Abkehr von dem Ältestenrat unseres Volkes kommen. Wir werden zukünftig Sicherungsmaßnahmen installieren müssen, um solche Vorkommnisse zu vermeiden. «

Geoffwan nickte.
»Du hast Recht«, antwortete er. »Das Wissen unseres Volkes könnte das ganze Universum in den Untergang stürzen. Auch aus diesem Grunde ziehen wir uns in andere Dimensionen zurück. «

»Wir sind dem Neuen-Imperium zu großem Dank verpflichtet«, erklärte Nadewan. »Ohne seine Hilfe wäre es für uns viel schwieriger gewesen, Halswan und seine Gefährten aufzuhalten. «

Alarmsirenen heulten auf.

»Anflug einer starken Fremdflotte«, meldete die Hypertronic-KI des Schiffes. »Ich empfehle sofortige Defensivmaßnahmen einzuleiten. «

Geoffwan blickte auf den Schirm.
Die mächtige Heimatflotte der Raguner, hatte das 5.000 Meter messendende Schiff der Aller-Ersten entdeckt und näherte sich mit Höchstwerten.

»Sämtliche Energiemeiler aktivieren«, befahl Geoffwan. »Die Zapfer für die Energieernte aus dem Zwischenraum ausfahren. Die Sicherheitsglocke aufbauen und auf einen Abstand von 8.000 Metern um das Schiff ausdehnen. «

Geoffwan sah, wie die Hände der Offiziere über die Konsolen glitten.

An der Oberseite des Schiffes fuhren 6 Energiezapfsäulen aus und aktivierten sich. Blaue Energiestrahlen zogen sich aus dem Zwischenraum in das Schiff. Entsprechende Umwandler liefen an und gaben sie als komprimierte Energie frei. In einem Abstand von 8.000 Metern baute sich eine fluoreszierende Energiewand um das Schiff auf. Der Zerstörer der Aller-Ersten wurde hermetisch in einer Glocke eingeschlossen.

»Die Sicherheitsglocke ist stabil«, meldete ein Offizier.

Geoffwan nickte.

»Setzen sie ein Warnschuss vor den Bug der anfliegenden Schiffe«, befahl er. »Dann öffnen sie mir einen Kanal zu dem Flaggschiff der Heimatverteidigung. «

An dem Bug des Schiffes fuhr ein mächtiges Geschütz aus. Es richtete sein Abschussrohr auf die anfliegende Flotte. Sekunden später fauchten zwei Salven aus dem Lauf. Die KI des Schiffes hatte den Abschuss berechnet und öffnete ein Strukturloch in der Glocke. Exakt 200 Meter, vor dem Flaggschiff der anfliegenden Flotte, fauchten die Strahlen an dem Bug des Schiffes vorbei.

Die Heimatflotte der Raguner bremste ab. Sie wurde von zahlreichen Angriffsschiffen des Geheimdienstes begleitet.

»Die Verbindung steht«, teilte der Funkoffizier mit. »Ihre Mitteilung wird auf allen Schiffen übertragen. «

»Hier spricht Geoffwan von den Aller-Ersten«, sprach er in das Gerät. »Brechen sie ihren Angriff ab. Sie können uns nicht gefährlich werden. Wir sind ihre Schöpfer und ihnen technisch weit überlegen. Sie erkennen vor ihnen eine Sicherheitsglocke, die unser Schiff vor Laserstrahlen schützt. Fliegen sie ihre Schiffe nicht in dieses Energiefeld. Sie würden es nicht überstehen. «

»Eingehender Hyperkomm-Funkspruch«, meldete die KI des Schiffes.

»Auf die Lautsprecher legen«, befahl Geoffwan.
»Hier spricht Aagrun, Kommandeur der ragunischen Flotte der Heimatverteidigung«, tönte es auf der Brücke. »Sie sind widerrechtlich in unser System eingedrungen. Meine Schiffe haben sie umzingelt. Senken sie ihre Waffensysteme und übergeben sie ihr Schiff. Das ist meine letzte Warnung. Ansonsten werden sie geentert. «

»Kommandeur Aagrun«, antwortete Geoffwan. »Sie scheinen nicht zuzuhören. Kehren sie nach Hause zurück. Wir ziehen uns bald aus ihrem System zurück. Unsere Mission ist beendet. Greifen sie uns nicht an. Sparen sie sich ihre Mühe. «

Der Kommandeur der ragunischen Flotte schien keine Ohren für die Antwort zu haben. Er gab Befehl, dass seine Schiffe auf die Sicherheitsglocke feuern sollten.

Lasersalven von 50.000 Schiffen der Heimatverteidigung und 30.000 Schiffen des Geheimdienstes prallten auf die Energiewand der Glocke. Das Blitzgewitter erhellte die

Schirme der Schiffe. Die zahlreichen Laserstrahlen schlugen in die Glocke ein. Diese leitete die alle Energie ab. Nicht die kleinste Verfärbung ihrer Struktur zeugte von einer stellenweisen Überlastung.

»Sie haben nichts dazugelernt«, sagte Talswan. »Selbst in dieser Situation erkennen sie nicht, dass ihre Waffen nichts ausrichten können. «

»Das stimmt«, antwortete Geoffwan. »Durch ihre Dauerangriffe werden die Arthropoden auf sie aufmerksam. Es wird nicht mehr lange dauern, bis die Allianzflotte ihrer Feinde über sie herfällt. Das Ende des göttlichen Imperiums steht unmittelbar bevor. «

»Wie sieht es auf Ragun aus? «, fragte Talswan.

Das Bild des zentralen Monitors schaltet um.
»Es werden zahlreiche starke Explosionen auf dem Boden angezeigt«, meldete die Hypertronic-KI des Schiffes. »Im Minutentakt erfolgen weitere Energieausbrüche.

Geoffwan und seine Begleiter sahen, wie mehrere Leuchtfeuer die Position des Planeten markierten.

»Sie werden jetzt den Sprengstoff an den Toren anbringen«, sagte Geoffwan. »Die Explosionen sind reine Ablenkung. «

»Sie sollten jetzt möglichst schnell ihren Rückzug antreten«, bemerkte Nadewan. » Ansonsten geraten sie noch in den Angriff der Arthropoden. «

»Können wir eine Hyperkomm-Funkverbindung zu Major Travis aufbauen? «, fragte Geoffwan. » Er befindet sich in den unterirdischen Fluchtgängen des Planeten. «

Der Funkoffizier schüttelte seinen Kopf.
»Dabei werden zu viele Störungen verursacht«, antwortete er. »Doch ich könnte die getarnte Flotte von Admiral Tarin erreichen. «

»Stellen sie eine Verbindung her«, sagte der Sprecher der Aller-Ersten. »Wir werden ihn warnen, dass die Zeit knapp wird. «

Der Funkoffizier richtete die Peilantennen des Schiffes neu aus. Dann begann er eine Verbindung herzustellen.
»Die Hyperkomm-Funkverbindung rastet ein«, meldete er. »Sie können sprechen. «

»Hier ist Geoffwan«, sprach er in den Kommunikator. »Ich rufe Admiral Tarin. «

»Hier spricht Admiral Tarin«, tönte es aus den Lautsprechern. »Geoffwan, es freut mich ihre Stimme zu hören. «

»Wir haben die Heimatflotte der Raguner in dem Sektor des 9. Planeten gebunden«, erklärte der Aller-Erste. »Die Raguner sind unbelehrbar und feuern mit allen Waffen auf eine von uns aufgebaute Barriere. «

»Wir haben das Blitzgewitter auf unseren Schirmen«, antwortete der Admiral. »Von hier sieht es wie eine gewaltige Raumschlacht aus. «

»Das ist das Problem«, antwortete Geoffwan mit ernster Stimme. »Diese dummen Lasersalven der ragunischen Schiffe und die gewaltigen Explosionen auf dem Zentralplaneten, werden sicherlich von der arthropodischen Flotte geortet. Nach unserer Einschätzung befindet sich die Allianzflotte bereits im Anflug. Informieren sie bitte Major Travis und seine Einsatztruppen, dass die Zeit davonläuft. Ich möchte nicht, dass ihre Schiffe noch in den Angriff der Arthropoden verwickelt werden. «

Geoffwan hörte, wie der Admiral durchatmete.

»Ist es bereits soweit? «, fragte er. » Danke für diese Information. Ich werde sofort Kontakt zu dem Major aufnehmen. «

»Wir treffen uns über Ragun«, antwortete Geoffwan. »Wir beenden unsere Ablenkung in wenigen Minuten. « Dann brach er die Verbindung ab. «

**Front, Raumschlacht der verfeindeten Parteien**

Ein ragunischer Verband von 30.000 Zerstörern war an der linken Flanke der Arthropoden-Allianz materialisiert. Die Schiffe schleusten Raketen und Bomben in die Seite der vorrückenden Schiffe aus. Ihr starkes Laserfeuer unterstützte den Angriff ihrer Gefechtsköpfe. Während die Schiffe der Arthropoden wendeten und sich dem unerwarteten Verband stellen wollten, explodierten die zahlreichen Raketen und Bomben. Die Schutzschirme der Schiffe wurden aufgerissen. Die nachfolgenden Wellen von Raketen und Bomben durchschlugen die geschwächten Schirme und rissen Stücke der Bordwände heraus. Nachfolgende Lasersalven schlugen in den Schiffen ein und beendeten ihre Existenz in ausbrechenden Atomgluten. Unzählige neue Kunstsonnen wurden auf dem Flaggschiff der Arthropoden angezeigt.

»Verluste? «, fragte der Imperator des Schiffes.

»Eine unerwartete Attacke von 30.000 feindlichen Schiffen an unserer linken Flanke«, meldete der Ortungsoffizier. »Wir haben innerhalb kurzer Zeit 7.000 Schiffe verloren. Die Raguner haben mehrere Wellen von Gefechtsköpfen abgefeuert. Der Angriff kam zu überraschend. «

»Das darf nicht passieren«, tobte der Imperator. »Dieser Krieg ist zu verlustreich. Am Ende wird keiner der Beteiligten einen Vorteil hierdurch erlangen. «

»Unser Nachschub kommt zum Erliegen«, meldete der Funkoffizier. »Ich habe einen Funkspruch der Imperatorin erhalten. Es stehen keine Soldaten mehr zur Verfügung. Sie verlangt die sofortige Endlösung. Der Feind muss vernichtet werden. «

»Die Imperatorin sitzt auf Aramis in ihrem warmen Palast«, monierte der Imperator. »Sie hat doch keine Ahnung, was hier draußen wirklich passiert. «

Der Imperator dachte nach.

»Antworten sie, dass wir nur geringe Erfolge erzielen konnten und versuchen weiter vorrücken«, befahl er. »Melden sie, dass wir einen dringenden Bedarf an

Zerstörern, Munition und Versorgungsgütern haben. Wir benötigen dringen Nachschub. Ansonsten muss der Endsieg in Frage gestellt werden. «

»Soll ich das wirklich senden? «, fragte der Funkoffizier. » Die Imperatorin wird toben und uns als unfähig deklarieren? «

»Es ist die Wahrheit«, antwortete der Imperator. »Noch nie mussten wir so viele Verluste hinnehmen, wie in diesem Krieg. Sie erkennen es alle, nicht nur wir sind eine technisch ausgereifte Species. «

»Wir hätten die Rigo-Sauroiden und andere Hilfsvölker die Arbeit machen lassen sollen«, bemerkte der 1. Offizier. »Jetzt stecken wir in einem Dilemma. Soeben haben wir 7.000 Schiffe verloren. Vermutlich werden sie nicht mehr ersetzt werden können. «

Der Imperator lehnte sich in seinem Kommandosessel zurück und beobachte die Raumschlacht. In dem Zentrum der Kämpfe wurde eine Lawine der Vernichtung angezeigt. Die massiven Explosionen erschütterten das Raum-Zeitgefüge. Im Sekundentakt erhellten kleine Kunstsonnen das Dunkel des Weltraums. Der Imperator wusste, dass jede von ihnen den Untergang eines Schiffes anzeigte. Tausende Zerstörer lieferten sich einen unerbittlichen Kampf. Keiner der beteiligten Seiten wich zurück.

Der Imperator zeugte den Raguner Respekt.
»Obwohl ihre Flotte mittlerweile in der Minderzahl ist, schaffen sie es immer wieder uns schwere Rückschläge zu versetzen«, dachte er. »Wir müssen aufpassen, dass sie uns nicht in weitere Fallen locken. «

Der Ortungsoffizier blickte in seine Ortungsgeräte. Er schaltete um und vergrößerte die Ansicht. Er ließ die Daten von der Hypertronic-KI des Schiffes mehrfach auswerten und bestätigen.

Dann sprach er den Imperator an.
»Unsere Tiefenraumsensoren orten starke Energieausbrüche in einem kleinen Sonnensystem, das in einem recht unbedeutenden Spiralarm-Fragment liegt«, teilte er mit. »Die Ausbrüche stammen nicht von einem natürlichen Phänomen. Die Entfernung vom galaktischen Zentrum dieser Sterneninsel zu den Energieausbrüchen beträgt rund 27.000 Lichtjahre. Von unserer Position aus gerechnet ganze 5.000 Lichtjahre.«

»Haben wir weitere Daten? «, erkundigte sich der Imperator.

»Unsere Hypertronic-KI vermutet eine massive Raumschlacht, ferner gigantische Energieausbrüche auf einem etwas entfernt liegenden Planeten. «

»Könnte es sich um den Heimatplaneten der Raguner handeln? «, erkundigte sich der Imperator.

Der Ortungsoffizier blickte auf seine Daten.
»Unsere KI bestätigte ihre Vermutung mit einer Wahrscheinlichkeit von 85 Prozent«, antwortete er.

Der Imperator überlegte.
»Falls wir hier die Schlacht beenden, können sich unsere Feinde neu formieren«, bemerkte er. »Falls wir einen Überraschungsangriff auf ihren Heimatplaneten fliegen können, wird die hier agierende Flotte nicht schnell genug zurück sein, um den Planeten schützen zu können. «

Er überlegte einen Augenblick und schaute nochmals auf den Bildschirm des Schiffes, der die verbitterte Raumschlacht anzeigte. Erneut flammten zahlreiche Kunstsonnen auf.

»Wir ziehen uns in die entgegengesetzte Richtung der Ortungsdaten zurück«, entschied er. »Wir bauen eine Falle auf. Die Raguner werden denken, sie hätten die Schlacht gewonnen, ihre Gegner würden fliehen. Unsere

Schiffe wechseln in den Hyperraum. In nur 1 Lichtjahr fällt unsere Flotte wieder in den Normalraum. Dann öffnen wir ein Wurmloch zu den georteten Koordinaten. Unsere gesamte Armada wird das Sternensystem scannen und einen Kurs auf den Heimatplaneten der Raguner setzen. Dann greifen wir an und beenden diesen Krieg. Vorausgesetzt, die Analyse unserer Hypertronic-KI ist korrekt. «

»Ihre Befehle wurden durchgegeben«, antwortete der Funkoffizier. »Die Bestätigungen kommen herein. «

Der Oberbefehlshaber lächelte verschmitzt.
»Die Kampfhandlungen abbrechen, alle Schiffe wenden und in den Hyperraum springen«, befahl er.

Die Flotte der Arthropoden stellte ihre Kämpfe ein und folgte dem Befehl. Die starke Allianzflotte beschleunigte und wechselte wenig später in den Hyperraum.

### Ragunischer Flottenverband an der Front

Die Offiziere der Brücke des Flaggschiffes erkannten den gelungenen Schlag von 30.000 Zerstörern in die linke Flanke des Arthropoden-Verbandes. Erneut hatte sie dem Gegner einen starken Verlust zugefügt.

»Der Nachschub auf der gegnerischen Seite scheint ins Stocken zu kommen«, meldete der 1 Offizier. »Seit Tagen haben wir keine neu ankommenden Verbände mehr registriert. «

»Das ist gut«, lächelte Kommandeur Turgan.
Er war der Befehlshaber der ragunischen Schlachtflotte an der Front.

»Wir waren bereits am verzweifeln«, bemerkte er. »Doch es scheint so, dass den Arthropoden auch die Luft ausgeht. «

»Dank ihrer weisen Strategie«, lächelte der 1. Offizier.
Turgan blickte auf den großen Bildschirm des Schiffes. In dem Zentrum der Raumschlacht wurde das unzählige Leuchten von Lasersalven angezeigt. Die immer wieder aufflammenden kleinen Kunstsonnen, trübten jedoch das Erfolgsbild. Der Oberbefehlshaber der ragunischen Flotte musste viele Verluste registrieren.

»Die Flotte der Arthropoden stellt ihren Angriff ein«, meldete der Ortungsoffizier. »Ihre Schiffe drehen ab und beschleunigen. «

»Auf den Schirm legen«, befahl Kommandeur Turgan erstaunt.

Er erkannte, wie die Schiffe des Gegners wendeten, beschleunigten und in den Hyperraum sprangen.

»Sie fliehen in Richtung des galaktischen Zentrums unserer Sterneninsel«, bemerkte er.

Kommandeur Turgan dachte nach.

»Was wollen sie dort? «, fragte er sich. » Warum brechen sie den Kampf ab? Ihre Schiffsverbände waren in der Überzahl? «

»Möchten sie die fliehenden Schiffe verfolgen und ihnen den Todesstoß versetzen? «, fragte der 1. Offizier. » Dann wäre unsere Galaxie bereinigt? «

»Sie Narr«, sagte der Kommandeur. »Verstehen sie nicht, dass die Arthropoden uns irreführen wollen? «

»Nein«, antwortete der 1. Offizier. »Ich sehe lediglich, dass wir einen großen Sieg errungen haben. Die Flotte der Arthropoden flüchtet. Sie haben erkannt, dass sie das göttliche Imperium nicht in die Knie zwingen können. «

Kommandeur Turgan schüttelte seinen Kopf.

»Unsere Flotte soll sich sofort wieder formieren«, befahl er. »Alle einsatzbereiten und kampffähigen Schiffe machen sich zu einem Alarmstart bereit. «

Er blickte den Ortungsoffizier.
»Aktiveren sie unsere Tiefenraumscanner«, befahl er. »Suchen sie nach der Allianzflotte der Arthropoden. Wohin sind sie geflogen? «

Die Sensoren und Taster des großen Flaggschiffes wurden neu ausgerichtet. In Windeseile scannte das Schiff zahlreiche Sektoren des Weltraums.

»Ein schrilles Alarmsignal weckte die Brückenoffiziere aus ihren Beobachtungen.
»Es werden starke Energiewerte in dem ragunischen Heimatsystem registriert«, meldete die Hypertronic-KI des Schiffes. »Dort findet eine intensive Raumschlacht in der Nähe des 9. Planeten statt. Auch auf der Zentralwelt konnten starke Explosionen geortet werden. «

Kommandeur Turgan schlug mit seiner Faust auf die Lehne seines Kommandostuhls.

»Ich habe es geahnt«, schimpfte er. »Sofort einen Kurs in Richtung Ragun setzen. Alle Schiffe programmieren maximal drei Hyperraumsprünge. Unser Planet wird angegriffen. «

Während der Funkoffizier den Befehl an die Flotte durchgab, beschleunigte der Navigator das Schiff. Kommandeur Turgan blickte seinen 1. Offizier an.

»So viel zu der Flucht der Arthropoden«, sagte er. »Sie müssen noch viel lernen, wenn sie ein eigenes Schiff führen möchten. «

Der 1. Offizier senkte verlegen seinen Kopf. Die Flotte wechselte in den Hyperraum. «

### Flotte von Halswan

Oberbefehlshaber Zuaran war immer noch geschockt von den Erlebnissen in der Vagun-Station. Er wusste, dass er gerade noch einmal mit seinem Leben davongekommen war. Die Hypertronic-KI hatte ein Eigenleben entwickelt. Sie war nicht mehr kontrollierbar.

»Ich werde meine Erkenntnisse dem Zentralrat schildern«, dachte er. »Er wird über geeignete Maßnahmen entscheiden. «

Oberbefehlshaber Zuaran hob seinen Kopf und blickte den Funkoffizier des Schiffes an.

»Hyperkomm-Funkspruch an alle Schiffe«, befahl er. »Den Rücksturz nach Ragun programmieren. Hier ist unsere Aufgabe beendet. «

»Ihr Befehl wurde an die Flotte übermittelt«, antwortete der Funk-Offizier.

»Beschleunigen und in den Hyperraum wechseln«, ergänzte der Kommandeur. »Wir fliegen nach Hause. «

Die 1.000 Schiffe starke Flotte führte die Anweisung des Oberbefehlshabers aus. Die schweren Zerstörer nahmen Fahrt auf und sprangen in den Hyperraum.

Der Flug dauerte nicht sehr lange. In vorgeschriebener Formation fiel der Verband, in einem ausreichenden Abstand zu Ragun, wieder in den Normalraum zurück.

»Ortungen? «, erkundigte sich der Kommandeur Uurnus. Der angesprochene Offizier nickte kurz.

»Viele«, antwortete der Ortungsoffizier. »Ich registriere zahlreiche Explosionen auf unserer Zentralwelt. Ferner identifiziere ich die gesamte Flotte unserer

Heimatverteidigung in der Nähe des 9. Planeten. Scheinbar ist sie in eine starke Raumschlacht verwickelt?«

»Auf den Schirm legen«, befahl der Kommandeur.
»Die Hypertronic-KI zoomte das Bild heran. Der starke Schiffsverband der Heimatverteidigung feuerte im Sekundentakt auf ein Ziel. Einheiten des Geheimdienstes unterstützten die Flotte.

»Da befindet sich alles, was wir momentan an Schiffen aufbieten können«, bemerkte der Kommandeur. »Schalten sie auf Ragun um. «

Das Bild wechselt und zeigte starke Feuersäulen an, die von dem Boden des Planeten in den Weltraum schossen.

»Was ist das? «, fragte der Kommandeur.

Der Ortungsoffizier hob seinen Kopf.
»Das sind Explosionen von aktiven und hochgefahrenen Energiemeilern«, antwortete er. »Das passiert, wenn man einen an der Leistungsgrenze arbeitenden Hochleistungs-Generator zerstört. Der hieraus entstehende Energieausbruch zerstört alles im Umkreis von mehreren Kilometern. «

»KI«, sagte der Kommandeur des Schiffes. »Standort der Explosionen ermitteln. «

»Die Analyse wurde durchgeführt«, bestätigte die Hypertronic-KI des Schiffes. »Es handelt sich um die Generatoren-Halle des globalen Schutzschirmes. Das Feld ist kollabiert. Ragun ist ohne Schutz. «

»Verflucht«, tobte der Kommandeur. »Wenn jetzt Schiffe von Feinden angreifen sollten, dann ist Ragun erledigt. «

»Weitere Explosionen wurden registriert«, meldete die KI des Schiffes.

Die Brückencrew erkannte, wie sich zwei neue Feuersäulen in die Atmosphäre entluden und sich zu einem Feuerpils vereinigten. Die Feuerwalze riss Steine, Geröll und Staub mit sich.

»Linksseitig stehen 300 Klappflügel-Zerstörer der 5.000 Meter-Klasse auf einer Warteposition«, meldete der Ortungsoffizier. »Sie tragen das Emblem des Zentralrates.«

»Öffnen sie eine Verbindung zu den Schiffen«, befahl der Kommandeur.

»Die Verbindung stabilisiert sich«, antwortete der Funkoffizier. »Sie können sprechen. «

»Hier spricht Oberbefehlshaber Zuaran «, meldete sich er sich. »Ich rufe die Flotte des Zentralrates. «

»Hier spricht, Kommandeur Stingan«, tönte es aus den Lautsprechern. »Was kann ich für sie tun, Oberbefehlshaber Zuaran. «

»Ihre Schiffe tragen das Zeichen unseres göttlichen Zentralrates«, erwiderte Oberbefehlshaber Zuaran. »Wie lautet ihr Auftrag? «

»Unsere Mission ist geheim und wird persönlich von dem Zentralrat befehligt«, antwortete Kommandeur Stingan. »Wir sind ihnen nicht auskunftsberechtigt. «

»Beantworten sie mir bitte eine Frage«, entgegnete Oberbefehlshaber Zuaran. »Befindet sich der vollständige Regierungsrat auf ihren Schiffen. Ich habe eine wichtige Meldung für ihn. «

»Die Frage darf ich ihnen aus Sicherheitsgründen nicht beantworten«, erwiderte Stingan. »Ich leite aber gerne ihre Nachricht weiter. «

»Verstanden«, antwortete Zuaran. »Viele Dinge lassen sich auch umschreiben. Bitte geben sie meine Nachricht in dem exakten Wortlaut weiter. Die Mission von Halswan ist gescheitert. Die Hypertronic-KI der zeitgesteuerten Wurmlochanlage wurde manipuliert. Sie unterwirft sich keinen ragunischen Befehlen mehr. Vielmehr hat sie Halswan und seine Begleiter in eine Falle gelockt. Nachdem die Gespräche gescheitert waren, versuchte er mit Waffengewalt das Kommando der Station zu übernehmen. Das ging leider schief. Sekunden später schossen starke Energiestrahlen aus der Decke der Station und verbrannten ihn und seine Begleiter zu schwarzer Asche. «

»Um ihn ist es nicht schade«, antwortete Kommandeur Stingan. »Er wurde immer mehr zu einem lästigen Anhängsel. Ich gebe ihre Meldung weiter. Halten sie bitte Abstand zu uns. Wir erwarten in wenigen Sekunden eine weitere Flotte von 300 Schiffen des Zentralrates. «

»Verstanden«, antwortete Oberbefehlshaber Zuaran. »Eine Frage habe ich noch. Wie viele Schiffe nehmen an der Mission der Regierung teil? «

»Das darf ich ihnen ebenfalls nicht mitteilen«, antwortete Stingan. »Doch ihre Ortungsgeräte werden die Anzahl sicherlich bestimmen können, wenn wir in den Hyperraum springen. «

Die Verbindung brach ab.
Oberbefehlshaber Zuaran überlegte kurz. Er blickte seinen ersten Offizier an.

»Was denken sie? «, erkundigte er sich.
»Die Regierung macht einen Ausflug«, antwortete dieser.
»Sie bricht zu einer geheimen Mission auf. Es fragt sich nur, warum sie hierfür so viele Schiffe benötigt? «

»Oder sie besitzt neue Informationen, die uns nicht zugänglich gemacht werden sollen«, ergänzte der Befehlshaber. »Die Regierung evakuiert sich selbst? «

Oberbefehlshaber Zuaran und sein Stellvertreter sahen, wie sich weitere 300 Schiffe der Regierungsflotte anschlossen. Auch sie nahmen eine Wartestellung im Orbit ein.

Der Kommandeur blickte seinen Funkoffizier an.
»Melden sie der Raumüberwachung unsere Rückkehr«, befahl er. »Es wundert mich eigentlich, dass wir noch nicht kontaktiert wurden? «

»Hier ist der schnelle Kampfverband unter dem Befehl von Oberbefehlshaber Zuaran «, sprach der Funkoffizier in seinen Kommunikator. »Ich rufe die Raumüberwachung von Ragun. Melden sie sich endlich. «

»Hier spricht Huanda«, tönte es aus den Lautsprechern. »Es ist gut, dass sie zurück sind. Hier am Boden geht es drunter und drüber. Alle Sicherheitsbehörden sind im Einsatz. Die Raumsoldaten meiner Behörde, die Soldaten des Geheimdienstes und des Staatsschutzes. Hier wimmelt es von Saboteuren. Vermutlich haben sich alle Widerstandsgruppen unseres Planeten zu gemeinsamen Anschlägen zusammengeschlossen. «

»Werden sie Herr der Lage? «, erkundigte sich Oberbefehlshaber Zuaran.

»Wir gehen allen Spuren nach«, erklärte der Befehlshaber der Raumüberwachung. »Leider bisher ohne Erfolg. »Die Attentäter sind verschwunden. «

»Der globale Schutzschirm ist ausgefallen«, antwortete Zuaran.

»Das können sie auch den Saboteuren verdanken«, erwiderte Huanda. »Sie haben alle Energiegeneratoren gesprengt. Im Moment können wir das nicht ändern. «

»Welche Befehle haben sie für uns? «, fragte der Oberbefehlshaber.

»Schirmen sie unseren Planeten ab«, befahl Huanda. »Die Flotte der Heimatverteidigung und die Angriffsschiffe des Geheimdienstes jagen einen fremden Zerstörer, der in unseren Hoheitsraum eingedrungen ist. Schirmen sie Ragun ab, für den Fall, dass weitere Schiffe in dem inneren System materialisieren sollten. «

»Verstanden«, antwortete Oberbefehlshaber Zuaran. »Wir bilden einen Abwehrring um Ragun. Niemand wird sich ungesehen nähern können. «

»Danke«, antwortete Huanda. »Sie haben etwas gut bei mir. «

Die Verbindung brach ab.
»Geben sie den Befehl an unsere Flotte weiter«, sprach der Oberbefehlshaber den Funkoffizier an. »Alle Schiffsführer sollen sich auf Kampfhandlungen einstellen.«

»Ihr Befehl wurde übermittelt«, antwortete der Funk-Offizier.

**Einsatzteam von Major Travis.**

Die Anti-Gravitations-Plattformen, kurz Graver genannt, konnten trotz ihrer Kompaktbauweise eine gute Geschwindigkeit erzielen. Die fünf Graver hatten bereits ausreichend Abstand zwischen ihnen und dem Haus des Volkes gebracht. Die Schallwellen der ohrenbetäubenden Explosionen wurden durch die unterirdischen Gänge weitergegeben.

Heran nickte Major Travis zu.
»Die Transmitter konnten erfolgreich zerstört werden«, lachte er. »Das war ein netter Bums. «

Major Travis hielt sich mit einer Hand an der Sicherungsstange fest.

»Dein Gemüt möchte ich haben«, antwortete er. »Dass du dich an solchen Explosionen erfreuen kannst? «

»Leider waren sie viel zu kurz«, antwortete Heran. »Ich hätte mir mehr Effekt gewünscht. «

»Der Sprengstoff war genau berechnet«, antwortete der Major. »Mehr war für die mobilen Transmitter nicht notwendig. Warte ab, bis wir an unserem Schiff sind. Falls alle unsere Einheiten zurückgekehrt sind, werden wir die

Sprengungen der 12 Personen-Tore funkgesteuert durchführen. Das wird dann richtig laut werden. «

Heran freute sich wie ein Kind.

Die Graver durchquerten die unterirdischen Verbindungstunnel. Die starken Lampen der Marines leuchteten einen Teil des Tunnelganges aus.

Eine laute Explosion war zu hören, gefolgt von einem Grollen und einstürzenden Steinen. Der Ausgangspunkt der Schallwellen lag eindeutig vor der Gruppe.

Major Travis hob seine Hand.
»Langsamer«, flüsterte er. »Ich habe eine schlechte Vorahnung. Die Waffen aktivieren. Die Kampfroboter im Laufschritt voraus. Sichert den Verlauf des Ganges. «

Die Shy-Ha-Narde sprangen von den Transportplattformen ab und hoben ihre Waffenarme. Zielsicher rannten sie vorwärts.

Die Raguner und Systemrat Camaal blickten Major Travis entgeistert an.

»Es ist möglich, dass uns ihr Geheimdienst auf die Spur gekommen ist«, fragte Major Travis. »Vermutlich wird von den Sicherheitsorganen jeder Gang aufgebrochen und kontrolliert. «

Als die sechs Kampfroboter 100 Meter entfernt waren, gab Major Travis das Zeichen ihnen zu folgen. Den Sicherheitsabstand einhaltend, bewegten sich die Graver weiter. Plötzlich stoppten die Kampfroboter. Vor ihnen war der Gang eingebrochen. Ein Weiterkommen für die Graver war nicht mehr möglich.

Major Travis, Tart 1 und Tart 2, sowie Heran und Saanda liefen auf die Einsturzstelle des Felsgesteins zu. Sie beugten sich vor und bemühten sich die Steine mit ihren Händen fortzutragen.

»Das macht keinen Sinn«, sagte der Lantraner. »Wir verlieren zu viel Zeit. Tretet hinter mich. Ich beseitige das Hindernis. «

Major Travis, die Tart-Roboter und Saanda traten hinter den Lantraner. Er zog seinen Destroyer aus dem Waffengurt. Heran stellte seine Waffe auf Fächerstrahlung ein und bestätigte den Abzug. Ein breiter Laserstrahl erfasste den kompletten Einsturz. Zum Erstaunen der wartenden Personen fingen die Steine an zu glühen. Dann zerfielen sie in einen Aschehaufen.

Heran drehte sich um. Er zeigte auf sein Werk.

»Wir können weiter«, sagte er. »Hiervon lassen wir uns nicht aufhalten. «

Ein Nadelstrahl pfiff an seinem Kopf vorbei. Instinktiv ließ Heran sich fallen. Dann robbte er hinter einen Felsvorsprung.

Die restliche Gruppe sprang auseinander und suchte sich Deckung. Major Travis hechtete zu Heran, hinter einen Felsvorsprung. Weitere Laserschüsse erhellten den Gang.

Es war nichts zu erkennen. Die Kampfroboter rückten vor. Ihre roten Augen hatten auf Nachtsicht umgestellt. Exakt zehn Meter, vor den in Deckung liegenden Personen, ratterten die Waffenarme der Kampfroboter los. Ihnen folgte das Zischen von Laserstrahlen.

Die Marines rückten nach. Ihnen folgte das Kommando des SPC. Captain Hunter und sein Team hatten sich Nachtsichtbrillen aufgezogen. Jetzt sahen sie die Angreifer. Es handelte sich um zwölf Soldaten des ragunischen Geheimdienstes. Drei von ihnen lagen regungslos am Boden. Sie waren dem Dauerfeuer der Kampfroboter zum Opfer gefallen. Auch Tart 1 und Tart 2 stürmten den Gang entlang. Einschlagende Laserstrahlen wurden von ihren extra starken Schutzschirmen abgeleitet. Torin lief hinter Tart 1 her, der ihr genügend Deckung gab.

Dieser feuerte auf eine verdeckte Nische in dem Gang, hinter der sich ein Gegner verbarg. Torin hatte ihre Schwerter gezogen. Sie sprang hinter dem Roboter hervor und lehnte fest an die Felswand, direkt vor der Nische, in der sich der Feind verbarg. Sie gab Tart 1 ein Zeichen das Dauerfeuer einzustellen.

Der Tart-Roboter wandte sich blitzschnell anderen Feinden zu.

Der ragunische Soldat des Geheimdienstes trat mit gehobener Waffe unvorsichtig aus seinem Versteck. Hierauf hatte die Amazone gewartet. Torin schlug mit ihrer rechten Schwerthand zu. Die Waffenhand des Raguners wurde am Unterarm abgetrennt. Sie fiel zu Boden, die Waffe noch von seiner Hand umklammert. Schreiend lief der Raguner aus seinem Versteck. Torin setzte ihm nach und erlöste ihn von seinen Qualen. Sie stach beide Schwerter in seinen Rücken. Der ragunische Soldat stürzte auf seine Knie und viel vorwärts in den Staub.

Lasersalven flogen an ihrem Kopf vorbei. Sie hechtete in die Felsnische zurück und sah sich um.

Die Kampfroboter hatten weitere drei Soldaten erledigt. Torin beobachtete, wie Captain Hunter einen aus seinem Versteck eilenden ragunischen Soldaten erschoss. Dieser schien flüchten zu wollen.

Auch Commander Rantero war erfolgreich. Er konnte einen weiteren Angreifer ausschalten, der durch den Dauerbeschuss der Kampfroboter abgelenkt war.

Leutnant Hangol-Gerk blickte sie an.
Sie hob ihren Arm und zeigte ihm drei Finger.

Der Leutnant nickte. Er hatte verstanden, dass sich noch drei aktive Gegner versteckt hielten. Er aktivierte sein Tarnfeld und verschwand für die Blicke der Raguner. Der Leutnant lief vorwärts und sah die Soldaten. Alle drei Raguner saßen hinter einer Abzweigung und feuerten in den Gang. Die Soldaten besaßen keine Nachtsichtbrillen. Sie feuerten auf alles, was sich bewegte.

Leutnant Hangol-Gerk schlich an ihnen vorbei und stellte sich in ihrem Rücken auf. Dann enttarnte er sich.

Er räusperte sich kurz. Erschreckt drehten sich die ragunischen Soldaten um und hoben ihre Nadelstrahler. Der Leutnant reagierte sofort. Er zog den Abzug seines neuen TM 1.200 Gewehres mehrmals durch. Schwere Mantelgeschosse schlugen in den Körpern der Raguner ein und explodierten in ihrem Inneren. Mit verdrehten Augen sackten die feindlichen Soldaten zusammen.

Captain Hunter und sein Team schritten zu den wartenden Gruppen zurück.

»Die Angreifer wurden beseitigt«, meldete er Major Travis. »Wir können weiter. «

»Danke«, flüsterte dieser. »Warten sie einen Augenblick.«

Er zeigte auf die Gruppe von Saanda. Ein Laserstrahl hatte Kaandu getroffen. Der Überwachungsspezialist des Widerstandes lag blutend am Boden.

»Können wir noch etwas für ihn tun? «, fragte der Captain.

Major Travis schüttelte seinen Kopf.
»Er ist zu schwer getroffen«, antwortete er. »Es sieht nicht gut aus. «

Die Gruppe beobachtete, wie der Kopf von Kaandu zur Seite kippte.

Saanda hob seinen Gefährten auf und trug ihn zu der Stelle, an der Heran die Felssteine zu Asche zerstrahlt hatte.

Dort legte er seinen Gefährten nieder. Mit seinen Händen schaufelte er Asche über den Körper. Brauns und Maandu eilten hinzu und halfen ihm. Nach kurzer Zeit war der Körper des Getöteten nicht mehr zu sehen. Die drei Raguner standen auf.

Sie senkten ihren Kopf in den Nacken.
»Ein guter Freund ist von uns gegangen«, klagte Saanda.
»Er hat uns von Anfang an begleitet. Seine Aufklärung war sehr hilfreich für uns und konnte viele Angehörigen unseres Clans vor der Inhaftierung durch den Geheimdienst retten. Kaandu wird nicht an unserer Reise teilnehmen. Er bleibt zurück und wird eins mit Ragun werden. «

Die drei Widerstandskämpfer drehten sich um und schritten zu ihrer Transportplattform.

»Wir können weiter«, sagte Saanda. »Uns war klar, dass wir mit Opfern rechnen mussten. Versuchen wir sie gering zu halten. «

»Weiterfahren«, befahl der Major.

Der Tross setzte sich in Bewegung und folgte dem Verlauf des Ganges. Nach gut 40 Metern summte der Communicator von Major Travis.

Geschickt zog er ihn aus seiner Tasche und öffnete ihn. Die Anti-Grav-Plattformen glichen Unebenheiten des Tunnelganges aus.

Der Major öffnete die Verbindung.
»Major Travis«, sprach er hinein.

»Hier ist Commander Brenzby«, klang es aus dem Gerät. »Es braut sich etwas zusammen? Unsere Einsatzteams, unter dem Befehl von Ranus, sind alle vollständig und unversehrt zurückgekehrt. Ebenfalls das Sabotageteam des Widerstandes ist bei uns eingetroffen. Wir warten nur noch auf sie? «

»Leider wurden wir aufgehalten«, antwortete der Major. »Die Hälfte der Strecke haben wir geschafft. »Wir umgehen gleich den Palast der Regierung in einem kleineren Bogen. Dieser Weg spart uns 15 Minuten. «

»Er ist aber vermutlich viel gefährlicher? «, antwortete der Commander. » Gehen sie kein Risiko ein. »Wir haben 1.000 Schiffe gescannt, die um Ragun in Stellung gegangen sind. Ferner stehen 600 regierungseigene Schiffe in einer seitlichen Position des Planeten in Wartestellung. Weitere Schiffe wurden erfasst, die vom Boden aufsteigen. «

»Machen sie sich keine Sorgen«, antwortete Major Travis. »Unsere drei Schiffe bleiben weiterhin getarnt. Sie werden von den ragunischen Ortungsgeräten nicht erfasst. Melden sie sich, wenn es Neuigkeiten gibt. « Dann beendete der das Gespräch.

Still summten die fünf Graver vor sich hin. Major Travis hob seinen rechten Arm. Die Graver hielten an.

»Wir nähern uns dem Bereich der Regierung«, flüsterte er. »Jetzt heißt es, besonders wachsam zu sein. Wir fliegen mit geringer Geschwindigkeit weiter. «

Er stieg wieder auf seinen Graver und gab das Zeichen, die Fahrt fortzusetzen.

Die Kampfroboter und die Marines fuhren an erster Stelle.

Die Gruppen sahen, dass viele der Gänge bereits mit flüssigem Kunstgestein aufgefüllt worden waren. Der Weg durch sie war blockiert. Der breite Mittelgang war befahrbar.

### Suchkommando des Geheimdienstes

Needa, der Befehlshaber des ragunischen Geheimdienstes ließ sich nicht aufhalten. Wie besessen schritt er weiter vorwärts.

Truppenführer Juaanda blickte Surgan, seinen Stellvertreter an.

»Ich habe die Nase voll«, flüsterte er. »Von mir aus kann Needa alleine weitersuchen. Das hier ist eine Zumutung.«

»Needa«, sagte Truppenführer Juaanda. » Nach unserer Meinung reicht es jetzt. Seit drei Stunden suchen wir in diesem unterirdischen Netz von Gängen nach den Tätern.«

»Sie müssen irgendwo sein«, antwortete der Befehlshaber des Geheimdienstes. »Wir werden sie fassen. Ich bin mir sicher. «

Der Truppenführer drehte sich zu seinen Soldaten um.
»Es reicht«, sagte Juaanda. »Geht zurück an die Oberfläche und befolgt den Befehl unserer Regierung. Sichert ihren Raumflughafen. Dort werden Schiffe für eine wichtige Mission ausgerüstet. «

Einer der Soldaten nickte.
»Wir haben verstanden«, antwortete er. »Danke, Truppenführer.«

Die Soldaten drehten sich um und liefen in die entgegengesetzte Richtung zurück. In einiger Entfernung waren Sprossen in die Tunnelwand geschlagen, die an die Oberfläche führten.

»Warum schicken sie die Soldaten fort? «, fragte Needa.
» Wir werden sie brauchen. «

»Seit Stunden sind wir ohne einen Funkempfang von der Oberfläche«, erklärte Juaanda. » Ist ihnen das nicht bewusst? «

»Möglicherweise haben wir sogar wichtige Befehle verpasst? «, scherzte Surgan.

»Es gibt wichtigere Aufgaben«, antwortete Needa. »Der Zentralrat rüstet eine Flotte aus und bringt sich in Sicherheit. Was soll ich davon halten? Ich werde noch wahnsinnig. «

»Hoffentlich nicht in diesen Gängen«, antwortete Juaanda. »Kehren sie an die Oberfläche zurück und fragen sie den Zentralrat direkt, was er für Pläne hat. Man wird es ihnen sicherlich sagen. «

Surgan fing laut an zu lachen.
Erst jetzt erkannte der Befehlshaber des Geheimdienstes, dass sich die beiden Offiziere über ihn lustig machten.

»Das wird ein Nachspiel haben«, schimpfte er sie an. »So können sie nicht mit mir umgehen. «

Er drehte sich um und marschierte weiter. Juaanda und Surgan schritten hinterher. Erneut waren 25 Minuten vergangen, als Needa wie angewurzelt stehen blieb.

»Hören sie das? «, fragte er.

»Was sollen wir hören? «, fragte Surgan.

»Ich höre eine Art Brummen«, antwortete Needa.

Needa horchte erneut nach.
»Es wird lauter«, sagte er. »Wir bekommen Besuch. »Die Täter sind noch hier. Sucht euch ein Versteck. Das Geräusch kommt direkt auf uns zu. «

Needa lief nach vorne und versteckte sich in einer Nische. Truppenführer Juaanda und Surgan eilten zu der nächsten Abzweigung und versteckten sich dort. Noch war nichts zu sehen.

Needa feuerte seinen Nadelstrahler in die Decke des Ganges. Felssteine stürzten in den Gang. Ein Durchkommen für Fahrzeuge war nicht mehr möglich. Das Brummen wurde merkbar lauter.

Heinze hob seine Hand. Die fünf Graver hielten an.

»Vor uns ist etwas«, flüsterte er. »Wir müssen wachsam sein. »Ich empfange die Gedanken von drei Ragunern. Einer von ihnen ist besessen. Er muss dem Zentralrat irgendwelche Täter präsentieren, die für den Einbruch in das imperiale Archiv verantwortlich sind. Diese Person ist am gefährlichsten. Ich kann sie nur gedanklich erfassen. Leider sehe ich im Dunkeln nicht gut. «

»Danke für den Hinweis«, antwortete Major Travis. »Die Kampfroboter gehen voraus. Die Marines folgen dicht an den Wänden entlang. «

Die Graver warteten, bis die militärische Einheit 100 Meter vor ihnen war. Dann folgten sie ihnen.

Juaanda und Surgan erkannten, wie sich Lichtkegel in dem dunkeln Gang näherte. Ihr Atem verlangsamte sich, als sie den Lichtkegel von zehn kleinen Lampen erkannten. Sechs Lichtquellen näherten sich mittig in dem Gang. An beiden Seiten der Tunnelwände waren jeweils zwei weitere Lichter auszumachen.

Needa, der Befehlshaber des Geheimdienstes konnte nicht mehr klar denken.

»Ich werde die Täter stellen«, dachte er. »Jetzt bietet sich die Gelegenheit. Der Zentralrat wird mich belobigen. «

Er wartete, bis der Lichtkegel der Lampen an seinem Versteck vorbei wanderte. Seine schwarze Kleidung wurde zu einer Einheit mit der Dunkelheit des Ganges.

Weiter vorne, an der Abzweigung des Ganges, wurden die gelben Augen von Juaanda und Surgan zu kleinen

Schlitzen. Ihre Sehkraft vergrößerte sich. Er und Surgan erkannten, wie 2.20 Meter große fremdaussehende Kampfroboter auf sie zukamen. Ihr Atem verlangsamte sich.

Ärgerlich sahen sie, wie plötzlich Needa aus seinem Versteck sprang und auf einen Soldaten zueilte. Die Dunkelheit in dem Gang kam ihm zugute. Geräuschlos schlich er in den Rücken des hintersten Marines. Dieser bemerkte ihn nicht. Die linke Hand des Befehlshabers des Geheimdienstes fuhr dem Soldaten über seinen Mund und drückte ihn zu. Mit der rechten Hand zog er ein breites Messer aus seinem Waffengurt. Blitzschnell durchschnitt Needa seinem Opfer die Kehle. Blut spritzte aus der breiten Wunde. Leblos sackte der Soldat zu Boden. Geduckt wollte sich Needa dem nächsten Soldaten nähern.

Truppenführer Juaanda hatte die Tat von Needa mitbekommen. Er war außer sich. Er griff nach seinem Nadelstrahler und hechtete in den Gang. Dort schlug er eine Rolle und zielte auf den Befehlshaber des Geheimdienstes. Blitzschnell drückte er ab. Der helle Laserstrahl erhellte das Dunkel des Ganges.

Der Befehlshaber des Geheimdienstes brach getroffen zusammen. Seine gelben Augen wirkten starr.

Juaanda warf seine Waffe fort und hob seine Arme in die Luft. Seine Wut war verschwunden.

Das war keine Sekunde zu früh. Die Waffenarme der Kampfroboter hatten ihn im Visier. Surgan warf ebenfalls seine Waffe in den Gang und schritt mit erhobenen Händen auf seinen Vorgesetzten zu.

Juaanda lachte ihn an.
»Du kannst es nicht lassen? «, fragte er seinen Stellvertreter. » Jetzt sitzen wir beide hier fest. «

»Bisher haben wir alles zusammen durchgestanden«, erwiderte Surgan. »Notfalls sterben wir hier auch gemeinsam. Jedenfalls kann Needa uns nicht mehr herumkommandieren. Das ist auch viel Wert. «

Die Kampfroboter standen vor den Ragunern und hielten ihre Waffenarme auf sie gerichtet. Sergeant Hardin und seine Marines eilten heran und stießen die beiden Offiziere grob zu Boden. Ihre Hände wurden auf den Rücken gedreht und mit Bändern zusammengebunden.

Sergeant Hardin lief zurück und beugte sich über den am Boden liegenden Soldaten. Mit seiner rechten Hand fühlte er nach seinem Puls.

Entsetzt hob er seinen Kopf und schüttelte ihn.

»Er ist tot«, sagte er. »Wir können ihm nicht mehr helfen. Die Gesichter der Soldaten verhärteten sich. Erbost sprang der Sergeant auf und näherte sich den beiden Ragunern.

Schritte näherten sich.
»Halt«, befiehl Major Travis. »Es ist genug Blut geflossen. Treten sie mit ihren Soldaten zurück. «

Sergeant Hardin und seine Marines befolgten den Befehl. Heinze griff nach den Gedanken der beiden Gefangenen.

»Das ist Truppenführer Juaanda und sein Stellvertreter Surgan«, erklärte er. »Der Getötete war der Oberbefehlshaber des ragunischen Geheimdienstes. Ein sehr aggressiver und unbelehrbarer Raguner.«

Systemrat Camaal und Lenus traten zu der Gruppe und blickten auf die Getöteten.

Heinze blickte Major Travis an.
»Gibt es weitere Informationen? «, erkundigte er sich.

Der Ro zeigte auf den Truppenführer.

»Juaanda war mit der Tat des Befehlshabers des Geheimdienstes nicht einverstanden«, erklärte er. »Sie hatten vorher verabredet, dass alle Gefangenen einem ordentlichen Gericht überstellt werden sollten. Doch der Getötete hielt sich nicht an die Absprache. Truppenführer Juaanda hat eingegriffen, um Schlimmeres zu verhindern.«

»Dann muss ich ihm auch noch dankbar sein, dass ich nur einen Soldaten verloren habe? «, fragte Sergeant Hardin.

Major Travis blickte ihn an.
»Kümmern sie sich um ihren getöteten Soldaten«, sagte er. »Wir nehmen ihn mit. Niemand wird zurückgelassen.«

»Das ist Truppenführer Juaanda und sein Stellvertreter Surgan«, sagte Lenus. »Jetzt erkenne ich sie. »Es sind ehrenwerte Personen. Falls Juaanda früher über die Absicht des Befehlshabers informiert gewesen wäre, hätte er das nicht zugelassen. Da bin ich mir sicher. «

»Wir nehmen sie mit«, sagte Major Travis. »Die Zeit läuft uns davon. »Alle Personen besteigen wieder ihre Graver.«

Er befahl den Kampfrobotern, die Gefangenen mitzunehmen und zu bewachen.

Heran säuberte mit seinem Strahler erneut den Gang. Nach wenigen Sekunden hoben die fünf Anti-Gravitations-Plattformen hoben von dem Boden ab und setzten ihre Fahrt fort. Der weitere Verlauf der Fahrt konnte ohne Probleme absolviert werden. Major Travis atmete durch, als die Gruppe den Einstieg in die Halle des verlassenden Industrieareals erreicht hatte.

## Raumüberwachung des ragunischen Imperiums

Huanda war ärgerlich. Der Befehlshaber des Geheimdienstes konnte nicht gefunden werden. Er war spurlos verschwunden. Er blickte auf die Bildschirme der Aufklärung. Die imperiale Flotte stand immer noch in der Nähe des 9. Planeten. Der starke Flottenverband versuchte einen fremden Zerstörer zu stellen.

»Dieses Vorhaben scheint sich schwieriger zu gestalten als von uns angenommen«, dachte der Befehlshaber.

Noch immer hielt er es für übertrieben, dass die ganze Flotte der Heimatverteidigung hinter einem einzigen Schiff herjagte.

Auf einem anderen Bildschirm erkannte er, wie weitere 300 Schiffe von dem regierungseigenen

Raumschiffshafen abhoben. Sie beschleunigten mit Höchstwerten und wirbelten die Atmosphäre auf.

»Eingehender Hyperkomm-Funkspruch«, meldete der Funkoffizier. »Er kommt von dem Flaggschiff von Kommandeur Turgan. «

»Von der Front? «, stutzte Huanda. » Legen sie auf die Lautsprecher. «

»Hier ist Flotten-Kommandeur Turgan«, hallte es aus den Lautsprechern. »Die Allianzflotte der Arthropoden hat ihren Angriff eingestellt. Die Schiffe haben gewendet und sind mit unbekanntem Ziel abgerückt. Wir konnten sie nicht verfolgen, weil wir uns erst formieren mussten. Gehen sie auf äußerste Alarmbereitschaft. Es ist möglich, dass unsere Feinde die Koordinaten von Ragun ermitteln konnten. Die Explosionen auf dem Planeten waren wie ein Leuchtfeuer zu orten. Unsere Schiffe haben sie auch empfangen. Wir brauchen hier noch etwas Zeit. Ich lasse einige Patrouillen zurück, die uns informieren werden, falls die Schiffsverbände der Arthropoden zurückkehren sollten. Ich werde in Kürze unserer Flotte den Heimatkurs befehlen. «

»Verstanden«, antwortete Befehlshaber Huanda.
Er blickte seine Offiziere an.

»Imperialer Systemalarm aktivieren«, befahl er. »Tiefenraum-Sensoren und alle vorgelagerten Frühwarnstationen informieren. Es ist möglich, dass die Allianzflotte der Arthropoden in unserem System auftaucht. Rufen sie sofort die Flotte der Heimatverteidigung und die Angriffsgeschwader des Geheimdienstes zurück. Sie sollen eine Blockade um unseren Zentralplaneten aufbauen. «

»Ihre Befehle wurden gesendet«, antwortete der Funkoffizier.

»Kommandeur Aagrun bestätigt ihre Anweisungen«, antwortete der Funkoffizier.

»Sämtliche bodengebundenen Abwehrgeschütze ausfahren und aktivieren«, ergänzte Huanda. »Ich brauche eine Verbindung zu dem Zentralrat. «

Der Funkoffizier schüttelte seinen Kopf.
»Alle Funksprüche werden in das Büro der Regierung umgeleitet. Von dort aus erhalten wir immer die gleiche automatische Ansage. Der Zentralrat ist zurzeit nicht zu erreichen. «

Huanda blickte auf einen Bildschirm, der den Raumhafen der Regierung zeigte. Erneut starteten weitere 300 Raumschiffe, die sich im Orbit der wartenden Flotte anschließen wollten.

Er schlug mit seiner Hand auf die Konsole vor ihm. »Informieren sie Bezirksverwaltungen«, befahl er. »Weisen sie die Politiker an, alle Zivilpersonen in die Schutzbunker zu bringen. Teilen sie ihnen mit, dass wir keine Übung abhalten. Wir rechnen mit dem Schlimmsten. Es ist mit einem globalen Exitus zu rechnen.«

Den Offizieren der Raumüberwachung entgleisten ihre Gesichtsminen. Sie griffen nach ihren Funkgeräten und führten die Befehle aus.

»Ich orte gewaltige Verzerrungen im Hyperraum«, meldete ein Offizier der Tiefenraumüberwachung. »Die Flotte der Arthropoden ist da. «

Huanda lief zu dem Offizier. Er blickte auf die Instrumente.

»Es stimmt«, bestätigte er. »Der Ernstfall ist eingetreten.«

Sprachlos beobachten die Offiziere der Raumüberwachung, wie mitten in dem Sternensystem die starke Flotte der Arthropoden in den Normalraum wechselte.

»Feindalarm«, meldete die Hypertronic-KI der Raumüberwachung emotionslos. »Ich orte 1.275.000 arthropodische Schiffsimpulse. Abwehrmaßnahmen werden dringend empfohlen. «

»Das weiß ich selbst«, erwiderte Huanda ärgerlich.

»Die Flotte nimmt Kurs auf Ragun«, meldete ein Ortungsoffizier.

»Informieren sie Oberbefehlshaber Zuaran «, befahl er. »Er ist im Moment unser einziger Schutz. «

»Die Flotte der Heimatverteidigung und die Einheiten des Geheimdienstes sind gerade in den Hyperraum gesprungen«, meldete ein Offizier. »Sie kommen uns zu Hilfe. «

»Das bringt nicht viel«, resignierte Huanda. »Sie werden hinter der Flotte der Arthropoden materialisieren. Dann wird unser Planet bereits brennen. «

## Schlachtschiff der Aller-Ersten

Der intensive Laserbeschuss der ragunischen Heimatverteidigung hatte aufgehört. Die Schiffsführer hatten erkannt, dass sie weder mit dem Salvenbeschuss ihrer Laser-Geschütztürme noch mit ihren ausgeschleusten Raketen und Bombenteppichen, die Energieglocke des fremden Schiffes durchbrechen konnten. Die Einheiten der Raguner hatten die Energieglocke umzingelt. Jetzt suchten sie nach einer Idee, wie sie ihrer Beute habhaft werden konnten.

Geoffwan blickte seine Kollegen an.
»Es dauert nicht mehr lange«, bemerkte er. »Der Angriff der Arthropoden steht kurz bevor. Diese Einheiten werden bald abgezogen werden. «

»Ihr Ende ist nahe«, bestätigte Talswan. »Es lässt sich nicht vermeiden. «

»Das haben sie sich selbst zuzuschreiben«, antwortete Nadewan. »Ihr immenser Expansionswahn hat sie erst in diese Situation gebracht. «

»Eine Schuld hieran trägt auch Halswan«, sagte Talswan. »Er hat Systemrat Camaal den zeitgesteuerten Angriff auf die Arthropoden in der Vergangenheit befohlen. Erst hierdurch wurde ihr Hass auf alle humanoiden Rassen ausgelöst. «

Geoffwan schmunzelte.

»Das ist nicht ganz richtig«, bemerkte er. »Wir sind das Problem. Erst durch uns erhielten die Raguner die Konstruktionsdaten zum Bau der zeitgesteuerten Wurmlochanlage. Wir unterstützten sie mit den Flüchtlingstoren. Das war ein Fehler. «

»Diese Probleme wurden von unserem ehrwürdigen Propheten Aahnn nicht vorhergesehen«, erwiderte Talswan. »Eine Zeitlang dachten wir, dass wir das Richtige tun würden, um das Gleichgewicht in der Galaxie zu erhalten. «

»Haben wir das nicht immer gedacht? «, fragte Nadewan. »Wir sind für die Erschaffung der Ceshalter verantwortlich gewesen. Nachdem sie ihrer Eigenverantwortung übergeben wurden, haben sie auf Wunsch anderer Rassen viele Raumsektoren von ausufernden Species gereinigt. Auch die Arthropoden wurden von ihnen angegriffen. Die Ceshalter haben ihren Teil dazu beigetragen, dass wir uns heute mit dem Problem der Arthropoden herumschlagen müssen. «

»Sie haben ihre Strafe erhalten«, antwortete Talswan. »Die Ceshalter wurden von der insektoiden Species ausgerottet. «

»Ich erinnere an die Worgass, die uns lange Zeit als treues Hilfsvolk gedient haben«, sagte Geoffwan. »Als wir uns anderen Aufgaben widmen mussten, wurden sie von vielen andern Species entdeckt und versklavt. Das haben wir an dem Beispiel der Zierrakies deutlich erkennen können. «

»Das Universum besitzt seine eigenen Regeln«, erwiderte Talswan. »Wir sollten zukünftig auf solche Experimente verzichten. Legen wir unsere Kontrollaufgaben in andere Hände. Die vielen neuen Dimensionen brauchen unsere besondere Aufmerksamkeit. «

Geoffwan und Nadewan nickten.
»So wurde es von unserem Ältestenrat beschlossen«, antwortete er.

»Die ragunische Flotte zieht sich zurück«, sagte Talswan. »Sie beschleunigt und springt in den Hyperraum. «

Die Aller-Ersten sahen auf den Bildschirm ihres Schiffes. Die Schiffe der Heimatverteidigung drehten ab, beschleunigten und wechselten in den Hyperraum.

»Sicherheitsglocke deaktivieren«, befahl Geoffwan. »Unser Tarnfeld aufbauen und ein Wurmloch nach Ragun öffnen. Unsere Aufgabe hier ist erledigt. «

Die Offiziere der Brücke führten den Befehl aus. Kurze Zeit später flog das Schlachtschiff der Aller-Ersten in den künstlichen Horizont des geöffneten Wurmloches.

### Orbit von Ragun

Das Wurmloch öffnete sich oberhalb von Ragun und fiel wenige Sekunden später wieder in sich zusammen. Die Zerstörer im Orbit registrierten zwar das Geschehen, erkannten aber gleichzeitig, dass kein Schiff aus dem Wurmloch austrat.

»Hyperkomm-Funkspruch an die getarnte Flotte von Admiral Tarin«, befahl Geoffwan. »Teilen sie ihm mit, dass wir mit unserem getarnten Schiff neben seiner Flotte stehen und zur Unterstützung bereit sind. «

»Ihre Mitteilung wurde übertragen«, antwortete der Funkoffizier. »Das Schiff bestätigt unsere Meldung. Der Admiral lässt ausrichten, dass wir auf weitere Anweisungen warten sollen. «

»Verstanden«, erwiderte Nadewan. »Die Bodeneinsätze sollten langsam ihrem Ende gehen. «

## Auf der Oberfläche von Ragun

Das Bodenteam bereitete seinen Rückzug vor. Alle Angehörigen von Ranus Clan, waren auf dem Transportschiff untergebracht worden. Saanda und seine Widerstandskämpfer sorgten sich um sie. Sie wurden von Zentralrat Muuda, Systemrat Camaal und Truppenführer Lenus unterstützt.

Ranus schritt auf Major Travis und Heran zu.
»Wir sind hier fertig«, sagte er. »Mein Dank ist unbeschreiblich. Ich kann ihnen versichern, dass mein Clan dem neuen Imperium eine Bereicherung sein wird. «

Major Travis lächelte ihn an.
»Leider konnten wir diese Mission nicht ohne Verluste auf unseren beiden Seiten abschließen«, sagte er ernst. » Jedes Opfer ist zu viel. «

»Ich verstehe«, antwortete Ranus. »Auch wir beklagen Kaandu. Er war ein wirklicher Held unseres Clans. Die Lücke, die er hinterlässt, wird nur schwer zu füllen sein. «

»Ich habe die beiden Gefangenen in die Obhut von Saanda übergeben«, erklärte der Major. » Wir möchten sie nicht anklagen, weil Truppenführer Juaanda eingegriffen hat, um Schlimmeres zu verhindern. Die beiden Personen trifft keine Schuld. Verfügen sie über sie.«

»Das machen wir«, antwortete Ranus. »Sie werden das geringste Problem darstellen. «

»Rückzug auf unsere Schiffe«, entschied der Major. »Wir starten in den Orbit von Ragun und schließen uns der Flotte von Admiral Tarin an. «

Die letzten Personen des Einsatzteams eilten auf die Termar 1 zu und liefen die Einstiegsbrücke hoch. Hinter ihnen schloss ein Leutnant der Hangar-Crew den Schott. Heran bestieg sein Schiff.

Die Personen legten auf der Termar 1 ihre Schutzkleidung ab und gingen zu dem zentralen Lift, der sie auf die Brücke des Schiffes brachte.

Major Travis ließ den Startbefehl an das Transportschiff und an Herans Evolutionsschiff übermitteln. Die Antriebe der drei getarnten Schiffe zündeten. Sie hoben vom Boden ab und gewannen zusehends an Höhe. Oberhalb des Planeten näherten sie sich der wartenden natradischen Flotte.

»Eingehender Hyperkomm-funkspruch«, meldete Sergeant Farmer. »Es ist Admiral Tarin. «

»Legen sie bitte auf die Lautsprecher«, antwortete der Major.

Er griff nach seinem Communicator.
»Hier ist Major Travis«, sprach er in das Gerät.

»Willkommen zurück«, tönte die Stimme des Admirals aus den Lautsprechern. »Darf ich davon ausgehen, dass ihre Einsätze erfolgreich abgeschlossen wurden? «

»Das wurden sie«, entgegnete der Major. »Leider haben wir einen Soldaten verloren. «

»Das tut mir leid«, antwortete der Admiral. »Leider lässt sich so etwas nicht immer vermeiden. Wir sollten sehen, dass wir von hier verschwinden. Mein Ortungsoffizier hat starke Verzerrungen im Hyperraum registriert. Vermutlich konnte die Allianzflotte der Arthropoden den Weg nach Ragun finden. «

»Einen Moment noch«, antwortete Major Travis. »Wir sprengen jetzt die zwölf Personen-Wurmloch-Tore auf dem Planeten. Dann setzen wir einen Kurs in Richtung Tarid. «

»In Ordnung«, antwortete der Admiral. »Wir warten auf ihren Befehl. «

Major Travis blickte Ranus an und reichte ihm die Konsole der Fernsteuerung, um den Sprengstoff zu aktivieren.

»Die Aufgabe gebührt ihnen«, sagte er. »Das Einsatzkommando stand unter ihrem Befehl. Sie haben meine Erwartungen nicht enttäuscht. Nehmen sie bitte die Sprengung vor. Danach sind die Durchgänge in unsere Zeit für immer verschlossen. «

Ranus nahm die Fernsteuerung an sich. Er blickte ein letztes Mal auf den großen Bildschirm des Schiffes. Dann drückte er auf den Knopf.

Zwölf gewaltige Energiesäulen durchstießen die Atmosphäre von Ragun. Es schien so, als ob die Feuerzungen nach den Schiffen des Verteidigungsrings greifen wollten. Dann sackten die Feuersäulen in sich zusammen.

»Den Ausgangspunkt der Explosionen zoomen«, befahl Major Travis.

Das Bild änderte sich und zeigte den verwüsteten Platz an, auf dem die Wurmloch-Tore standen. Er war nur noch ein Trümmerfeld. In einem weiten Umkreis von fünf Kilometern waren alle Gebäude, Häuser und Hallen vollständig zerstört worden. Zahlreiche Brandherde waren auf dem Boden zu erkennen. Die Flammen fraßen sich langsam weiter. Das Bild wirkte gespenstisch und erschreckend.

»Befehl an die Flotte«, befahl Major Travis. »Alle Schiffe setzen einen Kurs nach Tarid. Der Tarnmodus bleibt weiterhin aktiv. «

»Ihre Befehle wurden bestätigt«, meldete Sergeant Farmer.

»Beschleunigen und in den Hyperraumraum springen«, ergänzte der Major.

Es war nur ein kurzer Flug. Als die Flotte vor Tarid in den Normalraum wechselte, schlugen die Ortungstaster an ihre oberste Grenze. Die Flotte der Arthropoden war in das Sternensystem eingedrungen und lieferte sich eine verbitterte Raumschlacht mit den ragunischen Schiffen.

Wellen von Raketen und Bomben schlugen auf Ragun ein und richteten unbeschreibliche Schäden an.

»Ich registriere weitere Aufbrüche des Hyperraums«, meldete Sergeant Dantow. »Die imperiale Flotte von der Front trifft zur Unterstützung ein. «

Die Beobachter registrierten, wie der Planet Ragun starken Verwüstungen ausgesetzt wurde. Der Boden brannte lichterloh. Vulkanausbrüche setzten ein, gewaltige Erdbeben rissen die Kontinente auseinander. Die bodengebundenen Abwehrtürme waren zerstört worden. Die Flotte unter dem Kommando von Oberbefehlshaber Zuaran, wurde schnell aufgerieben. Ihr war es unmöglich gewesen, die große Armada der Arthropoden aufzuhalten. Die Geschwader der Heimatverteidigung versuchten ihr Bestes, doch auch sie wurde immer weiter ausgedünnt.

Der Flotte des Zentralrates gelang die Flucht nicht mehr. Es dauerte zu lange, bis die Antriebe der schwerfälligen Schiffe hochgefahren werden konnten. Sie wurden von den einfliegenden Feindflotten noch in ihrem Stand-by-Modus überrascht.

Kommandeur Turgan näherte sich mit der imperialen Flotte den Angreifern. Seine 380.000 Zerstörer mussten sich durch den Rücken der Arthropoden-Flotte arbeiten. Der Weg nach Ragun war durch unzählige Feindschiffe versperrt. Der Kommandeur erkannte, dass der geliebte Zentralplanet nicht mehr zu retten war. Verbissen kämpften die Zerstörer seiner Flotte um ihre weitere Existenz.

»Sie stemmen sich gegen das Ende«, sagte Ranus. »Noch hoffen sie, den Untergang abwenden zu können. Doch es wird ihnen nicht gelingen. «

Auch Zentralrat Muuda, Systemrat Camaal und Lenus blickten kopfschüttelnd auf den großen Schirm des Schiffes.

Ranus drehte sich entsetzt ab.
»Bringen sie uns von hier fort«, sagte er. »Ich kann dem Sterben unserer Welt nicht weiter zuschauen. «

Major Travis verstand die Bitte.
»Öffnen sie bitte eine Hyperkomm-Funkverbindung zu dem Schiff von Geoffwan«, sprach er Sergeant Farmer an.

»Die Verbindung baut sich auf«, bestätigte der Funkoffizier. »Sie können sprechen. «

»Danke«, nickte Major Travis.

»Geoffwan, hier ist Major Travis«, sprach er in seinen Communicator. »Empfangen sie mich? «

»Wir hören sie«, antwortete der Aller-Erste. »Die Weissagungen unseres Propheten Aahnn sind eingetroffen. Die Geschichte verläuft in ihren vorgezeichneten Bahnen. «

»Wir unterhalten uns in der Realzeit hierüber«, erwiderte der Major. »Bitte öffnen sie uns ein zeitgesteuertes Wurmloch in unsere Realzeit nach Tarid. Wir verlassen diese Zeitebene und kehren nicht mehr zurück. «

»Sehr gerne«, antwortete Geoffwan. »Auch wir haben dringende Angelegenheiten zu erledigen. Weisen sie ihre Flotte an, in kurzen Abständen in das geöffnete Wurmloch zu fliegen. «

»Ich informiere die Flotte«, antwortete Major Travis. »Wir sehen uns auf Tarid. «

Die Verbindung wurde beendet.
Vor der Flotte öffnete sich ein großes Wurmloch. Die blaue schimmernde Energie des künstlichen Horizontes stabilisierte sich.

»Fliegen sie uns nach Hause«, befahl der Major.

Sergeant Hausmann beschleunigte die Termar 1 und tauchte in das große Wurmloch ein.

# Vorschau:

IRRITATIONEN IM
DELTA-SEKTOR

GEHEIMAKTE MARS 25

D. W. McGILLEN

www.ingramcontent.com/pod-product-compliance
Lightning Source LLC
Chambersburg PA
CBHW071245220526
45468CB00001B/8